大学数学建模
创新课程系列教材

A Series of Teaching Materials for Innovative Course of Mathematical Modeling in University

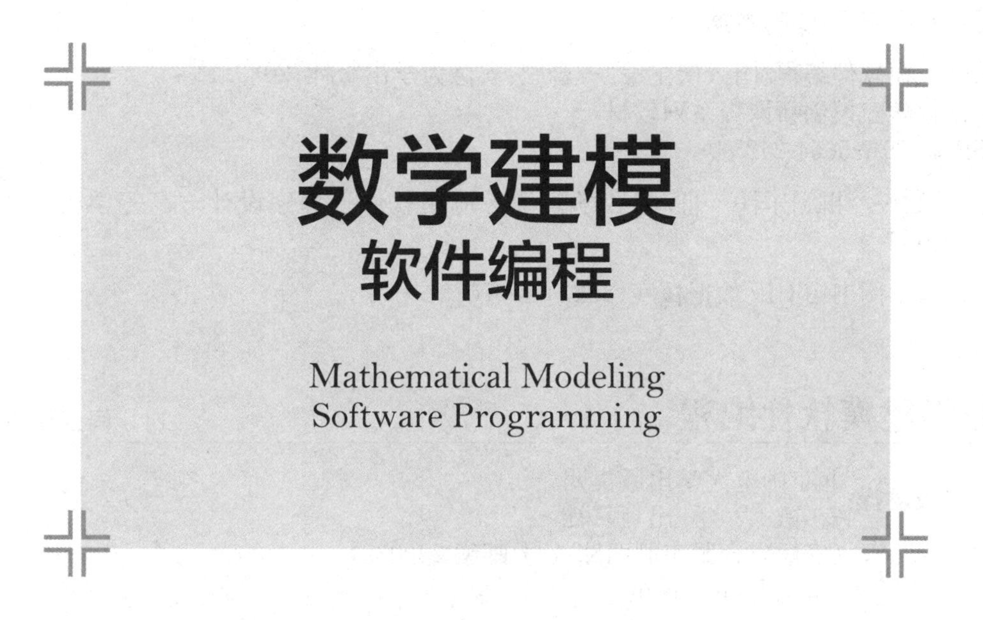

数学建模
软件编程

Mathematical Modeling Software Programming

主　编◎闫云侠

编　者◎闫云侠　李春忠
　　　　朱　磊　李　超

北京师范大学出版集团
BEIJING NORMAL UNIVERSITY PUBLISHING GROUP
安徽大学出版社

内容简介

本书采用案例与算法程序相结合的方法，逐步引导读者深入挖掘实际问题背后的数学问题及求解方法。书中案例丰富，分析计算中巧妙结合 MATLAB 等软件工具，采用不同算法进行模型求解，有助于提高学生的问题求解能力。

本书可作为高等院校在校研究生、本科生及专科生“数学建模”课程的参考书，也可以作为全国大学生数学建模竞赛、美国大学生数学建模竞赛及全国研究生数学建模竞赛的培训教材，还可以作为从事复杂问题建模工作的工程技术人员的建模参考书。

图书在版编目(CIP)数据

数学建模软件编程/闫云侠主编. —合肥：安徽大学出版社，2022.11
大学数学建模创新课程系列教材
ISBN 978-7-5664-2428-0

Ⅰ.①数… Ⅱ.①闫… Ⅲ.①数学模型－应用软件－程序设计－高等学校－教材
Ⅳ.①O141.4

中国版本图书馆 CIP 数据核字(2022)第 070733 号

数学建模软件编程 闫云侠 主编

出版发行：北京师范大学出版集团
安 徽 大 学 出 版 社
(安徽省合肥市肥西路 3 号 邮编 230039)
www.bnupg.com
www.ahupress.com.cn
印　　刷：安徽利民印务有限公司
经　　销：全国新华书店
开　　本：787 mm×1092 mm 1/16
印　　张：14.75
字　　数：312 千字
版　　次：2022 年 11 月第 1 版
印　　次：2022 年 11 月第 1 次印刷
定　　价：48.00 元
ISBN 978-7-5664-2428-0

策划编辑：刘中飞 陈玉婷　　装帧设计：孟献辉
责任编辑：陈玉婷 宋 夏　　美术编辑：李 军
责任校对：武溪溪　　责任印制：赵明炎

大学数学建模创新课程系列教材
编写委员会

（按姓氏笔画排序）

总 序

“创新是一个民族进步的灵魂，是一个国家兴旺发达的不竭动力。”高等教育肩负着培养创新人才的重任，对民族和国家的未来发展至关重要。为了有效培养创新人才，高等学校的优秀教育工作者们可谓“八仙过海，各显神通”。作为高等院校最早的学科竞赛，数学建模竞赛集数学方法、软件编程、科技论文写作于一身，可全面培养当代大学生综合科研创新能力。通过在有限时间内以“头脑风暴”方式团队协作，学生们可以解决各类难题。数学建模竞赛已经成为培养大学生科研创新能力的重要途径，成为新时代创新人才培养的典范。

为更好地通过数学建模培养创新人才，我们组织了一批一线教师，结合本校在数学建模竞争领域二十余年的实践经验，编写“大学数学建模创新课程系列教材”。本系列教材共四种，具体介绍如下。

一、数学建模优秀赛文评析。书中收录中国大学生数学建模竞赛优秀赛文6篇、美国大学生数学建模竞赛优秀赛文5篇、全国研究生数学建模竞赛优秀赛文4篇，每篇赛文包括竞赛原题再现、获奖论文精选以及建模特色点评3部分。

二、数学建模方法。书中介绍数学建模方法概要、初等数学建模方法、数学规划建模方法、模糊数学建模方法、微分方程建模方法、统计分析建模方法、图与网络分析建模方法等，每种方法包括方法介绍、案例分析和软件实现3部分。

三、数学建模竞赛论文写作。书中介绍科技论文写作的基本技能、数学建模竞赛论文的规范写作、竞赛后研究论文的写作3部分。

四、数学建模软件编程。书中基于MATLAB软件，介绍数学建模的基本方法和应用实例。

大学数学建模创新课程系列教材全面系统地介绍了数学建模竞赛的知识、技能和方法，可以为学生赛前知识储备、赛中查阅参考、赛后总结及深入研究提供方法和技能支持。

“悠悠四年时光短，匆匆千日转瞬远。千琢万磨欲成才，合格容易优秀难。望能点醒梦中人，崎岖山路勇登攀。出类拔萃做翘楚，屡克艰难创新天。”希望本系列教材的读者能够成为具备创新能力的优秀人才，为民族未来的科技发展添砖加瓦。

安徽财经大学大学数学教学研究中心

2021 年 1 月 3 日

前 言

科学技术的进步不仅改变了我们的生活方式,也改变了我们的思维方式。网络技术和计算机技术的迅猛发展,将我们带入了信息时代。近10年来,数学实验课程以新的教学模式在我国高校普及:以计算机为实验设备,以数学软件为操作平台,以大学数学为基本内容,以解决数学问题为最终目的。

高校教育强调素质教育,不仅要教给学生严密的理论知识,还要培养学生解决实际问题的能力。教学实验是实践的基本形式之一,是培养学生实践能力和创新能力不可或缺的环节。其中数学实验是借助数学软件进行数学探索和验证的活动。

MATLAB软件是美国MathWorks公司开发的一种集高性能的数值计算、符号计算和可视化计算为一体的大型综合软件,是目前国际上最流行、应用最广泛的计算软件。自诞生以来,随着功能的逐步增加和完善,MATLAB在数学、物理、计算机等众多领域的应用越来越广泛。简单易学的程序语言、强大的数据处理能力、出色的图形处理功能和应用广泛的工具箱是该软件的显著特点。

“数学建模软件编程”是将MATLAB软件与数学建模相结合的一门课程。开设此门课程的目的是帮助学生系统掌握MATLAB的主要思想,巩固数学基础,培养学生以问题为导向,应用数学知识建立数学模型,从而作出合理假设,最终达到解决数学问题的能力。

本书既可以作为大学生数学建模竞赛的培训资料,也可以作为本科生的专业课和选修课教材,能为后续数值分析及应用、数据分析等课程的学习提供软件支撑,还可以为学生将来的毕业论文写作奠定必要的基础。在编写过程中,我们希望在内容上尽可能全面,既满足数学建模爱好者的需要,也满足本科生的入门和应用需要,以及其他读者的进阶要求;既系统地介绍基础知识,也介绍图形可视化、工具箱内各种综合分析的高级算法实现等内容,从而培养学生对海量数据进行信息挖掘、分析与建模，解决实际问题的能力。

本书第1章、第2章、第3章、第5章、第6章、第7章由闫云侠老师编写，第4章由朱磊老师编写，第8章由李春忠老师编写，第9章由李超老师编写。全书由闫云侠老师统一调试程序并总撰定稿。

本书的编写得到了安徽财经大学统计与应用数学学院领导和其他高校同仁的大力支持，在此一并致以诚挚的谢意。

由于作者水平有限，书中难免存在某些错误，恳请读者批评指正。

编　者

2022年6月

目　录

第 1 章 MATLAB 的启动

MATLAB 是一款功能强大的工程计算及数值分析软件，通常应用于数学计算、数据分析和处理、模型建立、数据视觉化、计算程序开发。本章主要介绍 MATLAB 软件的语言特点、MATLAB 的安装、M 文件的创建、MATLAB 数据类型（标量以及数组）的定义和计算以及 MATLAB 函数的表示。

1.1 MATLAB 简介

MATLAB 是“Matrix Laboratory”的缩写，意为矩阵实验室，是美国 MathWorks 公司出品的商业数学软件。最初，MATLAB 是一种专门用于矩阵数值计算的软件。被推向市场后，其功能不断拓展，不仅在数值计算、符号运算和图形处理等功能上进一步增强，而且增加了许多工具箱，如控制工具箱（Control Toolbox）、信号处理工具箱（Signal Processing Toolbox）、通信工具箱（Communication Toolbox）和专用图形处理工具箱（Specgraph Toolbox）等。这些工具箱可以供不同专业的人员使用。目前，MATLAB 不仅具有数值计算功能，而且具有数据可视化功能，已成为适用于多学科、多种工作平台的大型软件。

在国际学术界，MATLAB 已经被确认为可靠、准确的科学计算标志软件。在诸多国际一流学术刊物上，都可以看到 MATLAB 的应用。每年的全国大学生数学建模竞赛参赛论文中，运用 MATLAB 软件的占 90%以上。在欧美各院校，MATLAB 已经成为线性代数、数理统计、自动控制、数字信号处理、时间序列分析、神经网络等课程的基本教学内容。这几乎成为 21 世纪教科书与旧版教科书的标志性区别。

1.1.1 MATLAB 语言主要特点

MATLAB 自 1984 年由美国 MathWorks 公司推出以来，一直在不断地更新。尽管 MATLAB 的版本越来越多，功能越来越强大，但是它的一些基本功能与特点变化不大。各种版本的特点总结如下。

1. 功能强大

MATLAB 在数值计算上拥有绝对优势，其符号运算功能可方便用户处理矩阵计算、方程组求解、微积分运算、偏微分方程求解、统计与优化等问题。

除此之外，MATLAB 6. x 以后的各版本中均有图形属性编辑的界面，该界面功能更全面,操作也更方便。MATLAB 对图形的输出也进行了改进,提供了更丰富的属性设置,实现了一系列可视化操作。

在数值计算中,MATLAB 的许多功能函数都带有算法的自适应性,算法先进,既可解决用户的后顾之忧,也可弥补其他软件因非可执行文件而影响其运算速度的缺陷。

2. 语言简单

MATLAB 编程语言允许用户以数学形式的语言编写程序,与其他软件的语言相比更接近于书写算式的思维方式。MATLAB 语言以向量和矩阵为基本的数据单元,内含大量运算符、函数和多种数据结构,既可以满足简单的计算,也可以用于复杂的大型编程。

3. 编程容易,效率高

从形式上看,MATLAB 程序文件是纯文本文件,扩展名为“.m”(习惯称为“M 文件”),具有结构程序控制、函数调用、数据结构等程序语言特征,易于调试,人机交互性强。

4. 扩充能力强,可开发性强

MATLAB 发展速度之快,与它的可扩充性和可开发性密不可分。MATLAB 本身就像一个解释系统,它的函数程序的执行是以一种解释执行的方式进行的。其最突出的优点是用户可以方便地查看函数的源程序,可以方便地开发自己的程序,甚至创建自己的工具箱。除此之外,MATLAB 与 C 语言、Fortran 语言有接口,用户只需将已有的 EXE 文件转换成 MEX 文件,就可以很方便地调用有关程序和子程序。另外,MATLAB 和 MAPLE 也有接口,这也完善了 MATLAB 的符号运算功能。

5. 丰富的工具箱

MATLAB 有着丰富的工具箱。工具箱实质上是一种子程序集,用于实现某一类新算法或解决某一方面的专门问题,可以分为领域型工具箱和功能型工具箱。领域型工具箱专业性较强,除前述工具箱外,还有统计工具箱(Statistics Toolbox)、金融工具箱(Financial Toolbox)、小波分析工具箱(Wavelet Toolbox)、神经网络工具箱(Neural Network Toolbox)等。功能型工具箱主要用来扩充 MATLAB 的符号计算功能、图形建模仿真功能、文字处理功能以及与硬件实时交互功能,可用于多种学科。

1.1.2 MATLAB 的安装和内容的选择

MATLAB 可以运行于多个操作平台,比较常见的有 Windows 9x/NT、OS/2、Macintosh、Sun、Unix、Linux 等平台系统。随着 MATLAB 功能的不断完善,它对计算机硬件环境的要求也越来越高。本节以操作系统为 Microsoft Windows XP Professional 的电脑为例,介绍 MATLAB 2016a 的安装方法。

将存有 MATLAB 2016a 安装包的 U 盘插入电脑,解压安装文件。一般情况下,系统会自动搜索 autorun 文件并启动安装程序。对安装过 MATLAB 的用户,界面可能会一闪而过或不出现，因为系统认为安装已经完成。这时，用户可以自己执行安装盘内的 setup. exe 文件，启动 MATLAB 的安装程序。

安装前，一般会让用户填写注册信息并接受使用协议的条款。安装程序启动后，可以选择“使用文件安装密钥”，按照提示要求填写密钥。安装时，可以选择要安装的目录。完全安装 MATLAB 2016a 需要 4～6 GB 或更大的硬盘空间，因此不建议安装在 C 盘中。设置安装目录后，就会进入 MATLAB 的选择安装界面，用户可以根据需要有选择地安装各个组件。一般情况下，不需要全部选择。对一般用户而言，这非常占用空间，即使有足够的空间，许多工具箱的软件包也基本上用不到(或很长时间内用不到)。对软件运行所必需的组件必须选中，如主程序模块、编译器模块、数学计算模块等。

表 1. 1 列出了 MATLAB 的部分组件及其功能，用户可以参考此表的功能解释选择需要的组件。

表 1. 1　MATLAB 部分组件的功能

组件名称	功能解释
MATLAB	MATLAB 主程序，最核心的组件
Simulink	仿真工具箱，MATLAB 的另一核心组件
Communications System Toolbox	通信系统工具箱
Computer Vision System Toolbox	计算机视觉工具箱
Control System Toolbox	控制系统工具箱
Curve Fitting Toolbox	曲线拟合工具箱
Data Acquisition Toolbox	数据采集工具箱
Database Toolbox	数据库工具箱
Datafeed Toolbox	数据输入工具箱，用于获取实时金融数据
DO Qualification Kit	鉴定工具包
DSP System Toolbox	DSP 系统工具箱
MATLAB Distributed Computing Server	MATLAB 分布式计算服务器
Neural Network Toolbox	神经网络工具箱
Global Optimization Toolbox	全局优化工具箱
Optimization Toolbox	优化工具箱
Parallel Computing Toolbox	并行计算工具箱
Statistics and Machine Learning Toolbox	统计与机器学习工具箱
Symbolic Math Toolbox	符号数学工具箱
Text Analytics Toolbox	文本分析工具箱

MATLAB拥有一个内含数百个内部函数的主包和几十种工具包。工具包又分为功能性工具包和学科性工具包。功能性工具包主要用来扩充MATLAB的符号计算、文字处理、可视化建模仿真以及实时控制等功能；学科工具包专业性比较强，包括自动控制工具包、数字信号处理工具包以及通信工具包等。

MATLAB 2016a版本的组件包括：数学、统计和优化，信号处理和无线通信，控制系统，图像处理和计算机视觉，并行计算，测试和测量，计算金融学，计算生物学，应用程序部署，基本事件建模，物理建模，机器人和自主系统，实时仿真和测试，代码生成，验证、确认和测试，数据库访问和报告，仿真图形和报告，系统工程等。这些组件的功能在官网(https://ww2.mathworks.cn/help/releases/R2016a/index.html)上解释得非常清楚。读者可以根据自己感兴趣的方向或者专业来选择安装。

选好需要安装的目录和组件后，就可以进行安装了。安装完成之后，需要重新启动计算机才能够正常运行MATLAB。

1.2 MATLAB的启动

1.2.1 启动MATLAB

MATLAB的入门学习比较容易，但要学好、用好MATLAB需要有一定的数学基础。

在安装有MATLAB软件的计算机上，启动MATLAB有多种方法：最常用的是双击系统桌面的MATLAB快捷图标；也可以在“开始”菜单的“程序”子菜单中单击MATLAB图标；还可以在MATLAB安装路径的bin目录中的子目录win32中双击可执行文件MATLAB.exe。

在Windows系统中启动MATLAB，就会出现如图1.1所示的默认界面，大致包括菜单栏、工具栏以及各种窗口等。最上面显示“MATLAB”字样的高亮条部分为标题栏，标题栏下面是菜单栏，包含“File(文件)”“Edit(编辑)”“Debug(调试)”“Desktop(桌面)”“Window(窗口)”和“Help(帮助)”选项。菜单栏下面是和Windows类似的工具栏，再向下就是MATLAB的几个常用窗口，分别为命令窗口(Command Window)、历史窗口(Command History)、当前目录窗口(Current Directory)和工作空间管理窗口(Workspace)。界面的左下角有一个“开始”(Start)按钮。

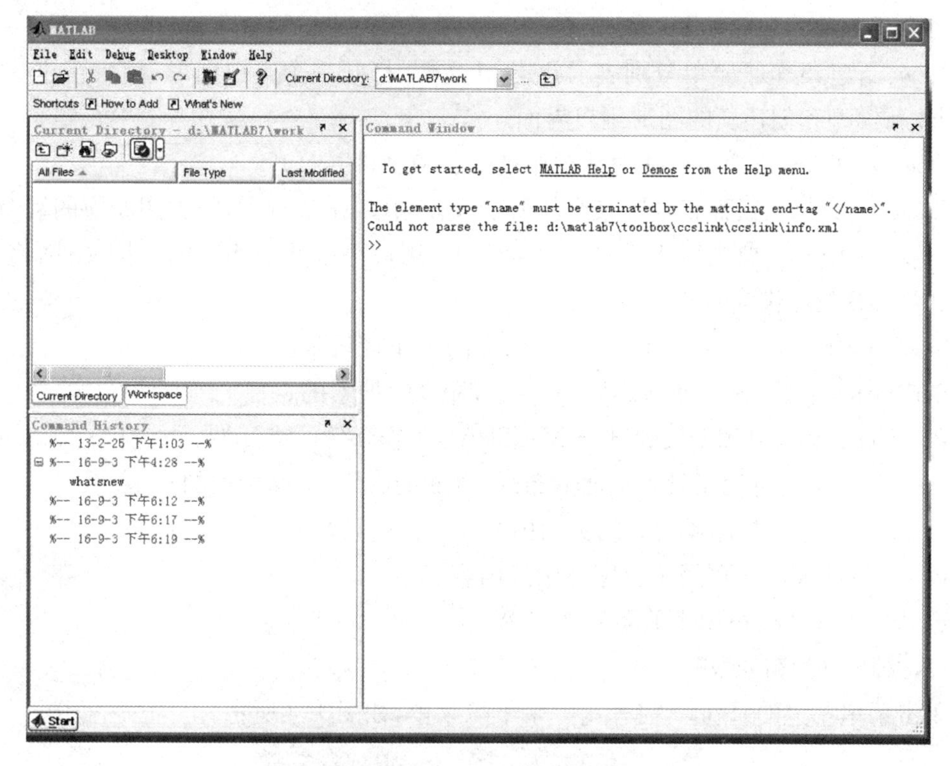

图 1.1　MATLAB 的默认界面

下面分别对 MATLAB 的菜单栏及各个窗口进行简单介绍。

1. 菜单栏

MATLAB 的主菜单包括“File”“Edit”“Debug”“Desktop”“Window”和“Help”。单击菜单栏各选项，将会弹出不同的下拉菜单，将鼠标移到上面即可进行相应的操作。

(1)“File”(文件)菜单。

单击菜单栏上的“File”，将弹出一个下拉菜单，如图 1.2 所示。

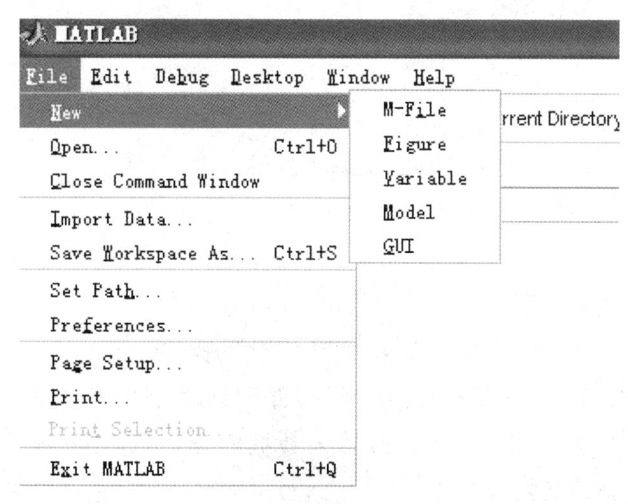

图 1.2　“File”菜单选项

各个子菜单的功能如下：

New：新建，5 个子菜单分别表示新建 M 文件、打开一个空白图形窗口、新建一个变量、创建新模型和创建新的图形用户界面。

Open…：打开，用户可以在对话框中选择相应文件并打开。

Close…：该选项后面将跟随某个打开的视窗名，单击该选项，将关闭相应的视窗。

Import Data…：单击后将出现一个对话框，用户可以选择相应的数据文件，将其导入 MATLAB 的工作空间。

Save Workspace As…：用户可以为保存的工作空间命名。

Set Path…：可用于更改 MATLAB 执行命令时搜索的路径。

Preferences…：可用于设置部分 MATLAB 工作环境的交互性。

Page Setup…：可用于设置页面的布局、页面的页眉、页面所用的文字。

Print…：可用于打印预定好的页面内容，也可以设置一些参数。

Print Selection…：可用于打印选中的内容。

Exit MATLAB：可用于关闭 MATLAB。

(2)“Edit”(编辑)菜单。

单击菜单栏上的“Edit”，将弹出一个下拉菜单，如图 1.3 所示。

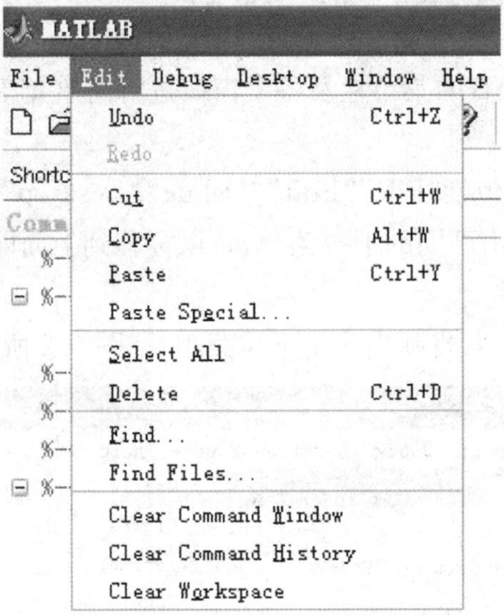

图 1.3 “Edit”菜单选项

各个子菜单的功能如下：

“Undo”“Redo”分别表示“取消”“重复”上一次的操作。

“Cut”“Copy”“Paste” 分别表示“剪切”“复制”“粘贴”所选中的部分。

Paste Special…：点击该菜单将打开导入数据向导，引导用户把存放在缓冲区的内容以特定格式存放到剪切板变量中。

Select All：点击该菜单将选中所在区域的所有内容，以便进一步复制。

Delete:用于删除当前目录中选中的文件。

Find…:用于打开查找对话框,可以在当前命令窗口、当前目录或当前目录中的 M 文件中进行查找。

Clear Command Window:点击后删除命令窗口中的全部内容,但是不删除工作空间中的变量。

Clear Command History:点击后删除历史记录窗口中的全部内容。

Clear Workspace:点击后删除工作空间的全部内容。

(3)“Debug”(调试)菜单。

单击菜单栏上的“Debug”,将弹出一个下拉菜单,如图 1.4 所示。

“Debug”(调试)菜单主要用于程序调试时打开 M 文件或者单步执行等选项。M 文件中也有这个菜单,作用与其略有不同,后面会详细介绍。

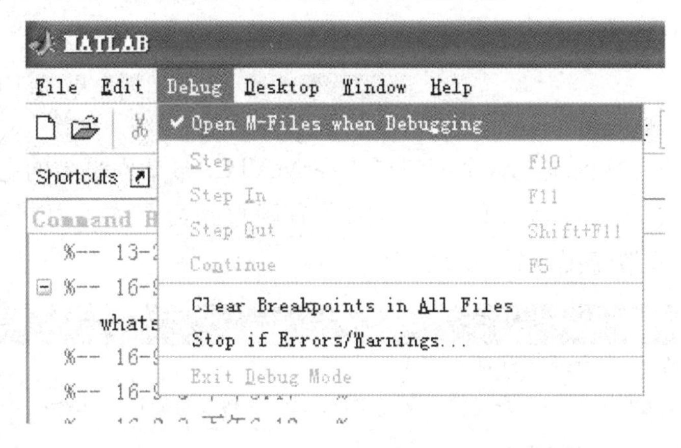

图 1.4 “Debug”菜单选项

(4)“Help”(帮助)菜单。

单击菜单栏上的“Help”,将弹出一个下拉菜单,如图 1.5 所示。

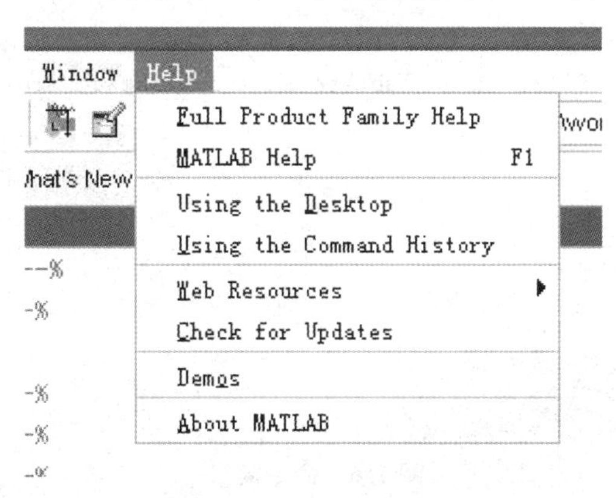

图 1.5 “Help”菜单选项

“Help”菜单主要用于打开 MATLAB 的帮助窗口,读者可以根据需要获取帮助信息。具体功能如下:

Full Product Family Help：打开整个MATLAB家族的帮助文件。

MATLAB Help：打开MATLAB的帮助文件。

Using the Desktop和Using the Command History：打开MATLAB的帮助文件，并分别从Using the Desktop和Using the Command History开始显示帮助文件。

Demos：打开演示文档。

About MATLAB：打开产品说明。

与其他软件相比，MATLAB的一个突出优点就是有完善的帮助系统：不仅有命令窗口查询帮助系统，还有联机帮助系统和联机演示系统。用户在学习的过程中可以慢慢体会，逐步理解，最终熟练运用帮助系统。

除此之外，菜单栏还有"Desktop"（桌面菜单，决定显示界面布局效果）和"Window"（窗口菜单，显示已打开的MATLAB窗口的信息，在已经打开的窗口之间进行切换）等菜单，因为不常用，这里就不介绍了。

2. 窗口栏

（1）命令窗口（Command Window）。

工具栏下面的大片区域是各个窗口栏。在MATLAB桌面平台的右边，就是命令窗口，如图1.6所示。一般而言，MATLAB的所有函数和命令均可以在该窗口执行。输入命令时，应将光标置于提示符（>>）之后。

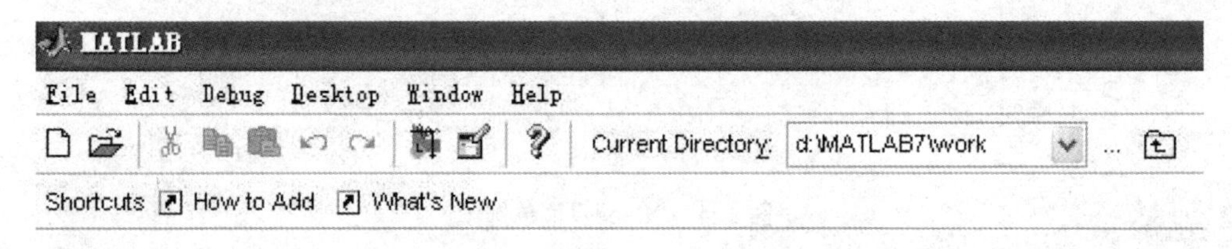


```
  To get started, select MATLAB Help or Demos from the Help menu.

The element type "name" must be terminated by the matching end-tag "</name>".
Could not parse the file: d:\matlab7\toolbox\ccslink\ccslink\info.xml
>> a=3;b=4;
>> c=a*b+a/b

c =

   12.7500

>> |
```

图1.6　命令窗口

MATLAB语句是由表达式和变量组成的，其一般形式有两种，分别为：

• 表达式

• 变量＝表达式

表达式由运算符、变量名、函数和数字组成。第一种形式省略了第二种形式中的“变量=”，此时MATLAB会自动建立名为“ans”的变量。需要注意的是，ans是一个默认的变量名，在类似的操作中会被自动覆盖，所以对于重要结果，一般用第二种形式。

例如，在MATLAB命令窗口里输入：

```
a=3;b=4;
c=a*b+a/b
```

按“Enter”键可以得到“c=12.7500”的输出结果(图1.6)。其中“>>”为指令行提示符，表示MATLAB正处在准备状态。在提示符后输入运算式，按“Enter”键，MATLAB将给出计算结果，并再次进入准备状态。可以通过上下箭头调出以前输入的命令。

如果一个命令太长，不适合在一行中输入，可以在行后输入…(省略号)并按下“Enter”键，然后继续在新的一行输入。运用此方法可以连续输入4096个字符。

对初学者来说，特别值得注意的是，如果输入的语句以“;”结束，则MATLAB只进行计算而不输出结果；如果以“,”结束，则MATLAB会输出计算结果。

在某些变量很多，但只需要知道最终结果的情况下，应该注意合理使用“;”，否则输出的结果较乱，且影响运行速度。

MATLAB的变量由字母、数字和下划线组成，不能使用标点符号；变量名最多可以有31个字符，第一个字符必须是字母，而且MATLAB的变量是要区分大小写的。

(2)历史窗口(Command History)。

历史窗口记录着用户每次启动MATLAB的时间，以及在MATLAB命令窗口中输入的所有指令行。这些指令可以被单行或多行复制和运行。

具体操作：按住“Ctrl”键，在历史窗口中点击需要运行的若干行指令，如图1.7所示，点击鼠标右键，弹出下拉菜单，点击“Evaluate Selection”可直接运行(若点击“Copy”，可复制选中指令行，但是需要在命令窗口中粘贴、运行)，计算结果会出现在命令窗口。

对于单行历史指令，双击所需行即可运行。

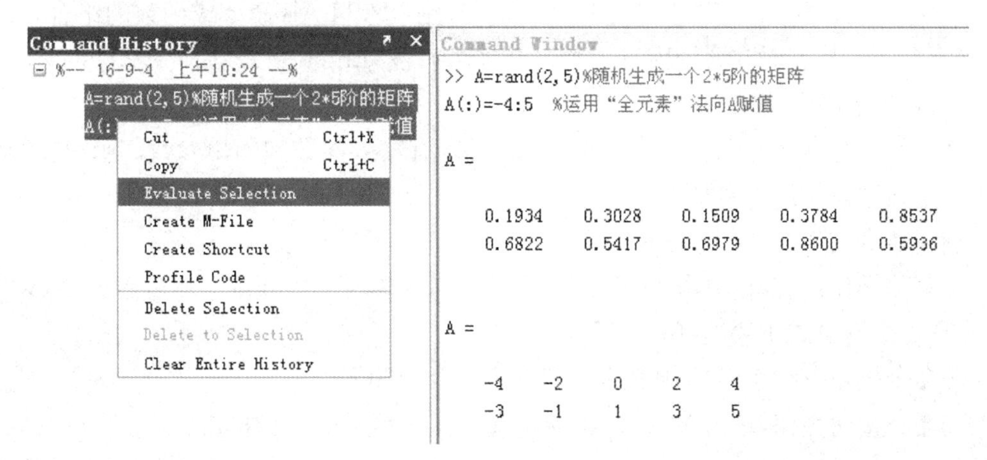

图1.7　历史窗口

(3)工作空间管理窗口(Workspace)。

工作空间管理窗口是 MATLAB 的重要组成部分,用于显示目前内存中保存的 MATLAB 变量的变量名、数据结构、大小以及类型,如图 1.8 所示。

MATLAB 在执行 M 文件时,把 M 文件的数据保存到其对应的工作空间,而命令窗口的工作空间被称为基本工作空间,因此,命令窗口用于调试 M 文件时,可以在不同的工作空间之间进行切换。

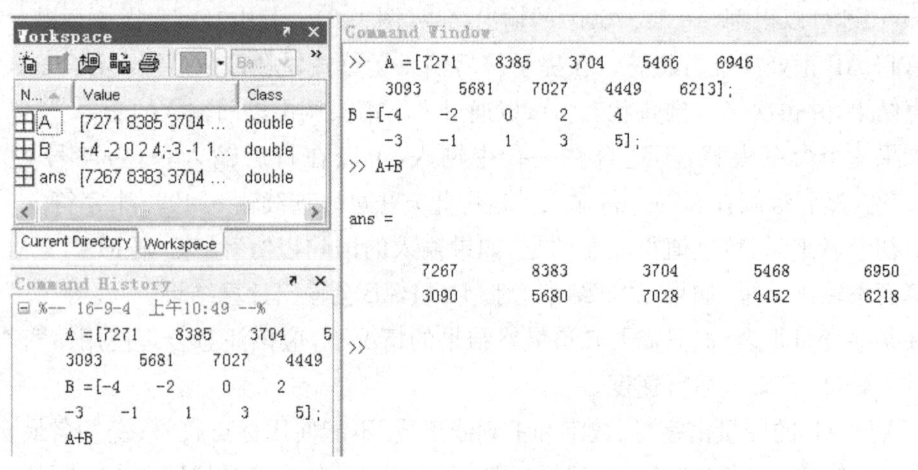

图 1.8　工作空间管理窗口

1.2.2　创建 M 文件

对于比较简单的 MATLAB 语句,可以在命令窗口中直接输入,但如果是较为复杂的 MATLAB 语句,就要使用 MATLAB 提供的 M 文件了。

M 文件是由 MATLAB 语句(命令或函数)构成的 ASCII 码文本文件,以“. m”为扩展名。通过在命令窗口调用 M 文件,可实现一次执行多条 MATLAB 语句的功能。

M 文件有 2 种形式:

①命令文件(Script):用来存储程序或语句,是 MATLAB 命令或函数的组合,没有输入输出参数,执行时在命令窗口中键入文件名后按“Enter”键或在命令文件的菜单栏选择运行(Run)即可。

②函数文件(Function):用来新建函数,可以有输入参数和输出参数。函数在自己的工作空间中操作局部变量。

创建命令文件有 3 种方法:

①菜单操作:用鼠标单击 MATLAB 命令窗口菜单栏上的“File”,然后单击“New”选项,出现一个右拉式子菜单,单击“M-file”。

②命令操作:在 MATLAB 命令窗口输入命令“edit”。

③命令按钮操作:单击 MATLAB 命令窗口工具栏上的“🗋”按钮。

文件创建后会出现一个 M 文件编辑窗口,可以在这里编辑计算程序。程序编辑完必须先存盘,然后才能运行。单击存盘标记以后,屏幕上会弹出一个对话框,其中文件名

默认为“Untitled. m”，如图 1. 9 所示。保存之前可以先更名。

注意 文件名中不能有中文，且第一个字符必须是英文字母，否则将会出现错误。

图 1.9 M 文件的建立与保存

运行 M 文件时，单击该 M 文件上方的“Debug”，然后单击“Run”选项即可得到结果。也可以在编辑 M 文件以后，依次点击“Debug”“Save and Run”选项，如图 1. 10 所示。如果运行原有的 M 文件，只需单击“File”中的“Open”选项，在弹出的对话框中输入你想要打开的文件名，即可打开 M 文件。还可以直接在命令窗口中输入你定义的文件名，然后按“Enter”键，在不打开 M 文件的情况下得到计算结果。

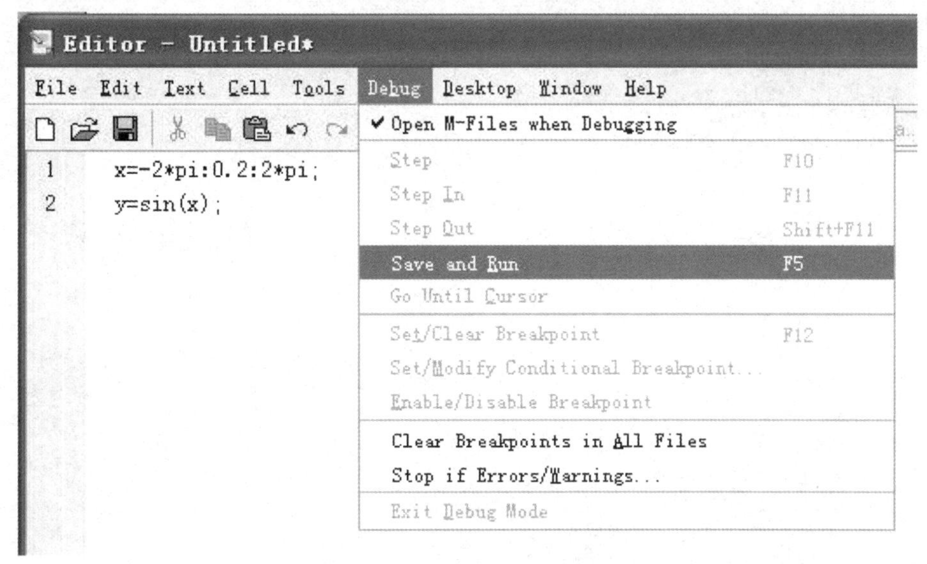

图 1.10 M 文件的保存与运行

M 文件还有另外一种形式，即函数文件。函数文件不仅具有命令文件的功能，还提供了与其他 MATLAB 函数和程序的接口。编辑好的函数文件可以作为新函数调用。

函数文件的第一行必须是以“function”引导的定义语句，格式为：

```
function[y1,y2,…]=ff(x1,x2,…)
函数体
```

注意 ①ff 是函数名，x_1，x_2是输入变量(自变量)，y_1，y_2是输出变量。②输入变量用(　)括起来，输出变量用[　]括起来。③函数名和文件名必须相同！函数名必须以字母开头，且须区分大小写。④第一行必须以“function”开始，第二行以后可加入注释行或运算语句。第一行的有无，是区分命令文件与函数文件的重要标志。

例 1.1 建立函数 $y=\frac{1+\sin x}{1+\cos x}e^x$。

解 方法 1：在 MATLAB 命令窗口中输入

```
y='(1+sin(x))*exp(x)/(1+cos(x))'
```

方法 2：建立 M 文件，在 M 文件内输入

```
fun=inline('(1+sin(x))*exp(x)/(1+cos(x))');   %此时默认 x 是输入参量。
```

注意 方法 1 和方法 2 是 MATLAB 中函数的输入方法，参见本书 1.2.4 的内容。

方法 3：建立名为“ff”的函数文件

```
function [y]=ff(x)
y=(1+sin(x)).*exp(x)./(1+cos(x))
```

运行时，出现对话框，直接保存为 ff.m(这是文件名，与函数名一致)。此时，命令窗口会出现如图 1.11 所示的结果。

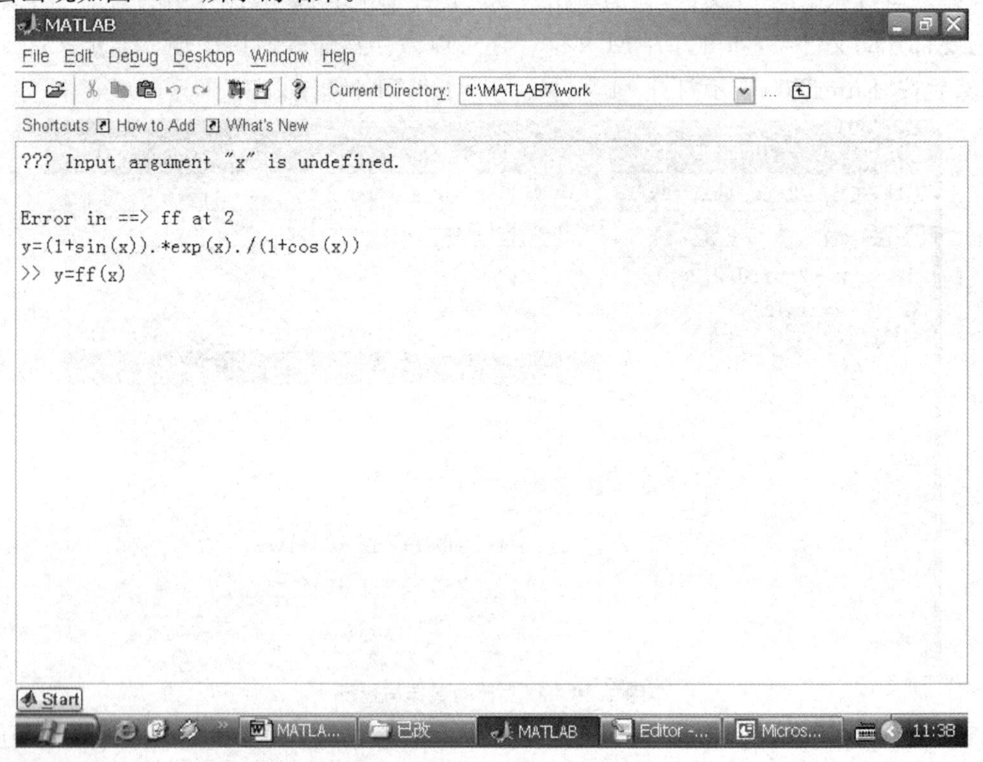

图 1.11　例 1.1 的运行结果

界面显示所输入的 x 是没有定义的，这说明函数文件是不能直接运行的。如果有需要，可以调用函数。在命令窗口中，可以固定格式调用 ff 函数：

```
y=ff(x)
```

此时若给 x 赋值，将计算函数 y 的对应值。在命令窗口可以反复调用 M 函数文件。

1.2.3 MATLAB 的数据类型

MATLAB 的数据类型包括变量、数字变量、字符串、矩阵（向量）等。

1. 变量

MATLAB 不要求对所使用的变量进行事先说明，系统会根据赋给变量的值或对变量进行的操作自动确定变量类型。但要注意以下几点：

①MATLAB 变量字母区分大小写，例如 A 与 a 不是同一个变量，函数名一般使用小写。如 eig(A)不能写成 EIG(A)，否则系统认为是未定义的函数。

②变量名可以由字母、数字、下划线等组成，但不能使用标点符号；变量的长度最长不能超过 63 个字符，63 个字符以后的字符将被忽略。

③系统有特定的内部变量：eps，pi，inf，nan。eps 为容差变量，定义为 1.0 到 1.0 以后计算机所能表示的下一个最大浮点数的距离。用户可以将此值设置为任何其他值（包括 0）。pi 表示圆周率 π 的近似值。inf 表示无穷大。nan 表示不确定值，由 inf/inf 或者 0/0 运算产生。例如：

在命令窗口输入：

```
>> 1/0
```

结果是：

```
Warning: Divide by zero.
ans=
   Inf
```

在命令窗口输入：

```
>> 0/0
```

结果是：

```
Warning: Divide by zero.
ans=
   nan
```

2. 数字变量

MATLAB 中的数字采用十进制，可以带小数点和负号，可以是复数，也可以用科学记数法表示（以 e 表示位数）。例如，1.5e−002 表示 1.5×10^{-2}。

MATLAB 系统中数组的存储和计算都是以双精度模式进行的，但是在 MATLAB 的命令窗口中可以采用不同的显示格式。默认的显示格式是小数点后面 4 位（通常称为短格式），用户可以在命令窗口中用“format”命令改变显示格式。

例如，在命令窗口输入：

```
>> a=20/6
```

按“Enter”键后，则输出：

```
a=
   3.3333   %默认显示格式
```

如果想以有理数形式显示，只需要先输入“format rat”。

```
>> format rat   %改变显示格式为有理数格式
>> a=20/6
```

按“Enter”键后，则输出：

```
a=
   10/3
```

MATLAB系统中数组在命令窗口显示的格式及具体运用方法见表1.2。

表1.2　数组的显示格式

格式	含义	说明
format short	定点短格式(默认格式)	显示5位定点十进制数
format long	定点长格式	显示15位定点十进制数
format short e	浮点短格式	显示5位浮点十进制数
format long e	浮点长格式	显示15位浮点十进制数
format short g	定点/浮点短格式	系统选择5位定点和5位浮点中更好的显示格式
format long g	定点/浮点长格式	系统选择15位定点和15位浮点中更好的显示格式
format bank	银行格式	显示小数点后2位(按元、角、分的固定格式)
format rat	有理数格式	显示有理数
format+	+格式	以+、-和空格表示矩阵中的正数、负数和零元素
format compact	压缩格式	数据之间没有空格
format loose	自由格式	数据之间可以有空格
format hex	十六进制数格式	显示十六进制数

用户可以根据需要选择恰当的格式。具体方法：单击MATLAB命令窗口的“File”菜单，选择“Preferences”命令，进入命令窗口，就可以看到如图1.12所示的界面，用户可以根据需要进行选择。

图 1.12　输出格式的设置

3. 字符串

字符串是 MATLAB 符号运算表达式的基本构成单元。在 MATLAB 中，字符串遵循以下几条规则：

①所有字符串都用单引号设定后输入或者赋值。

例如输入：

```
>> s='Is this a dog'
```

运行结果是：

```
s=
Is this a dog
```

②字符串的每一个字符都是字符串的一个元素。空格也是一个字符。

继续输入：

```
>> size(s)   % 查看字符数组 s 的维数
```

结果是：

```
ans=
     1     13     % 注意：不是 1*10 阶，空格也算字符了
```

③字符变量可以用方括号合并成更大的字符串。

在字符串 s 的基础上输入：

```
>> t=[s,'? Yes, it is ']
```

结果为：

```
t=
Is this a dog? Yes, it is
```

④字符以 ASCII 形式码存储，可以用 abs 或者 double 命令查看 ASCII 码值。

⑤ASCII 码向字符串的转变可以通过 setstr 实现。

⑥数值数组和字符串之间可以通过表 1.3 中的函数实现相互转换。

表 1.3 数值数组和字符串转换函数

函数名	功能	函数名	功能
num2str	数字转换为字符串	str2num	字符串转换为数字
int2str	整数转换为字符串	mat2str	矩阵转换为字符串
sprintf	格式数据转换为字符串	sscanf	在格式控制下读字符串

4. 符号对象建立

MATLAB 的符号运算是通过符号数学工具箱(Symbolic Math Toolbox)实现的。该工具箱使用字符串进行符号分析与运算。

MATLAB 的符号数学工具箱可以完成符号表达式的运算、符号表达式的复合与化简、符号矩阵的运算、符号微积分、符号函数画图、符号代数方程与微分方程求解等。

符号对象用字符串形式表示,但又不同于字符串(全由字母组成)。符号对象更像数学中的表达式。

符号对象由 sym 和 syms 建立。

(1)符号变量的建立。

```
syms  x y z        %建立符号变量 x,y,z
t=sym('t');        %建立符号变量 t
```

syms 建立多个变量,而 sym 只建立一个符号变量。

(2)符号表达式的建立。

```
syms x y
z=x^3+2*y^2-5;           %建立符号表达式
f=sym('x^2+3*x+2');      %建立符号表达式 f=x^2+3*x+2
f='x^2+3*x+2';           %用单引号创建的符号表达式对空格很敏感。不要在字符间随意添加空格!
```

5. 矩阵(向量)

MATLAB 是从“matrix”和“laboratory”中各取 3 个字母组成的,可见矩阵是 MATLAB 的精髓。虽然矩阵的基本单元是数字,但是矩阵的运算和数字的运算还是有区别的。关于矩阵及其运算的论述,将在随后的章节里展开。

注意 MATLAB 里所有矩阵都不必定义维数,系统会根据用户输入的情况自动识别。

1.2.4 MATLAB 的函数表示

函数是高等数学中最基本的概念。对于一个数学表达式,怎样将它转变为计算机能够识别的语句,是各种软件首先要解决的问题。MATLAB 软件中函数的定义是指用 MATLAB 语言将函数编写成可在 MATLAB 软件环境下运行的程序源代码。

MATLAB有一个很庞大的内建函数库。内建函数库以及符号对象可提供大量的函数表示方法。

1. 基本数学内建函数

内建函数通常由“函数名(参数)”表示。使用此函数时,参数可以是一个数,一个已赋值的变量,或者一个可计算的由数、变量或数和变量组成的表达式。例如计算一个数的平方根的函数是 sqrt(x),这里 x 是参数,可以输入“sqrt(16)”“sqrt(50+2 * 3)”(参数是数)或者“x=25; sqrt(x-16)”(参数由已赋值的变量和数组成)等。部分常用的MATLAB基本数学内建函数见表1.4。完整的内建函数清单可在帮助窗口中找到。

表1.4　基本数学内建函数

函数名	含义	函数名	含义
sin(x)	正弦函数	asin(x)	反正弦函数
cos(x)	余弦函数	acos(x)	反余弦函数
tan(x)	正切函数	atan(x)	反正切函数
cot(x)	余切函数	acot(x)	反余切函数
sec(x)	正割函数	max(x)	最大值
csc(x)	余割函数	min(x)	最小值
exp(x)	指数函数	sum(x)	元素的总和
log(x)	对数函数	sign(x)	符号函数
sqrt(x)	平方根函数	fix(x)	朝零方向取整
log10(x)	常用对数函数	ceil(x)	向无穷方向取整
abs(x)	绝对值	floor(x)	向负方向取整
nthroot(x,n)	实数 x 的 n 次方根	round(x)	四舍五入至最近整数

2. 其他定义函数的方法

(1)用命令 sym 或 syms 生成符号对象。格式:

```
y=sym('f(x)')或 y='f(x)'   %也可以直接写成 y=f(x)
```

这种定义函数的方法主要用于一些符号运算,例如本书5.1.1中函数的极限运算或导数运算。因为仅仅是符号运算,MATLAB不会对其进行化简,如果需要对输出的表达式化简,可以用命令 u=simplify(y)或者 u=simple(y)使表达式更简单、美观。

(2)inline 定义函数:用于曲线拟合、数值计算。格式:

```
fun=inline('f (x)','参变量','x')
```

inline 定义函数必须在M文件中,因此首先要建立M文件,然后在M文件中输入。

注意　①输入函数 $f(x)$时,如果自变量 x 赋值为向量或者矩阵,则函数 $f(x)$表达式中的乘除运算要改写成点运算。②函数 $f(x)$中参变量不止一个时,由于 inline 中只能用一个变量表示,各个参变量要写成该变量的各个分量,参见本书6.1.2。

(3)利用 M 文件建立函数文件(Function)。格式为：

```
function[y1,y2,…]=ff(x1,x2,…)
```

◆ 习题

1. 建立函数文件,定义函数 $f(x,y)=\sin x^3+y^2-3e^{xy}$,并计算 $f(3,2)$。

2. 建立 M 文件,输入字符串“Is this a dog? Yes, it is”。运用表 1.3 中的函数,将该字符串转换为数字,然后再将数字转换为字符串。

第 2 章 矩阵的基本运算

扫码获取本章例题与习题中数据

MATLAB 是矩阵实验室的缩写，其处理矩阵的能力非常强大。事实上，一个数是一个 1×1 阶矩阵，一个 n 维向量是一个 $1\times n$ 阶矩阵或 $n\times 1$ 阶矩阵。因此，MATLAB 处理的所有数据都可以视为矩阵。学习 MATLAB，首先要学习矩阵是怎样生成的。

2.1 矩阵的生成

1. 直接输入

当需要的矩阵维数比较小时，可以直接输入，输入时要注意以下三点。

(1)矩阵的元素应该在方括号“[ ]”内。

在 MATLAB 中，矩阵的首尾要以“[ ]”括起来，按行输入每个元素。同一行中的元素用逗号或空格符来分隔，且空格个数不限；行与行之间用分号分隔或按“Enter”键分隔。

例 2.1 在 MATLAB 中输入矩阵 $A=\begin{bmatrix}1&5&1&0&1\\2&6&0&1&1\\3&7&1&0&1\\4&8&0&1&1\end{bmatrix}$。

解 建立 M 文件，在 M 文件中输入(以后不特别说明，都是在 M 文件中输入程序)：

```
A=[1,5,1,0,1;2,6,0,1,1;3,7,1,0,1;4,8,0,1,1];   %此处行尾分号的作用为不显示输入的结果。如果要显示结果，可以去掉行尾分号或者将分号改成逗号
```

注意 %号之后的语句都是解释语句，MATLAB 不执行这部分语句。

(2)矩阵的元素可以是数字或表达式。

表达式中不能包含没有定义的变量。元素的赋值由表达式完成。

例如，在 MATLAB 中输入：

```
x=pi/4;  y=2;  A=[x,x/y,5;sin(x),y^2,x*y]
```

运行结果如图 2.1 所示。

矩阵的某一元素可以用该矩阵名以及行数和列数表示，即 $B(i,j)$表示 B 矩阵的第 i 行第 j 列元素；i 或者 j 用冒号(:)代替时，表示行或者列的所有元素。

以例 2.1 中的 A 矩阵为例，读者可以输入 $A(3,2)$，$A(:,3)$，$A(4,:)$以及 $A(:,:)$，看看它们各自表示哪些元素。

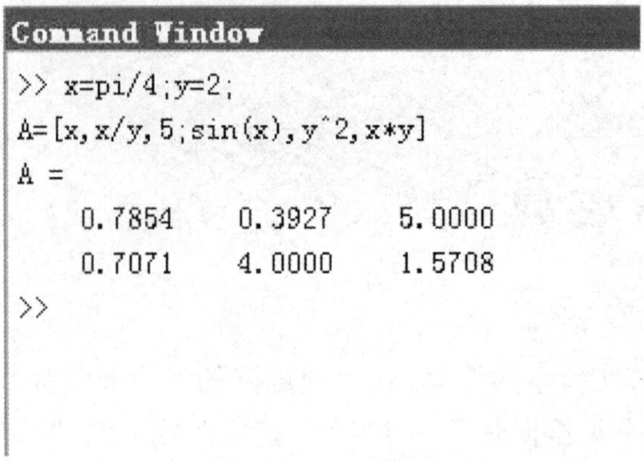

```
Command Window
>> x=pi/4;y=2;
A=[x,x/y,5;sin(x),y^2,x*y]
A =
    0.7854    0.3927    5.0000
    0.7071    4.0000    1.5708
>>
```

图 2.1 运行结果

(3)没有任何元素的空矩阵在 MATLAB 中也是被允许的。

当某一操作没有结果时，通常返回空矩阵。空矩阵的大小为零。

2. 复制粘贴

可以直接复制文件中的数据，然后返回命令窗口或者 M 文件，输入“矩阵名＝[　　]”，将光标放在方括号内，右击选择粘贴。

3. 由函数创建矩阵

一些特殊结构的矩阵，如单位矩阵、零矩阵、随机矩阵等，在特定领域内有着特殊的功能。为便于读者调用，MATLAB 提供了生成这类矩阵的函数，见表 2.1。

表 2.1 特殊矩阵函数表

命令	功能
zeros(m,n)	生成一个 m 行、n 列的元素全为 0 的零矩阵
ones(m,n)	生成一个 m 行、n 列的元素全为 1 的矩阵
eye(m,n)	生成一个 m 行、n 列的主对角元素全为 1 的单位矩阵
rand(m,n)	生成一个 m 行、n 列的随机矩阵
randn(m,n)	生成一个 m 行、n 列的正态分布随机矩阵
magic(n)	生成一个 n 阶的各行、各列及对角线上元素之和均等于$\frac{n^3+n}{2}$的魔方矩阵

4. 由已知矩阵获得子矩阵

假设矩阵 A 是一个 $m\times n$ 阶矩阵。如果要从矩阵 A 中提取部分元素以组成新的矩阵，可以采取以下几种方法：

①取出矩阵 A 的第 i 行或第 j 列。

```
B=A(i,:), C=A(:,j),     %此处冒号的作用表示取出列(或行)的所有元素
```

②删除矩阵 A 的第 i 行或第 j 列。

```
A(i,:)=[], A(:,j)=[],   %此方法也可以删除矩阵A的若干行或若干列
```

③取出矩阵 A 的第 i,j,k 行(列)元素。

索引向量法：首先输入索引向量“a=[i,j,k]”，然后输入“B=A(a,:)”或“C=A(:,a)”。

矩阵拼接法：输入“B=[A(i,:);A(j,:);A(k,:)]”或“C=[A(:,i),A(:,j),A(:,k)]”。

除此以外，在 MATLAB 中还有其他的对矩阵中元素操作的命令，见表 2.2。

表 2.2　矩阵元素的常见操作命令

命令	功能
A(:)	依次提取矩阵 A 的每一列，将 A 拉伸为一个列向量
A(m:n, :)=[ ]	删除 A 的第 $m\sim n$ 行，构成新矩阵
A(:,m:n)=[ ]	删除 A 的第 $m\sim n$ 列，构成新矩阵
[A　B]或[A;B]	将矩阵 A 和 B 拼接成新矩阵
diag(A,k)	提取矩阵 A 的第 k 条对角线元素向量
tril(A,k)	提取矩阵 A 的第 k 条对角线下面的部分
triu(A,k)	提取矩阵 A 的第 k 条对角线上面的部分
flipud(A)	将矩阵 A 的元素上下翻转
fliplr(A)	将矩阵 A 的元素左右翻转
A′	矩阵 A 的转置
rot90(A)	将矩阵 A 逆时针旋转 90°

2.2　矩阵的运算

2.2.1　矩阵的基本运算

矩阵的基本运算可根据线性代数中的运算法则进行。在线性代数中，我们学习了矩阵的加减、数乘、矩阵的乘法、矩阵的秩以及矩阵的转置与求逆矩阵运算等。为了更好地实现 MATLAB 中矩阵的运算，这里再定义一类新的运算法则：点(乘或除)运算。

矩阵的点乘与点除运算如下：

$$A.*B=(a_{ij}b_{ij})_{m\times n},A./B=(a_{ij}/b_{ij})_{m\times n},b_{ij}\neq 0。$$

矩阵的点乘(或除)运算就是两个同型矩阵对应元素之间的乘或除运算。

为了方便查找，我们将 MATLAB 系统中关于矩阵的基本运算命令列于表 2.3 中，将矩阵的函数运算命令列于表 2.4 中。

表 2.3　矩阵元素之间的基本运算

命令	功能	命令	功能
A±B	矩阵对应元素相加减	A. * B	矩阵 A,B 的对应元素相乘
k * A	常数 k 乘矩阵 A 的各元素	A. /B	矩阵 A,B 的对应元素相除
A * B	求矩阵 A 与矩阵 B 的乘积	A/B	矩阵 A 右除矩阵 B
A^n	求方阵 A 的 n 次乘积	A\B	矩阵 A 左除矩阵 B
A.^n	求矩阵 A 各元素的 n 次方		

说明　矩阵的运算都要符合矩阵的运算规律。例如只有维数相同的矩阵(简称同型矩阵)才可以进行加、减、点乘、点除运算;仅当 A 矩阵的列数等于 B 矩阵的行数时,$A*B$才有意义。

有一个例外,当 2 个矩阵中有一个是标量矩阵(1×1 阶矩阵)时,上述运算仍然可以进行,其结果是该标量和矩阵中的每一个元素相加、减、乘、除。

MATLAB 中矩阵的除法有 2 种:左除"\"和右除"/"。在传统的 MATLAB 算法中,右除要先计算矩阵的逆矩阵,再做矩阵的乘法;左除不需要计算矩阵的逆矩阵,直接进行除法运算,可避免被除矩阵的奇异性带来的麻烦。通常情况下,$x=A\backslash B$ 就是 $A*x=B$ 的解;$x=B/A$ 就是 $x*A=B$ 的解。B 可逆时,$A/B=A*B^{-1}$;A 可逆时,$A\backslash B=A^{-1}*B$。

表 2.4　矩阵的函数运算

命令	功能	命令	功能
A′	矩阵 A 的转置运算	rank(A)	计算矩阵 A 的秩
inv(A)	矩阵 A 的求逆运算	mean(A)	计算矩阵 A 的各列均值
det(A)	矩阵 A 的行列式运算	var(A)	计算矩阵 A 的各列方差
size(A)	求矩阵 A 的行数与列数	std(A)	计算矩阵 A 的各列标准差
abs(A)	对 A 的各元素取绝对值	range(A)	计算矩阵 A 的各列极差
company(A)	求矩阵 A 的伴随矩阵	sum(A)	计算矩阵 A 的各列元素和
max(A)	计算矩阵 A 的各列最大值	cov(A)	求矩阵列向量之间的协方差矩阵
min(A)	计算矩阵 A 的各列最小值	median(A)	计算矩阵 A 的各列中间值
mean(A)	计算矩阵 A 的各列平均值		

说明　对于表 2.4 中矩阵的函数运算命令,如果 A 只是一个向量,则不论 A 是行向量还是列向量,均对该向量进行运算;如果 A 是一个矩阵,一般情况下对矩阵 A 的列向量进行运算。

例 2.2　考查向量 $A=[1\quad 3\quad 5\quad 7\quad 9]$与数值 3 的和运算。

解　输入:

```
A=[1:2:9];   %生成从 1 开始到 9 结束,步长为 2 的数组
a=3;   %标量矩阵
B=a+A
```

结果显示为:

```
B=  4     6     8     10     12
```

说明　$B=a+A$ 表示矩阵 A 中的每一个元素与数值 3 相加,此命令表示将 a 先生成一个和矩阵 A 同型的矩阵(其中元素均为 3),然后两者相加。

$A=[1:2:9]$表示利用冒号生成数值、数组,其基本形式为 $m:k:n$,其中 m,k,n 均为给定的数值。m 表示数组的第一个元素数值。n 表示数组的最后一个元素数值限。k 表示从第 2 个元素开始,元素数值大小与前一个元素数值大小的差值,也称为步长。当 $k=1$ 时,可以省略,$m:k:n$ 可以直接写成 $m:n$。

注意　n 表示数组的最后一个元素数值限，而不是最后一个元素数值，仅当 $m-n$ 恰为 k 的整数倍时，n 才是数组的最后一个元素数值。

除了用冒号生成数值、数组以外，MATLAB 中还提供了线性等分功能函数 linspace，用于生成线性等分向量，基本形式为：

```
x=linspace(m,n,k)   %生成k维向量，其中x(1)=m,x(k)=n,当k=100时缺省
```

例 2.3　某学校两个班级学生（各 40 人）的应用软件课程学期末成绩如下：

A 班成绩：67，65，85，75，70，72，75，58，69，83，82，73，96，69，85，83，78，74，80，70，65，84，85，81，70，88，90，86，77，78，86，92，93，85，72，76，70，83，88，75。

B 班成绩：47，65，80，75，90，70，75，58，99，88，82，73，96，69，85，53，78，74，80，70，55，84，85，81，90，88，90，86，77，78，86，92，93，85，72，76，92，83，58，75。

试计算两个班级学生成绩的算术平均值、标准差，并据此分析比较这两个班级学生的成绩。

解　在 M 文件中输入命令：

```
A=[67,65,85,75,70,72,75,58,69,83,82,73,96,69,85,83,78,74,80,70,65,84,85,
81,70,88,90,86,77,78,86,92,93,85,72,76,70,83,88,75];
B=[47,65,80,75,90,70,75,58,99,88,82,73,96,69,85,53,78,74,80,70,55,84,85,
81,90,88,90,86,77,78,86,92,93,85,72,76,92,83,58,75];
Am=mean(A),  Bm=mean(B),       %mean 表示向量的平均值
As=std(A),    Bs=std(B)        %std 表示向量的标准差
```

可得结果：

```
Am=78.3250;Bm=78.3250
As=8.7278;  Bs=12.1748
```

显然，两个班级的平均分都是 78.325，但是 A 班的标准差 As(8.7278)小于 B 班的标准差 Bs(12.1748)，说明 A 班学生该门课程成绩的稳定性要比 B 班学生的高。

2.2.2　矩阵的特征值与特征向量

在多元统计分析与综合评价时常常需要利用矩阵的特征值建立权向量，利用最大特征值对应的特征向量计算主成分得分。为了方便今后的应用，下面介绍有关特征值、特征向量的 MATLAB 命令：

1. 计算矩阵 A 的特征值与特征向量命令

```
[v, d]=eig (A)
```

输出：v 的每一列向量就是对应特征值的特征向量；d 是一个对角阵，其主对角线上的元素就是矩阵 A 的特征值。

例 2.4　计算例 2.1 中矩阵 A 的特征向量和特征值。

解　在 MATLAB 中输入：

```
A=[1,5,1,0;2,6,0,1;3,7,1,0;4,8,0,1];
[v,d]=eig(A)
```

运行结果如图 2.2 所示。

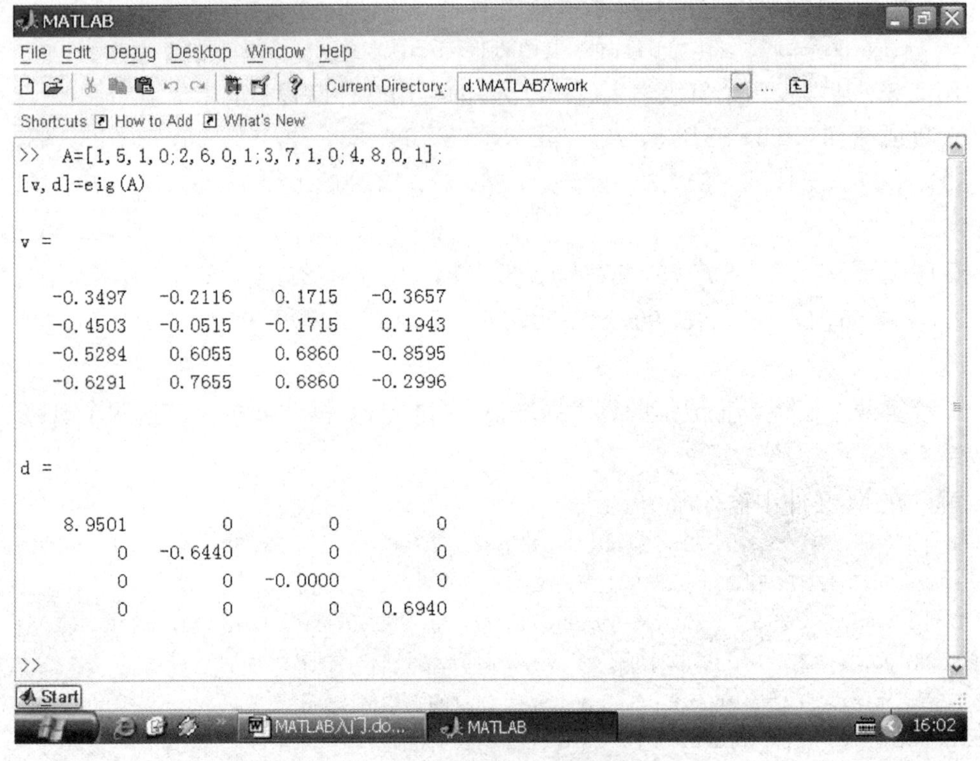

图 2.2 矩阵 A 的特征向量和特征值

结果表明,矩阵 A 的特征值分别为 8.9501,−0.6440,−0.0000,0.6940。它们对应的特征向量分别为(−0.3497,−0.4503,−0.5284,−0.6291),(−0.2116,−0.0515,0.6055,0.7655),(0.1715,−0.1715,0.6860,0.6860),(−0.3657,0.1943,−0.8595,−0.2996)。

2. 计算矩阵 A 的特征多项式命令

```
p=poly(A)
q=poly(sym(A))
```

输出:p 是矩阵 A 的特征多项式的系数(按降幂排列),q 是矩阵 A 的特征多项式。

说明 在 MATLAB 中,多项式 $p(x)=a_0x^n+a_1x^{n-1}+\cdots+a_{n-1}x+a_n$ 可以用其系数向量(按降幂顺序)表示,而多项式的系数向量也可以通过符号工具箱中的函数 poly2sym 表示为多项式形式(参见本书 6.1.1)。

例 2.5 计算例 2.1 中矩阵 A 的特征多项式。

解 在 MATLAB 中输入:

```
A=[1,5,1,0;2,6,0,1;3,7,1,0;4,8,0,1];
p=poly(A)        %p是矩阵A的特征多项式的系数(按降幂排列)
```

```
q=poly2sym(p)   % q 是以 p 为系数(按降幂排列)形成的多项式
```

结果为：

```
p=1.0000    -9.0000    0.0000    4.0000    0.0000
q=x^4-9*x^3+5/1125899906842624*x^2+4*x+1960371924566531/1267650600228229401496703205376
```

故矩阵 A 的特征多项式为 $p(x)=x^4-9x^3+4x$。

3. 计算矩阵 A 的协方差矩阵和相关系数矩阵命令

设有样本数据矩阵

$$A=\begin{bmatrix} a_{11} & a_{21} & \cdots & a_{n1} \\ a_{12} & a_{22} & \cdots & a_{n2} \\ \vdots & \vdots & & \vdots \\ a_{1p} & a_{2p} & \cdots & a_{np} \end{bmatrix}=[a_1,a_2,\cdots,a_n],$$

在 MATLAB 中计算矩阵列向量之间的协方差矩阵与相关系数矩阵的命令分别为 cov(A)和 corrcoef(A)。

例 2.6 表 2.5 给出了 1998—2001 年国内各地区生产总值的数据。根据此表计算这四年各地区生产总值之间的相关系数矩阵，分析哪两年最接近。

表 2.5 1998—2001 年各地区生产总值(单位:亿元)

地区	年份			
	1998	1999	2000	2001
北京	2011.31	2174.46	2478.76	2845.65
天津	1336.38	1450.06	1639.36	1840.10
河北	4256.01	4569.19	5088.96	5577.78
山西	1486.08	1506.78	1643.81	1779.97
内蒙古	1192.29	1268.20	1401.01	1545.79
辽宁	3881.73	4171.69	4669.06	5033.08
吉林	1557.78	1660.91	1821.19	2032.48
黑龙江	2798.89	2897.41	3253.00	3561.00
上海	3688.20	4034.96	4551.15	4950.84
江苏	7199.95	7697.82	8582.73	9511.91
浙江	4987.50	5364.89	6036.34	6748.15
安徽	2805.45	2908.58	3038.24	3290.13
福建	3286.56	3550.24	3920.07	4253.68
江西	1851.98	1853.65	2003.07	2175.68
山东	7162.20	7662.10	8542.44	9438.31
河南	4356.60	4576.10	5137.66	5640.11

续表

地区	年份			
	1998	1999	2000	2001
湖北	3704.21	3857.99	4276.32	4662.28
湖南	3118.09	3326.75	3691.88	3983.00
广东	7919.12	8464.31	9662.23	10647.71
广西	1903.04	1953.27	2050.14	2231.19
海口	438.92	471.23	518.48	545.96
重庆	1429.26	1479.71	1589.34	1749.77
四川	3580.26	3711.61	4010.25	4421.76
贵州	841.88	911.86	993.53	1084.90
云南	1793.90	1855.74	1955.09	2074.71
西藏	91.18	105.61	117.46	138.73
陕西	1381.53	1487.61	1660.92	1844.27
甘肃	869.75	931.98	983.36	1072.51
青海	220.16	238.39	263.59	300.95
宁夏	227.46	241.49	265.57	298.38
新疆	1116.67	1168.55	1364.36	1485.48

分析 本例不仅要求出相关系数，还要考查相关系数的结果。

解 输入：

```
a=[2011.31  2174.46  2478.76  2845.65
1336.38  1450.06  1639.36  1840.10
…
227.46  241.49  265.57  298.38
1116.67  1168.55  1364.36  1485.48];  %输入原始数据
A=corrcoef(a)
```

结果为：

```
A=1.0000     0.9997     0.9990     0.9986
   0.9997    1.0000     0.9996     0.9993
   0.9990    0.9996     1.0000     0.9998
   0.9986    0.9993     0.9998     1.0000
```

说明 很容易在结果中找到除了主对角线以外的最大值，即 $A(3,4)=0.9998$，说明第三年和第四年即2000年和2001年最接近。如果相关系数矩阵 A 的维数较大，可以利用编程找到除了主对角线以外的最大值。读者学习本书第4章以后可以试一试。

协方差矩阵与相关系数矩阵在以后的数值计算和数学建模中经常用到。

4. 基于主成分分析的综合评价实例

主成分分析的应用范围非常广泛，例如企业效益的综合评价、灾害损失分析、投资组合风险管理等。在研究实际问题时，常常需要收集多个变量，但是有时这些变量之间

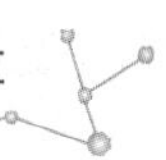

存在重复信息，直接进行分析时，不仅模型复杂，还可能因为信息的重复引起较大的误差。因此，我们希望用较少的新变量代替原来较多的老变量，同时要求新变量尽可能反映原变量的信息。主成分分析就是通过数学降维的方法，找出几个综合变量来代替原来诸多的变量，使这些综合变量尽可能不改变原变量的信息量，而且彼此之间互不相关。这种把多个变量转化为少数几个互不相关的综合变量的统计分析方法称为主成分分析。数学上常用的方法是将原变量的线性组合作为新的综合变量。如果将选取的第一个线性组合记为 Y_1，而"信息"用方差来测量，则在所有的线性组合中 Y_1 的方差应该是最大的，即 $\mathrm{var}(Y_1)>\mathrm{var}(Y_2)>\mathrm{var}(Y_3)>\cdots$，故称 Y_1 为第一主成分。如果第一主成分不足以反映原来变量的信息，则考虑选取第二个线性组合 Y_2，同时要求 $\mathrm{cov}(Y_1,Y_2)=0$，称 Y_2 为第二主成分。以此类推，可选取其他线性组合。

主成分分析用于综合评价的一般步骤如下：

①若各指标的属性不同(成本型、利润型、适度型)，则对原始数据矩阵 A 进行统一，得到属性一致的指标矩阵 B(具体过程参见本书 2.3.2)。

②计算指标矩阵 B 的协方差矩阵 Σ 或相关系数矩阵 R。当 B 的量纲不同，或 Σ 矩阵主对角元素差距过大时，用相关系数矩阵 R。

③计算协方差矩阵 Σ 或相关系数矩阵 R 的特征值与相应的特征向量。

④根据特征值计算累计贡献率，确定主成分的个数。特征向量就是主成分的系数向量。

⑤计算主成分的得分。若利用协方差矩阵 Σ 计算特征值与特征向量，则主成分得分为 $F=(B-EB)*V$。若利用相关系数矩阵 R 计算特征值与特征向量，则主成分得分为 $F=B*V$。其中，V 是特征向量矩阵，B 是标准化以后的矩阵。一般选取几个主成分，只需要求几列主成分得分。

⑥计算综合评价值 $Z=F*W'$。其中，F 是主成分得分矩阵，W 是将特征值归一化以后得到的权向量。如果只选取一个主成分，则此步省略。如果选取 2 个主成分，则 F 选取后 2 列，W 也选取后 2 列。

若为效益型矩阵，则评价值越大排名越靠前；若为成本型矩阵，则评价值越小排名越靠前。

在实际应用中，选择主成分后，还要注意主成分实际含义的解释。主成分分析中一个很关键的问题是，如何赋予主成分新的意义，并给出合理的解释。一般而言，可以根据主成分表达式的系数，结合定性分析进行解释。

例 2.7 安徽省 2007 年各城市大中型工业企业主要经济指标数据见表 2.6。其中，x_1 为工业总产值(现价)，x_2 为工业销售产值(当年价)，x_3 为流动资产年平均余额，x_4 为固定资产净值年平均余额，x_5 为业务收入，x_6 为利润总额。据此进行主成分分析，并给出各城市大中型工业企业排名。

表 2.6　安徽省各市大中型工业企业主要经济指标(单位:亿元)

序号	地区	x_1	x_2	x_3	x_4	x_5	x_6
1	合肥	1932.27	1900.53	653.83	570.95	1810.70	119.53
2	淮北	367.05	366.08	186.16	252.07	395.43	32.82
3	亳州	86.89	85.38	40.85	51.71	83.26	8.95
4	宿州	154.27	147.07	30.68	57.96	146.30	−1.27
5	蚌埠	197.21	193.28	104.56	90.15	182.60	7.85
6	阜阳	244.17	231.55	56.37	121.96	224.04	26.49
7	淮南	497.74	483.69	206.80	501.37	496.59	27.76
8	滁州	308.91	296.99	118.65	76.90	277.42	19.32
9	六安	191.77	189.05	70.19	62.31	191.98	23.08
10	马鞍山	905.32	894.61	351.52	502.99	1048.02	53.88
11	巢湖	254.99	242.38	106.66	75.48	234.76	19.65
12	芜湖	867.07	852.34	418.82	217.76	806.94	37.01
13	宣城	219.36	207.07	82.58	54.74	192.74	11.02
14	铜陵	570.33	563.33	224.23	190.77	697.91	20.61
15	池州	59.11	57.32	16.97	40.33	56.56	6.03
16	安庆	430.58	426.25	103.08	147.05	442.04	0.79
17	黄山	65.03	64.36	28.38	8.58	60.48	2.88

分析　首先输入数据,利用 corrcoef 命令,得到相关系数矩阵为

$$A=\begin{bmatrix}1.0000 & 1.0000 & 0.9754 & 0.8231 & 0.9914 & 0.9375\\1.0000 & 1.0000 & 0.9758 & 0.8236 & 0.9920 & 0.9369\\0.9754 & 0.9758 & 1.0000 & 0.8245 & 0.9712 & 0.9127\\0.8231 & 0.8236 & 0.8245 & 1.0000 & 0.8502 & 0.8020\\0.9914 & 0.9920 & 0.9712 & 0.8502 & 1.0000 & 0.9212\\0.9375 & 0.9369 & 0.9127 & 0.8020 & 0.9212 & 1.0000\end{bmatrix}$$

由于 $r_{12}=r_{21}=1$,表明指标 x_1,x_2 完全线性相关,故只需保留一个指标(不妨保留 x_2)。再选取第二至第六列数据,标准化后构成新的指标矩阵 B(因为都是效益型矩阵,也可以直接用 zscore 命令标准化矩阵),计算指标矩阵 B 的相关系数矩阵 $R1$ 的特征值与相应的特征向量,以及各个主成分的贡献率,见表 2.7。

表 2.7　特征值、特征向量及贡献率

特征值	特征向量	贡献率
4.6100	(0.4595, 0.4552, 0.4158, 0.4600, 0.4441)	0.9220
0.2475	(−0.2517, −0.2103, 0.9054, −0.1315, −0.2354)	0.0495
0.1050	(0.1926, 0.3702, −0.0390, 0.3029, −0.8559)	0.0210
0.0322	(−0.3510, 0.7779, 0.0275, −0.5153, 0.0738)	0.0064
0.0053	(0.7518, −0.0803, 0.0719, −0.6434, −0.0965)	0.0011

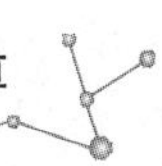

显然，第一主成分的贡献率已经达到92.2%，故选取第一主成分：

$$y_1 = 0.4595x_2 + 0.4552x_3 + 0.4158x_4 + 0.4600x_5 + 0.4441x_6。$$

计算主成分得分 $F=B*V$，结果见表2.8。

表2.8　各城市第一主成分得分排名

地区	得分	排名	地区	得分	排名
合肥	6.6106	1	马鞍山	2.8210	2
淮北	0.2648	6	巢湖	−0.8542	10
亳州	−1.5665	14	芜湖	1.7866	3
宿州	−1.6124	15	宣城	−1.1804	13
蚌埠	−1.1127	12	铜陵	0.5413	5
阜阳	−0.7963	9	池州	−1.7584	16
淮南	1.0432	4	安庆	−0.5949	7
滁州	−0.7252	8	黄山	−1.8396	17
六安	−1.0268	11			

解　程序如下：

```
A=[1932.27  1900.53  653.83  570.95  1810.70  119.53
   367.05  366.08  186.16  252.07  395.43  32.82
   86.89  85.38  40.85  51.71  83.26  8.95
   154.27  147.07  30.68  57.96  146.30  -1.27
   197.21  193.28  104.56  90.15  182.60  7.85
   244.17  231.55  56.37  121.96  224.04  26.49
   497.74  483.69  206.80  501.37  496.59  27.76
   308.91  296.99  118.65  76.90  277.42  19.32
   191.77  189.05  70.19  62.31  191.98  23.08
   905.32  894.61  351.52  502.99  1048.02  53.88
   254.99  242.38  106.66  75.48  234.76  19.65
   867.07  852.34  418.82  217.76  806.94  37.01
   219.36  207.07  82.58  54.74  192.74  11.02
   570.33  563.33  224.23  190.77  697.91  20.61
   59.11  57.32  16.97  40.33  56.56  6.03
   430.58  426.25  103.08  147.05  442.04  0.79
   65.03  64.36  28.38  8.58  60.48  2.88];   %输入原始数据
   R=corrcoef(A)          %计算相关系数矩阵
   A1=A(:,2:6);           %构建新的指标矩阵
   B=zscore(A1);          %标准化
   R1=corrcoef(B);        %计算A1的相关系数矩阵
   [v,d]=eig(R1)          %计算R1的特征值与特征向量
   w=sum(d)/sum(sum(d))            %计算贡献率
```

```
F=B*v(:,5)  %计算主成分得分(因为特征值从小到大排列,故选取最后一列)
[F1,i1]=sort(F,'descend'); i1  %得分排序名次的城市序号
[F2,i2]=sort(i1); i2           %城市序号的得分名次
```

注意 例题中数据标准化可以用本书2.3.2中的公式。如果指标统一(都是效益型或者都是成本型),也可以直接用zscore命令标准化矩阵,即按照公式

$$x_i^* = \left(\frac{x_{i1}-\bar{x}_1}{\sqrt{s_{11}}}, \frac{x_{i2}-\bar{x}_2}{\sqrt{s_{22}}}, \cdots, \frac{x_{ip}-\bar{x}_p}{\sqrt{s_{pp}}}\right)^{\mathrm{T}} \quad (i=1,2,\cdots,n)$$

对样本数据标准化。

5. 矩阵元素的排序

例2.7中,我们用到了排序的命令sort。MATLAB中的排序命令可以解决很多实际问题。例如,参加各类体育竞赛的运动员有各自的号码及比赛的成绩,有的项目按用时从少到多排序得到名次,有的项目按比分从高到低排序得到名次。我们既要准确迅速地给出各运动员的名次,也要根据成绩排序快速确定运动员的号码。这些排序均可以利用sort命令来实现,具体用法如下:

用法1 `[B,i]=sort(A,d);`

若$d=1$(可以缺省),将矩阵A中各列元素按照从小到大的次序排序。此时,B是排序后的矩阵,i给出A中各列元素从小到大排序以后的原序号。若$d=2$,则矩阵A中各元素按行排序。

用法2 `[C,k]= sort(A,d,'descend');`

将矩阵A中(列或者行)向量按照从大到小排列,其中d的含义同用法1。

例2.8 表2.9给出了我国部分城市某年的月平均气温。(1)将平均气温从低到高排序,分析各城市每个月的气温排名。(2)先计算各城市全年的平均气温,再将年平均气温排序,分析各城市的气温排名。两者有何不同?

表2.9 我国部分城市某年平均气温(单位:℃)

序号	城市	1月	2月	3月	4月	5月	6月	7月	8月	9月	10月	11月	12月
1	北京	−5.4	−1.5	7.3	14.4	23.1	25.7	27.3	25.8	21.2	13.8	5.3	−2.4
2	天津	−4.9	−1.6	7.6	14.4	23.0	25.8	27.1	26.4	21.2	14.8	5.3	−2.5
3	石家庄	−3.5	0.5	10.8	15.4	24.1	27.3	28.2	26.3	21.8	15.5	7.3	−0.9
4	太原	−4.6	−0.2	6.2	12.4	20.2	23.5	24.8	22.1	17.2	12.0	2.9	−4.6
5	呼和浩特	−9.9	−5.1	0.7	10.4	18.2	23.2	25.0	22.1	16.1	9.3	−0.7	−10.5
6	沈阳	−16.2	−9.1	0.2	11.8	19.2	24.1	25.7	23.7	18.4	11.9	1.0	−10.2
7	大连	−5.6	−2.6	3.7	10.9	18.2	23.0	24.6	24.7	21.3	15.2	6.9	−1.9
8	长春	−19.8	−13.9	−3.0	9.8	17.0	23.0	24.2	22.2	17.0	9.8	−1.5	−12.2
9	哈尔滨	−22.8	−16.5	−4.4	8.6	16.5	22.8	24.5	21.7	15.8	8.2	−2.4	−13.9
10	上海	5.9	6.8	11.0	15.2	20.8	24.2	29.7	27.0	24.9	20.2	13.7	7.1
11	南京	4.0	5.8	10.7	15.6	22.7	24.7	30.2	26.7	24.0	18.8	10.8	4.8
12	杭州	6.1	7.1	12.3	16.0	21.9	24.4	30.3	26.4	24.1	19.5	12.7	6.6

续表

序号	城市	1月	2月	3月	4月	5月	6月	7月	8月	9月	10月	11月	12月
13	合肥	3.7	5.8	11.7	16.1	23.8	25.4	30.6	26.7	24.0	18.3	11.2	4.4
14	福州	12.9	12.9	15.6	18.2	23.2	26.8	29.1	28.8	26.3	22.9	17.3	13.6
15	南昌	6.7	8.4	12.7	17.1	23.3	25.6	30.6	27.1	25.8	20.9	13.8	6.5
16	济南	−1.5	1.6	9.6	15.8	24.6	27.2	27.4	25.7	21.0	16.2	8.4	−0.5
17	青岛	−0.4	2.0	6.1	11.3	17.8	21.2	25.0	25.4	22.1	17.2	9.1	1.1
18	郑州	−1.3	2.6	11.6	15.4	23.9	26.9	27.6	26.0	21.7	16.5	9.1	0.7
19	武汉	4.7	6.9	13.2	17.3	24.0	26.9	31.8	28.6	26.2	19.4	12.9	4.4
20	长沙	5.4	7.5	12.7	16.5	22.9	25.7	30.4	27.4	25.0	19.2	13.2	4.9
21	广州	15.4	15.1	19.4	21.7	26.5	27.2	28.2	29.1	27.8	25.4	19.7	14.9
22	南宁	14.4	13.8	18.2	21.6	24.9	26.9	27.8	27.7	26.1	23.6	17.3	13.1
23	海口	20.0	18.9	22.6	26.8	27.8	28.6	28.7	28.6	27.9	26.7	22.2	19.5
24	桂林	8.7	10.5	15.1	18.1	23.5	26.1	28.3	27.6	26.4	22.2	16.1	8.3
25	重庆	8.3	11.1	16.1	17.7	22.5	24.1	30.7	27.2	24.5	19.7	15.1	8.6
26	成都	7.0	10.0	15.1	17.3	22.7	23.8	27.6	24.3	20.8	18.8	13.6	6.8
27	贵阳	4.9	6.7	12.1	14.4	17.4	20.2	23.2	21.6	20.6	16.3	11.3	4.7
28	昆明	10.3	11.7	14.9	19.6	17.0	20.0	20.9	20.5	19.4	16.4	11.4	10.3
29	拉萨	1.1	4.7	4.9	8.1	12.4	14.6	15.9	15.4	14.3	9.2	3.8	1.0
30	西安	1.1	5.0	12.1	14.6	22.2	26.3	29.1	25.4	20.0	15.0	7.9	0.7
31	兰州	−3.2	1.1	6.5	11.4	17.7	22.2	23.9	22.4	16.9	11.9	4.3	−3.1
32	西宁	−6.9	−3.3	1.6	7.4	11.5	15.6	17.6	15.6	12.4	7.3	0.1	−6.6
33	银川	−4.7	−1.5	4.5	11.3	18.9	23.2	24.9	22.7	16.3	11.1	1.9	−6.9
34	乌鲁木齐	−11.8	−8.9	3.0	9.6	19.9	23.1	23.4	23.4	16.2	8.0	1.7	−15.2

分析 针对本例第一问，可利用 sort 命令将各城市的平均气温从低到高(或者从高到低)排序，调用命令[B,i]=sort(A,1)。其中，B 是排序后的矩阵，i 的某一列给出 A 中对应月份各个城市平均气温从低到高排序以后的城市序号。如果需要准确找到某城市在某月的气温排序名次，则对 i 继续调用命令[C,j]=sort(i,1)，j 给出的某一列是 i(城市序号)对应月份的各个城市月平均气温从低到高排序的名次。针对本例第二问，可先计算出各城市全年的平均气温(求行向量的平均值)，因此要先将矩阵 A 转置，求出各城市的年平均气温，然后调用排序命令。

解 在 MATLAB 中输入(本例数据比较多，可以在相关文件中直接复制数据，然后返回命令窗口或者 M 文件，输入“矩阵名=[]”，将光标放在方括号内，右击选择粘贴)：

```
A=[−5.4  −1.5  7.3  14.4  23.1  25.7
−4.9  −1.6  7.6  14.4  23.0  25.8  …
−11.8  −8.9  3.0  9.6  19.9  23.1];  %数据的输入。中间数据省略，行尾用分号，命令窗口不显示该矩阵
```

```
[B,i]=sort(A); i   %此时B给出各城市某月气温从低到高的排序,一般不需要显示;i给出平均气温从低到高排序以后各城市的序号,d=1时可以省略
[C,j]=sort(i); j   %此时j给出的是各个城市月平均气温从低到高排序的名次
m=mean(A');
[F,k]=sort(m),k'
```

结果分别为:

```
i=9   9   9   32   32   29   29   29   32   32   9   34
  8   8   8   29   29   32   32   32   29   34   8   9
  …
  21  21  21  21   21   3    25   14   21   21   21  21
  23  23  23  23   23   23   19   21   23   23   23  23
```

这里第一行表示按照从低到高排序,1—12月温度最低的城市序号分别是9,9,9,32,32,29,29,29,32,32,9,34,即1—3月、11月温度最低的城市是哈尔滨(城市序号9),4、5、9、10月温度最低的城市是西宁(城市序号32),6、7、8月温度最低的城市是拉萨(城市序号29),12月温度最低的城市是乌鲁木齐(城市序号34)。

最后一行表示1—12月温度最高的城市序号分别是23,23,23,23,23,23,19,21,23,23,23,23,即1—6月、9—12月温度最高的城市是海口(城市序号23),7月温度最高的城市是武汉(城市序号19),8月温度最高的城市是广州(城市序号21)。

```
j=8   9   13   13   23   22   16   18   16   11   11   11
  9   8   14   14   22   24   15   21   17   12   12   10
  …
  10  10  8    9    11   12   11   10   6    7    7    6
  4   4   6    4    13   10   5    11   5    2    6    1
```

这里第一行的8,9,13,13,23,22,16,18,16,11,11,11表示序号为1的城市(北京)1月的温度按照从低到高排序在34个城市中排在第8位,2月的温度按照从低到高排序在34个城市中排在第9位,以此类推。

计算年平均气温以后,对年平均气温排序,可以得到:

```
k'=9  32  8  34  5  …  24  14  22  21  23
```

这表示按照从低到高排序,年平均气温最低的城市代号是9,即哈尔滨;排第二的城市序号是32,即西宁;以此类推,排第三、第四、第五的分别为长春、乌鲁木齐和呼和浩特。年平均气温按从高到低排前5位的城市分别是海口(城市序号23)、广州(城市序号21)、南宁(城市序号22)、福州(城市序号14)和桂林(城市序号24)。

读者可尝试练习将平均气温按从高到低排序。

2.2.3 向量的距离与夹角余弦

在解决实际问题的过程中,经常用向量表示各种方案(或样品)。为了对不同的方案进行判别分析(或进行综合评价),常常用到距离与相似系数。两个样本之间的距离越

小，样本越接近；两个指标的相似系数越接近1，指标越相似。

1. 向量的各种距离、向量范数与矩阵范数以及条件数

(1)欧氏距离：设有n维向量$x=(x_1,x_2,\cdots,x_n)$，$y=(y_1,y_2,\cdots,y_n)$，称

$$d(x,y)=\sqrt{\sum_{i=1}^{n}(x_i-y_i)^2}$$

为n维向量x，y之间的欧氏距离。

(2)绝对距离：设有n维向量$x=(x_1,x_2,\cdots,x_n)$，$y=(y_1,y_2,\cdots,y_n)$，称

$$d(x,y)=\sum_{i=1}^{n}|x_i-y_i|$$

为n维向量x，y之间的绝对距离。

(3)闵氏距离：设有n维向量$x=(x_1,x_2,\cdots,x_n)$，$y=(y_1,y_2,\cdots,y_n)$，称

$$d(x,y)=[\sum_{i=1}^{n}|x_i-y_i|^r]^{1/r}$$

为n维向量x，y之间的闵氏距离。

显然，当$r=2$和1时，闵氏距离分别为欧氏距离和绝对距离。

(4)马氏距离：设有n维向量$x=(x_1,x_2,\cdots,x_n)$，$y=(y_1,y_2,\cdots,y_n)$，则称

$$d(x,y)=\sqrt{(x-y)\Sigma^{-1}(x-y)^{\mathrm{T}}}$$

为n维向量x，y之间的马氏距离，其中Σ为总体协方差矩阵。

设x取自均值向量为μ，协方差矩阵为Σ的总体G，则称

$$d(x,G)=\sqrt{(x-m)\Sigma^{-1}(x-m)^{\mathrm{T}}}$$

为n维向量x与总体G的马氏距离。

显然，当Σ为单位矩阵时，马氏距离就是欧氏距离。

(5)向量的范数：设有n维向量$x=(x_1,x_2,\cdots,x_n)$，则称

$$||x||_p=(\sum_{i=1}^{n}|x_i|^p)^{1/p}$$

为向量x的p范数，其中$p\geqslant 1$。

最常用的范数是$p=1$，$p=2$以及$p\to+\infty$，即

1范数$||x||_1=\sum_{i=1}^{n}|x_i|$（所有元素绝对值之和）；

2范数$||x||_2=(\sum_{i=1}^{n}|x_i|^2)^{1/2}$（通常意义上的模，也称为欧几里得范数、普范数）；

无穷范数$||x||_\infty=\max\limits_{i}|x_i|$（取向量中所有元素绝对值的最大值）。

(6)矩阵的范数（矩阵之间距离度量的方法）：设有n阶实数矩阵A，则与向量范数$||\cdot||_1$，$||\cdot||_2$，$||\cdot||_\infty$相容的矩阵范数分别为下面3种。

(a) 1范数：$||A||_1=\max\limits_{1\leqslant j\leqslant n}\{\sum_{i=1}^{n}|a_{ij}|\}$（矩阵$A$中各列元素分别求和，其中绝对值最大的一列和也被称为“列范数”）。

(b)2 范数：$||A||_2=(\lambda_{\max}(A^TA))^{1/2}$($A$ 的转置矩阵乘以 A 的最大特征值开根号)。其中 $\lambda_{\max}(A^TA)$表示矩阵 A^TA 的最大特征值。

(c)无穷范数：$||A||_\infty=\max\limits_{1\leqslant i\leqslant n}\{\sum\limits_{j=1}^{n}|a_{ij}|\}$(矩阵$A$中各列元素分别求和，其中绝对值最大一行的和也被称为“行范数”)。

(7)矩阵的 Frobenius 范数：设有 n 阶实数矩阵A，则称

$$N(A)=\sqrt{\sum_{i,j=1}^{n}a_{ij}^2}$$

为矩阵 A 的 Frobenius 范数。

向量范数与矩阵范数满足如下不等式：

$$||x||_\infty\leqslant||x||_1\leqslant n||x||_\infty,$$
$$||x||_\infty\leqslant||x||_2\leqslant n||x||_\infty,$$
$$\rho(A)\leqslant||A||,$$
$$||A||_2\leqslant N(A),$$
$$||Ax||_2\leqslant N(A)||x||_2。$$

其中 $\rho(A)=\max\limits_{i}\{|\lambda_i|\}$ 是方阵 A 的谱半径(方阵 A 特征值绝对值的最大值)。

(8)矩阵的条件数：设矩阵 A 可逆，$||\cdot||$是某种矩阵范数，则称

$$\text{cond}(A)=||A^{-1}||\cdot||A||$$

为矩阵 A 相应于该矩阵范数的条件数。

矩阵的条件数在求解线性方程组时具有重要意义，它可以帮助判别所得到的数值解的可信性以及模型的合理性。通常条件数大的矩阵是病态的，条件数小的矩阵是良态的。

2. 向量各种距离的 MATLAB 实现

在 MATLAB 中，计算向量各种距离的命令见表 2.10。

表 2.10 向量各种距离的计算命令

格式	功能
dist(X,Y)	计算 X 中的每一行向量与 Y 中的每个列向量之间的欧氏距离
mandist(X,Y)	计算 X 中的每一行向量与 Y 中的每个列向量之间的绝对距离
pdist(X, 'euclidean')	计算 X 中的每一行向量之间的欧氏距离
pdist(X, 'cityblock')	计算 X 中的每一行向量之间的绝对距离
pdist(X,'minkowski',r)	计算 X 中的每一行向量之间的闵氏距离
pdist(X,'mahal')	计算 X 中的每一行向量之间的马氏距离
sqrt(mahal(X,G))	计算 X 中的每一行向量与总体G 的马氏距离

注意　dist(X,Y)与 mandist(X,Y)中要求 X 的列数等于 Y 的行数；sqrt(mahal(X,G))中 G 的行数必须大于G 的列数。

3. 判别分析准则

(1)距离判别。

设 $x=(x_1,x_2,\cdots,x_n)$是待判别的样品，G_1，G_2 是两个不同的总体，距离判别分析的准则如下：

若 $d(x,G_1)<d(x,G_2)$，则 $x\in G_1$；

若 $d(x,G_1)>d(x,G_2)$，则 $x\in G_2$。

(2)工具箱判别。classify 判别命令：

```
c=classify(s,t',g,'type')
```

其中：s(sample)是待判别样本矩阵(行，样本；列，指标)；t(training)是训练样本矩阵，即已知类别的总体样本矩阵；g(group)是已知类别分类结果向量，维数与 t 的行数相同；type 是判别函数类型，通常有 linear(线性判别)、quadratic(二次判别)和 mahal(马氏判别)等类型；c 为 s 的分类结果。

4. 判别准则的误差分析

提出一个判别准则以后，还要研究它的可靠性，即判别分析模型的误差估计。通常利用回代误判率和交叉误判率进行误差的估计。若属于 G_1 的样品被误判为属于 G_2 的个数为 N_1 个，属于 G_2 的样品被误判为属于 G_1 的个数为 N_2 个，两类总体的样品总数为 n，则误判率为 $p=\frac{N_1+N_2}{n}$。

(1)回代误判率估计。

设 G_1，G_2 为两个总体，$X_1,X_2,\cdots,X_m$ 和 $Y_1,Y_2,\cdots,Y_n$ 是分别来自 G_1，G_2 的训练样本，以全体训练样本作为 $m+n$ 个新样品，逐个代入已建立的判别准则中判别其归属，这个过程称为回判。若属于 G_1 的样品被误判为属于 G_2 的个数为 N_1 个，属于 G_2 的样品被误判为属于 G_1 的个数为 N_2 个，则回代误判率估计为 $\hat{p}=\frac{N_1+N_2}{m+n}$。

(2)交叉误判率估计。

交叉误判率估计是每次剔除一个样品，利用其余的 $m+n-1$ 个训练样本建立判别准则，再用所建立的准则对删除的样品进行判别。对训练样本中每个样品都做如上分析，以其误判的比例作为误判率，具体步骤如下：

①从总体为 G_1 的训练样本开始，剔除其中一个样品，利用剩余的 $m-1$ 个样品与 G_2 中的全部样品建立判别函数。

②用建立的判别函数对剔除的样品进行判别。

③重复步骤①、②，直到 G_1 中的全部样品依次被剔除、被判别，其误判的样品个数记为 m_{12}。

④对 G_2 的样品重复步骤①、②、③，直到 G_2 中的全部样品依次被剔除、被判别，其误判的样品个数记为 n_{21}。

于是，交叉误判率估计为 $\hat{p}=\frac{m_{12}+n_{21}}{m+n}$。

例 2.9 现测得 6 只 Apf 蠓虫和 9 只 Af 蠓虫的触角和翅膀长度，见表 2.11 和表2.12。

表 2.11 Apf 蠓虫的触角和翅膀长度

触角长度/mm	1.14	1.18	1.20	1.26	1.28	1.30
翅膀长度/mm	1.78	1.96	1.86	2.00	2.00	1.96

表 2.12 Af 蠓虫的触角和翅膀长度

触角长度/mm	1.24	1.36	1.38	1.38	1.38	1.40	1.48	1.54	1.56
翅膀长度/mm	1.72	1.74	1.90	1.64	1.82	1.70	1.82	1.82	2.08

解决以下问题：

(1)计算两类蠓虫的欧氏距离、绝对距离、马氏距离。

(2)分别计算两类蠓虫与另一类蠓虫总体的马氏距离。由此可得到什么结论？

(3)对触角和翅膀长度为(1.24,1.80)，(1.28,1.84)，(1.40,2.04)的 3 个样本进行判别。

分析 Apf 和 Af 是两类不同的蠓虫，其触角和翅膀长度应该有差别。实际上，生物学家 W. L. Grogan 和 W. W. Wirth 已经根据这两类蠓虫的触角和翅膀长度区别其种类。为了对分类有一个直观的印象，首先作出原始数据的散点图(图 2.3)。

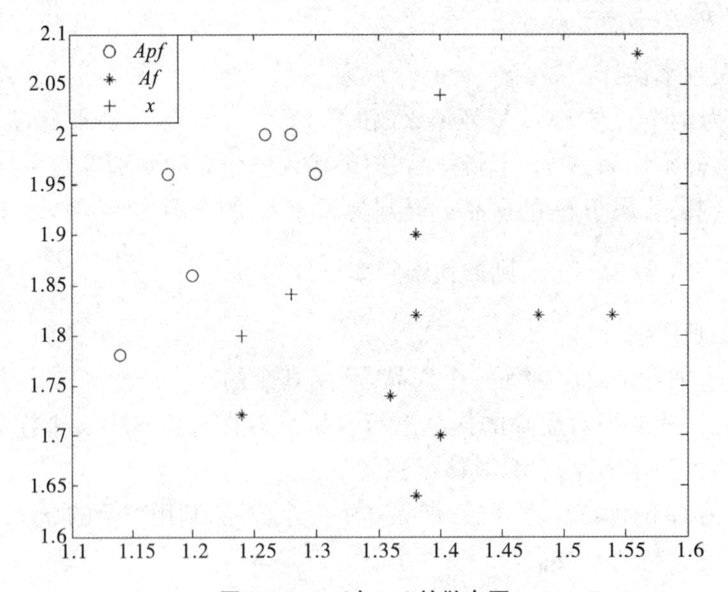

图 2.3 Apf 与 Af 的散点图

从图中可以看出，未知的三个蠓虫既可能属于 Apf，也可能属于 Af。

第一问的计算比较简单：直接利用 MATLAB 软件，得到两类蠓虫各自之间的欧氏距离、绝对距离、马氏距离，见表 2.13 和表 2.14。

表 2.13 *Apf* 蠓虫之间的欧氏距离、绝对距离、马氏距离

Apf 蠓虫之间	欧氏距离	绝对距离	马氏距离
d12	0.1844	0.2200	2.5626
d13	0.1000	0.1400	0.9883
d14	0.2506	0.3400	2.4942
d15	0.2608	0.3600	2.5318
d16	0.2408	0.3400	2.5478
d23	0.1020	0.1200	2.2507
d24	0.0894	0.1200	1.5470
d25	0.1077	0.1400	2.0430
d26	0.1200	0.1200	3.0777
d34	0.1523	0.2000	1.6534
d35	0.1612	0.2200	1.5873
d36	0.1414	0.2000	1.6025
d45	0.0200	0.0200	0.5129
d46	0.0566	0.0800	1.6616
d56	0.0447	0.0600	1.1764

表 2.14 *Af* 蠓虫之间的欧氏距离、绝对距离、马氏距离

Af 类蠓虫之间	欧氏距离	绝对距离	马氏距离
d12	0.1217	0.1400	1.4423
d13	0.1612	0.2200	2.3963
d14	0.1720	0.2400	1.4225
d15	0.2280	0.3200	1.5517
d16	0.1612	0.1800	2.2078
d17	0.2600	0.3400	2.6110
d18	0.3162	0.4000	3.3635
d19	0.4817	0.6800	3.3694
d23	0.1020	0.1200	1.1705
d24	0.0825	0.1000	0.6601
d25	0.1612	0.1800	1.4345
d26	0.0566	0.0800	0.8277
d27	0.1442	0.2000	1.2266
d28	0.1970	0.2600	1.9404
d29	0.3945	0.5400	2.6612
d34	0.1800	0.1800	1.7814
d35	0.2600	0.2600	2.5731
d36	0.0632	0.0800	0.4756
d37	0.2059	0.2800	1.3971
d38	0.2408	0.3400	1.6847
d39	0.4754	0.6200	3.4103
d45	0.0800	0.0800	0.7917
d46	0.1217	0.1400	1.3659

续表

Af 类蠓虫之间	欧氏距离	绝对距离	马氏距离
d47	0.1000	0.1000	1.2987
d48	0.1600	0.1600	2.0780
d49	0.3162	0.4400	2.1271
d56	0.2010	0.2200	2.1520
d57	0.1281	0.1800	1.8990
d58	0.1789	0.2400	2.6482
d59	0.2546	0.3600	1.8449
d67	0.1442	0.2000	0.9689
d68	0.1844	0.2600	1.4149
d69	0.4123	0.5400	2.9389
d78	0.0600	0.0600	0.7792
d79	0.2720	0.3400	2.0832
d89	0.2608	0.2800	2.4183

第二问需要分别计算两类蠓虫与另一类蠓虫总体的马氏距离。利用 MATLAB 软件的命令可得到结果，见表 2.15。

表 2.15　一类蠓虫与另一类蠓虫总体的马氏距离

Apf 蠓虫与 Apf 类的马氏距离	Apf 蠓虫与 Af 类的马氏距离
1.6666	3.4031
1.7162	4.1734
0.8025	3.1454
0.8536	3.5434
0.8898	3.3101
1.4535	2.7175
Af 蠓虫与 Apf 类的马氏距离	**Af 蠓虫与 Af 类的马氏距离**
4.0472	1.8442
6.4489	0.5755
8.6685	1.3965
5.5919	0.5430
4.3249	1.2634
8.1083	0.9345
8.1149	0.7783
9.6393	1.5529
6.5871	2.1296

从表 2.15 可以看出，两类蠓虫与自身的马氏距离均小于其与另一类蠓虫总体的马氏距离，即 Apf 蠓虫与 Apf 类的马氏距离均小于 Apf 蠓虫与 Af 类的马氏距离，Af 蠓虫与 Af 类的马氏距离均小于 Af 蠓虫与 Apf 类的马氏距离。这表明，利用马氏距离进行两类蠓虫的判别，回代正确率为 100%。

两类不同的蠓虫的触角和翅膀长度有差别。一般而言，同类之间差别较小，两类之间差别较大。

针对第三问，可利用待判别蠓虫与 Apf 和 Af 之间的马氏距离，判断其所属类别。

$$d(x_1, Apf) = 6.7069 > d(x_1, Af) = 4.9452，所以\ x_1 \in Af；$$

$$d(x_2, Apf) = 7.7696 > d(x_2, Af) = 3.8884，所以\ x_2 \in Af；$$

$$d(x_3, Apf) = 9.6185 > d(x_2, Af) = 5.9717，所以\ x_3 \in Af。$$

也可以用 classify 判别。

解　计算程序如下：

```
Apf=[1.14,1.78;1.18,1.96;1.20,1.86;1.26,2.00;1.28,2.00;1.30,1.96];
Af=[1.24,1.72;1.36,1.74;1.38,1.64;1.38,1.82;1.38,1.90;1.40,1.70;1.48,1.82;1.54,1.82;
1.56,2.08];                          %输入原始数据
d1=(pdist(Apf))';                    %计算 Apf 类蠓虫之间的欧氏距离
d2=(pdist(Apf,'cityblock'))';        %计算 Apf 类蠓虫之间的绝对距离
d3=(pdist(Apf,'mahal'))';            %计算 Apf 类蠓虫之间的马氏距离
d=[d1,d2,d3]
D1=(pdist(Af))';                     %计算 Af 类蠓虫之间的欧氏距离
D2=(pdist(Af,'cityblock'))';         %计算 Af 类蠓虫之间的绝对距离
D3=(pdist(Af,'mahal'))';             %计算 Af 类蠓虫之间的马氏距离
D=[D1,D2,D3]
d11=sqrt(mahal(Apf,Apf));            %计算 Apf 蠓虫到 Apf 蠓虫总体的马氏距离
d12=sqrt(mahal(Apf,Af));             %计算 Apf 蠓虫到 Af 蠓虫总体的马氏距离
d21=sqrt(mahal(Af,Apf));             %计算 Af 蠓虫到 Apf 蠓虫总体的马氏距离
d22=sqrt(mahal(Af,Af));              %计算 Af 蠓虫到 Af 蠓虫总体的马氏距离
x= [1.24,1.8;1.28,1.84;1.4,2.04];
d1=mahal(x,Apf)                      %未知样品到 Apf 蠓虫总体的马氏距离
d2=mahal(x,Af)                       %未知样品到 Af 蠓虫总体的马氏距离
                                     %用 classify 判别
t=[Apf;Af];                          %将 Apf 与 Af 组成总体样本矩阵
s=[1.24,1.8;1.28,1.84;1.4,2.04];     %待判别样本矩阵
g=[ones(6,1);2*ones(9,1)];           %将 Apf 与 Af 分别标记为 1 和 2
c=classify(s,t,g,'linear')           %分类结果,c=1,1,1 表明待判别样本均属于 Apf 类蠓虫
```

5. 计算向量范数、矩阵范数、向量夹角余弦的方法

在 MATLAB 中计算向量范数、矩阵范数、向量夹角余弦的命令见表 2.16。

表 2.16 计算向量范数、矩阵范数、向量夹角余弦的命令

命令	功能
norm(A,p)	计算 A 的 p 范数($p=1$;$p=2$;$p=\text{inf}$),A 可以是矩阵,也可以是向量
norm(A, 'fro')	计算矩阵 A 的 Frobenius 范数
norm(A)	将向量 A 单位化
normr(A)	将矩阵 A 的行向量单位化
normc(A)	将矩阵 A 的列向量单位化
1−pdist(A,'cosine')	计算矩阵 A 的行向量之间的夹角余弦
dot(a,b)/norm(a)/norm(b)	计算向量 a 与 b 之间的夹角余弦

例 2.10 城镇居民人均购买主要食品数量见表 2.17,根据表中数据解决以下问题:(1)计算并比较不同年份之间数据向量的夹角余弦,指出哪两年数据差距最大。(2)将各种商品的购买量按年份排序给出排名表,指出每年哪几种商品的销售量最多。(数据来源:《中国统计年鉴 2014》)

表 2.17 城镇居民人均购买主要食品数量

指标	1990	1995	2000	2005	2010	2011	2012
粮食/kg	130.72	97.00	82.31	76.98	81.53	80.71	78.76
鲜菜/kg	138.70	116.47	114.74	118.58	116.11	114.56	112.33
食用植物油/kg	6.40	7.11	8.16	9.25	8.84	9.26	9.14
猪肉/kg	18.46	17.24	16.73	20.15	20.73	20.63	21.23
牛羊肉/kg	3.28	2.44	3.33	3.71	3.78	3.95	3.73
禽类/kg	3.42	3.97	5.44	8.97	10.21	10.59	10.75
鲜蛋/kg	7.25	9.74	11.21	10.40	10.00	10.12	10.52
水产品/kg	7.69	9.20	11.74	12.55	15.21	14.62	15.19
鲜奶/kg	4.63	4.62	9.94	17.92	13.98	13.70	13.95
鲜瓜果/kg	41.11	44.96	57.48	56.69	54.23	52.02	56.05
酒/kg	9.25	9.93	10.01	8.85	7.02	6.76	6.88

分析 此题第一问要求计算不同年份之间数据向量的夹角余弦。1−pdist(A,'cosine')可用于计算矩阵 A 行向量之间的夹角余弦,但要先对原始数据转置。各个年份之间的夹角余弦整理后列于表 2.18,排序以后可得到第一问的结论。

表 2.18 各个年份之间的夹角余弦

年份	夹角余弦	年份	夹角余弦
1990 年与 1995 年	0.9947	2000 年与 2005 年	0.9972
1990 年与 2000 年	0.9746	2000 年与 2010 年	0.9981
1990 年与 2005 年	0.9647	2000 年与 2011 年	0.9978
1990 年与 2010 年	0.973	2000 年与 2012 年	0.9979
1990 年与 2011 年	0.9743	2005 年与 2010 年	0.9988
1990 年与 2012 年	0.9684	2005 年与 2011 年	0.9985

续表

年份	夹角余弦	年份	夹角余弦
1995 年与 2000 年	0.9921	2005 年与 2012 年	0.9988
1995 年与 2005 年	0.9849	2010 年与 2011 年	0.9999
1995 年与 2010 年	0.9901	2010 年与 2012 年	0.9997
1995 年与 2011 年	0.9907	2011 年与 2012 年	0.9995
1995 年与 2012 年	0.9875		

将各种商品的购买量按年份排序，给出排名表，见表 2.19，即可得到第二问的结论。

表 2.19　各种商品购买量按年份排序表

	1990	1995	2000	2005	2010	2011	2012
粮食/kg	1	2	3	5	6	7	4
鲜菜/kg	1	4	2	5	3	6	7
食用植物油/kg	6	4	7	5	3	2	1
猪肉/kg	7	5	6	4	1	2	3
牛羊肉/kg	6	5	7	4	3	1	2
禽类/kg	7	6	5	4	3	2	1
鲜蛋/kg	3	7	4	6	5	2	1
水产品/kg	5	7	6	4	3	2	1
鲜奶/kg	4	5	7	6	3	1	2
鲜瓜果/kg	3	4	7	5	6	2	1
酒/kg	3	2	1	4	5	7	6

解　此题程序如下：

```
A=[130.72  97.00  82.31  76.98  81.53  80.71  78.76
138.70  116.47  114.74  118.58  116.11  114.56  112.33
6.40  7.11  8.16  9.25  8.84  9.26  9.14
18.46  17.24  16.73  20.15  20.73  20.63  21.23
3.28  2.44  3.33  3.71  3.78  3.95  3.73
3.42  3.97  5.44  8.97  10.21  10.59  10.75
7.25  9.74  11.21  10.40  10.00  10.12  10.52
7.69  9.20  11.74  12.55  15.21  14.62  15.19
4.63  4.62  9.94  17.92  13.98  13.70  13.95
41.11  44.96  57.48  56.69  54.23  52.02  56.05
9.25  9.93  10.01  8.85  7.02  6.76  6.88];  %输入原始数据
B=A';  %转置
C=[1-pdist(B,'cosine')];C'    %计算不同年份之间数据向量的夹角余弦
[G,j]=sort(C);j               %对夹角余弦按从小到大排序
[F,i]=sort(A,2,'descend');i   %对原始数据的行向量按从大到小排序
```

由 j 的值以及表 2.18 可知，1990 年和 2005 年之间的夹角余弦值最小，为 0.9647，即这两年数据差距最大，说明这两年城镇居民人均购买主要食品数量差别最大。

将各种商品购买量按年份排序，见表 2.19。由表 2.19 可知，1990 年粮食、鲜菜的销售量最多；1995 年粮食和酒的销售量相对多；2000 年酒的销售量最多；2005 年猪肉、牛羊肉、禽类、水产品和酒的销售量相对多；2010 年猪肉的销售量最多；2011 年牛羊肉和鲜奶的销售量相对多；2012 年食用植物油、禽类、鲜蛋、水产品和鲜瓜果的销售量相对多。

◆ 习题

1. 已知矩阵 $A=\begin{pmatrix}1&3&4&2\\7&3&9&3\\6&4&4&2\\8&0&3&6\end{pmatrix}$，$B=\begin{pmatrix}8&1&3&9\\9&4&9&7\\4&3&8&2\\8&7&3&2\end{pmatrix}$，执行以下操作：

(1)计算 $A+2B$；

(2)取出 A 矩阵的第二行和第四行，记为 C；取出 B 矩阵的第一列和第二列，记为 D；计算 $C.\times D$；

(3)求 A 矩阵的行向量的最大值、列向量的平均值；

(4)求 A 矩阵的每一行减去该矩阵的均值。

2. 产生 3×4 阶的 1 矩阵，产生 4×2 阶的随机矩阵，产生 4 阶的单位矩。

3. 输入两个同型矩阵 A,B(它们的元素个数相等)，命令 $A(:)$ 和 $A(:)=B$ 会产生什么结果？

4. 表 2.20 为 1999—2005 年淮河流域水资源量统计数据。请根据表中数据解决以下问题：

(1)建立一个矩阵，将降水量、地表水资源量、地下水资源量、水资源总量的数据输入矩阵内；

(2)计算地下水资源比重，填入表中的相应栏目。(提示：地下水资源比重＝地下水资源/水资源总量)

表 2.20 淮河片山东半岛水资源量(单位：$\times10^8$ m^3)

年份	降水量	地表水资源量	地下水资源量	水资源总量	地下水资源比重
1999	452.6	54.18	42.66	75.65	
2000	336.7	48.21	40.47	68.74	
2001	412.40	86.35	49.18	109.12	
2002	291.11	30.99	26.44	45.42	
2003	532.28	120.06	80.82	156.61	
2004	428.39	71.14	61.62	102.85	
2005	473.99	101.53	69.02	133.72	

5. 建立 M 文件，将表 2.21 给出的数据粘贴到 M 文件中，然后对各指标进行排序，得到各地区的各指标排名矩阵 D，进一步考查安徽省排名，分析哪两个地区的经济发展情况最接近。

表 2.21　各地区各项经济指标数据（单位：亿元）

地区	工业总产值	工业增加值	实收资本	资产合计	流动资产合计	流动资产年平均余额	固定资产原价合计
北京	1318.03	295.54	410.09	1166.26	715.76	720.43	503.53
天津	1365.99	324.44	553.06	1421.84	746.63	714.29	759.44
河北	424.94	122.38	223.92	625.90	249.95	234.68	411.51
山西	74.70	25.81	71.94	207.67	49.90	44.99	141.82
内蒙古	65.92	20.12	29.83	122.25	80.91	78.02	44.65
辽宁	894.67	238.90	406.79	1097.95	462.38	447.83	822.40
吉林	412.72	121.57	118.49	353.28	169.53	145.29	225.09
黑龙江	114.82	36.67	60.26	219.85	103.00	102.17	118.40
上海	3904.80	1024.35	1655.58	4385.45	2332.52	2324.98	2331.17
江苏	3333.31	835.68	1271.05	3311.92	1575.00	1557.56	2008.05
浙江	1532.12	364.72	503.43	1424.40	747.77	723.92	794.17
安徽	246.80	78.12	149.86	364.69	141.13	138.21	251.70
福建	1822.48	490.68	689.96	1940.28	894.00	854.22	1179.72
江西	106.87	29.42	46.50	139.40	63.58	64.86	79.85
山东	1457.01	431.75	493.52	1397.82	657.56	621.88	805.65
河南	262.13	86.71	117.83	415.29	199.36	192.49	303.22
湖北	382.38	135.04	196.03	529.20	214.44	191.99	311.53
湖南	147.15	43.05	72.96	188.77	79.84	78.04	137.53
广东	8490.96	2153.18	2658.90	7679.21	3940.62	3932.87	4614.89
广西	147.43	44.93	87.73	248.77	94.42	91.86	162.90
海南	40.54	10.25	29.47	60.12	26.75	28.06	34.33
重庆	179.87	56.44	119.17	260.17	110.92	112.61	208.34
四川	188.83	60.12	109.31	287.94	127.31	117.23	156.47
贵州	21.56	6.59	23.09	52.05	27.52	25.01	20.75
云南	69.59	22.34	55.06	125.82	53.78	53.35	82.71
西藏	0.04	0.02	0.33	0.50	0.20	0.18	0.28
陕西	140.73	47.32	67.25	208.45	105.35	95.82	123.96
甘肃	36.02	10.29	13.39	55.57	27.39	27.38	29.02
青海	5.39	1.13	2.71	8.75	4.23	2.65	4.84
宁夏	19.36	6.48	10.30	27.59	14.90	15.20	15.12
新疆	13.74	4.06	8.99	27.31	13.13	12.91	17.22

6.根据表2.22中我国部分地区电力消费量的数据解决以下实际问题：

(1)计算各地区之间的夹角余弦与欧氏距离、绝对距离，判断哪两个地区最接近；

(2)将电力消费量按从大到小排序，给出2000年各地区电力消费量排名；

(3)对原始数据进行变换：(a)各数据减去均值再比上标准差；(b)各数据减去均值再比上极差；(c)各数据比上均值。

表2.22 各地区电力消费量(单位：10^8 kW·h)

地区	1990	1995	1999	2000	2001
北京	174.13	261.74	344.13	384.43	399.94
天津	124.15	178.99	211.19	234.05	247.94
河北	354.16	602.68	745.72	809.34	867.55
山西	255.47	399.16	459.34	501.99	557.58
内蒙古	121.82	186.83	236.77	254.21	280.89
辽宁	462.19	622.81	756.11	748.89	764.77
吉林	190.77	267.60	295.46	291.37	295.08
黑龙江	296.38	409.38	422.58	442.28	456.86
上海	264.74	403.27	501.20	559.45	592.98
江苏	411.81	684.80	848.74	971.34	1078.44
浙江	230.29	439.59	611.67	738.05	848.40
安徽	185.67	288.97	312.96	338.93	359.59
福建	136.66	261.28	355.26	401.51	439.19
江西	127.65	181.21	193.91	208.15	222.28
山东	448.69	741.07	805.47	1000.71	1104.53
河南	338.17	571.48	672.09	718.52	808.41
湖北	281.33	414.99	487.65	503.02	526.02
湖南	226.73	374.76	376.74	406.12	439.78
广东	359.00	787.66	1086.24	1334.58	1458.42
广西	125.58	220.77	289.06	314.44	331.92
海南	13.96	32.00	38.65	38.37	42.96
重庆	—	—	303.86	307.61	220.54
四川	350.23	582.85	462.26	21.23	589.57
贵州	103.21	203.70	274.22	287.78	335.19
云南	124.55	223.71	296.70	273.58	320.75
陕西	170.29	239.68	273.63	292.76	321.54
甘肃	177.84	241.06	291.58	295.33	306.09
青海	42.21	69.02	107.24	109.10	111.90
宁夏	55.02	92.38	115.32	136.17	151.81
新疆	69.99	119.67	169.30	182.98	197.92

2.3 大样本数据的属性处理与综合评价

2.3.1 大样本数据的属性

设有 n 个决策方案 $A_1,A_2,\cdots,A_n$，其中 $A_i=(a_{i1},a_{i2},\cdots,a_{im})$ 是第 i 个方案关于 m 项评价指标的指标值向量。于是得到 n 个方案关于 m 项评价指标的指标矩阵。

$$\begin{array}{c} \downarrow \text{指标} \\ A=\begin{pmatrix} A_1 \\ A_2 \\ \cdots \\ A_n \end{pmatrix}=\begin{pmatrix} a_{11} & a_{12} & \cdots & a_{1m} \\ a_{21} & a_{22} & \cdots & a_{2m} \\ \cdots & \cdots & \cdots & \cdots \\ a_{n1} & a_{n2} & \cdots & a_{nm} \end{pmatrix} \leftarrow \text{方案} \end{array}$$

其中 a_{ij} 表示第 i 个方案关于第 j 项评价指标的指标值。

评价指标通常分为效益型指标、成本型指标、固定型(区间型)指标等。效益型指标(如经济指标中的总产值等)数值越大，方案越优；成本型指标(如水污染指标中的总磷含量)数值越小，方案越优；固定型(区间型)指标(如水污染指标中水的 pH)数值越接近某一个固定数值或越稳定在某一个范围内，方案越优。

2.3.2 大样本数据的综合评价步骤

对方案进行综合评价时，首先将评价指标的属性统一并进行指标的无量纲化处理，然后对统一属性的指标建立客观权向量，最后根据权向量计算各个方案的得分，评价方案的优劣。

1. 统一评价指标矩阵的属性

用 I_1,I_2,I_3 分别表示指标属性统一之前的效益型、成本型和固定型指标，通过无量纲化将指标矩阵 A 的各元素转化为效益型或者成本型指标。指标的无量纲化处理方法通常有极差变换、线性比例变换和样本标准化变换等。

(1)将 A 转换为效益型矩阵 $B=(b_{ij})_{n\times m}$ 或者 $D=(d_{ij})_{n\times m}$ 的公式为：

$$b_{ij}=\begin{cases} (a_{ij}-\min\limits_{j}a_{ij})/(\max\limits_{j}a_{ij}-\min\limits_{j}a_{ij}), & a_{ij}\in I_1, \\ (\max\limits_{j}a_{ij}-a_{ij})/(\max\limits_{j}a_{ij}-\min\limits_{j}a_{ij}), & a_{ij}\in I_2, \\ (\max\limits_{j}|a_{ij}-\alpha_j|-|a_{ij}-\alpha_j|)/\max|a_{ij}-\alpha_j|-\min\limits_{j}|a_{ij}-\alpha_j|, & a_{ij}\in I_3; \end{cases} \tag{2.1}$$

$$d_{ij}=\begin{cases} a_{ij}/\max\limits_{j}a_{ij}, & a_{ij}\in I_1, \\ \min\limits_{j}a_{ij}./a_{ij}, & a_{ij}\in I_2, \\ \min\limits_{j}|a_{ij}-\alpha_j|./|a_{ij}-\alpha_j|, & a_{ij}\in I_3。 \end{cases} \tag{2.2}$$

其中 α_j 为第 j 项指标的适度数值。

(2)将 A 转换为成本型矩阵 $C=(c_{ij})_{n\times m}$ 或者 $E=(e_{ij})_{n\times m}$ 的公式为：

$$c_{ij}=\begin{cases}(\max\limits_j a_{ij}-a_{ij})/(\max\limits_j a_{ij}-\min\limits_j a_{ij}), & a_{ij}\in I_1,\\(a_{ij}-\min\limits_j a_{ij})/(\max\limits_j a_{ij}-\min\limits_j a_{ij}), & a_{ij}\in I_2,\\|a_{ij}-\alpha_j|-\min\limits_j|a_{ij}\quad\alpha_j|/(\max\limits_j|a_{ij}-\alpha_j|-\min\limits_j|a_{ij}-\alpha_j|), & a_{ij}\in I_3;\end{cases}\tag{2.3}$$

$$e_{ij}=\begin{cases}\min\limits_j a_{ij}./a_{ij}, & a_{ij}\in I_1,\\a_{ij}/\max\limits_j a_{ij}, & a_{ij}\in I_2,\\|a_{ij}-\alpha_j|/\max\limits_j|a_{ij}-\alpha_j|, & a_{ij}\in I_3。\end{cases}\tag{2.4}$$

注意 ①式(2.1)和式(2.3)为极差变换法，式(2.2)和式(2.4)为线性比例变换法。运用不同的计算公式时，指标权重的计算结果可能不同，最终导致方案综合评价结果的差异。②进行无量纲化处理时(对指标进行的)，对指标矩阵 A，一定要分清什么表示方案，什么表示指标。③当指标属性一致时，只需要消除量纲影响。此时，可以用样本标准化变换，即将每一个指标值减去该指标的均值再比上该指标的标准差，也可以直接调用函数命令 zscore。

2. 建立客观性权向量

指标权重的确定是综合评价的核心。确定指标权重的方法有主观赋值法、客观赋值法和主客观结合赋值法。本节主要介绍客观赋值法。

(1)变异系数法。

对统一属性以后的理想矩阵 $F=(f_{ij})_{n\times m}$，首先计算其指标(列向量)的变异系数 $v_j=\dfrac{s_j}{\bar{x}_j}$[其中 s_j 是理想矩阵 $F=(f_{ij})_{n\times m}$ 第 j 列(指标)的标准差，$\bar{x}_j$ 是理想矩阵 $F=(f_{ij})_{n\times m}$ 第 j 列(指标)的均值]，得到初始权重；然后将初始权重归一化，就得到指标矩阵 A 的客观权向量 $w=(w_j)_{1\times m}$。

(2)夹角余弦法。

根据指标矩阵 A 中的指标属性，构建两个抽象方案：理想最佳方案 $U=(u_j)_{1\times m}$ 和理想最劣方案 $V=(v_j)_{1\times m}$。最佳方案 $U=(u_j)_{1\times m}$ 的指标值取指标矩阵 A 中效益型指标的最大值和成本型指标的最小值。最劣方案 $V=(v_j)_{1\times m}$ 的指标值取指标矩阵 A 中效益型指标的最小值和成本型指标的最大值。

计算指标矩阵 A 与最佳方案和最劣方案的相对偏差矩阵：$R=(r_{ij})_{n\times m}$，$T=(t_{ij})_{n\times m}$。其中

$$r_{ij}=\frac{|u_j-a_{ij}|}{\max\limits_j a_{ij}-\min\limits_j a_{ij}},\ t_{ij}=\frac{|v_j-a_{ij}|}{\max\limits_j a_{ij}-\min\limits_j a_{ij}}。\tag{2.5}$$

计算 R,T 的对应列向量的夹角余弦 $\cos(\alpha,\beta)=\dfrac{(\alpha,\beta)}{|\alpha|\cdot|\beta|}$,得到初始权重,归一化后得到客观性权向量 $w=(w_j)_{1\times m}$。

3. 计算综合评价得分

对统一属性以后的理想矩阵 $F=(f_{ij})_{n\times m}$ 与计算所得的客观性权向量 $w=(w_j)_{1\times m}$ 取乘积,可以得到各个方案的综合评价得分。如果理想矩阵 $F=(f_{ij})_{n\times m}$ 是效益型矩阵,则得分越高方案越优;如果理想矩阵 $F=(f_{ij})_{n\times m}$ 是成本型矩阵,则得分越低方案越优。

2.3.3 综合评价实例

1. 水质评价模型

例 2.11 近年来,我国湖泊水质富营养化日趋严重。表 2.23 为我国 5 个湖泊的实测数据。建立数学模型对下述 5 个湖泊的水质进行综合评价。

表 2.23 湖泊评价参数的实测数据

湖泊	总磷/(mg/L)	耗氧量/(mg/L)	透明度/(m)	总氮/(mg/L)
西湖	130	10.30	0.35	2.76
东湖	105	10.70	0.40	2.0
青海湖	20	1.4	4.5	0.22
巢湖	30	6.26	0.25	1.67
滇池	20	10.13	0.50	0.23

分析 本例为多指标的综合评价问题。影响水质的指标有多种,本题选择了总磷(mg/L)、耗氧量(mg/L)、透明度(m)、总氮(mg/L)。其中,总磷、耗氧量、总氮为成本型指标,透明度为效益型指标。为便于进行综合评价,首先要对指标统一属性并进行无量纲化处理。

根据表 2.23 建立综合评价数据矩阵 $A=(a_{ij})_{5\times 4}$,运用线性比例变换法[式(2.4)]将其转换为成本型矩阵 $B=(b_{ij})(i=1,2,3,4,5;j=1,2,3,4)$:

$$B=\begin{pmatrix} 1.0000 & 0.9626 & 0.7143 & 1.0000 \\ 0.8077 & 1.0000 & 0.6250 & 0.7246 \\ 0.1538 & 0.1308 & 0.0556 & 0.0797 \\ 0.2308 & 0.5850 & 1.0000 & 0.6051 \\ 0.1538 & 0.9467 & 0.5000 & 0.0833 \end{pmatrix}。$$

其中

$$b_{ij}=\begin{cases} a_{ij}/\max\limits_{j} a_{ij}, & j\neq 3, \\ \min\limits_{j} a_{ij}/a_{ij}, & j=3。\end{cases}$$

计算矩阵 B 的各列向量的均值 μ_j 与标准差 s_j，然后计算变异系数，$t_j=s_j/\mu_j(j=1,2,3,4)$，并对变异系数归一化，得到各指标的权向量为 $w=[0.3088,0.1842,0.2142,0.2928]$。

根据权重的大小，说明总磷、耗氧量、透明度和总氮 4 种指标在湖泊水质富营养化评价中所起的作用：总磷所起作用最大，总氮次之，透明度、耗氧量的作用逐次减小。

最后，计算矩阵 B 与客观性权向量 w 的乘积，得到 5 个湖泊的得分：0.9319、0.7797、0.1068、0.5704、0.3534。

因为矩阵 B 是成本型矩阵，故得分越低湖泊富营养化程度越轻。即上述 5 个湖泊富营养化污染的严重程度由重到轻依次为西湖、东湖、巢湖、滇池、青海湖。

解　在 MATLAB 中输入：

```
A=[130  10.30  0.35  2.76…20  10.13  0.50  0.23];   %输入原始数据
B1=A(:,1)./max(A(:,1));
B2=A(:,2)./max(A(:,2));
B3=min(A(:,3))./A(:,3);
B4=A(:,4)./max(A(:,4));
B=[B1,B2,B3,B4];   %建立无量纲化的数据矩阵
m=mean(B);s=std(B);
t=s./m;              %计算变异系数
w=t/sum(t);          %归一化,得客观权向量
h=B*w'               %5个湖泊的综合评价得分
```

说明　(1)此题也可以用夹角余弦法建立权向量，建议读者选取不同的方法建立权向量，比较判别结果。

附夹角余弦法建立权向量的综合评价程序：

```
A=[130  10.30  0.35  2.76…20  10.13  0.50  0.23];
u=[20,1.4,4.5,0.22];v=[130,10.70,0.25, 2.76];
R=abs(A-ones(5,1)*u)./(ones(5,1)*range(A));
T=abs(A-ones(5,1)*v)./(ones(5,1)*range(A));
r=normc(R);
t=normc(T);
w=sum((r.*t))/sum(sum(r.*t))
h1=B*w'
```

(2)此题如果给了湖泊水质评价标准，也可以利用距离判别法进一步确定水质等级。

查得地表水中湖泊水质评价标准，见表 2.24。

表 2.24 湖泊水质评价标准

评价参数	Ⅰ类	Ⅱ类	Ⅲ类	Ⅳ类	Ⅴ类及劣Ⅴ类
总磷/(mg/L)	0.02	0.1	0.2	0.3	0.4
耗氧量/(mg/L)	5	10	20	30	40
透明度/m	15	4	2.5	1.5	0.5
总氮/(mg/L)	0.02	0.5	1.0	1.5	2.0

根据表 2.24 中数据，利用式(2.4)建立无量纲化评价标准矩阵 C，计算无量纲化实测数据矩阵 B 中各行向量与无量纲化评价标准矩阵 C 中各列向量的距离 d_{ij}。若 $d_{ik}=\min\limits_{1\leqslant j\leqslant 5}\{d_{ij}\}$，则第 i 个湖泊属于第 k 类($i=1,2,3,4,5$)。表 2.25 给出了 B 与 C 的欧氏距离，由此可以判断西湖属于Ⅴ类水，东湖属于Ⅳ类水，巢湖、滇池属于Ⅲ类水，青海湖属于Ⅰ类水。

表 2.25 欧氏距离判别表

湖泊	距离					级别
	d_{i1}	d_{i2}	d_{i3}	d_{i4}	d_{i5}	
西湖	1.7458	1.4072	0.9892	0.5615	0.2881	Ⅴ
东湖	1.4834	1.1614	0.7588	0.3893	0.5034	Ⅳ
青海湖	0.1272	0.2393	0.6735	1.1248	1.7917	Ⅰ
巢湖	1.2381	1.0022	0.8548	0.8731	0.9591	Ⅲ
滇池	0.9535	0.8143	0.7635	0.9308	1.3450	Ⅲ

根据湖泊水质评价标准，利用距离判别法确定水质等级的综合评价程序如下：

```
A=[130,10.30,0.35,2.76;105,10.70,0.40,2.0;20,1.4,4.5,0.22;30,6.26,0.25,1.67;20,10.13,
0.50,0.23];    %输入原始数据
Y=[0.02 0.1 0.2 0.3 0.4;5 10 20 30 40;15 4 2.5 1.5 0.5;0.02 0.5 1.0 1.5
 2.0];  %输入评价标准数据
C1=Y(1,:)./max(Y(1,:));
C2=Y(2,:)./max(Y(2,:));
C3=min(Y(3,:))./Y(3,:);
C4=Y(4,:)./max(Y(4,:));
C=[C1;C2;C3;C4];  %建立无量纲化的评价矩阵
B1=A(:,1)./max(A(:,1));
B2=A(:,2)./max(A(:,2));
B3=min(A(:,3))./A(:,3);
B4=A(:,4)./max(A(:,4));
B=[B1,B2,B3,B4];  %建立无量纲化的数据矩阵
d=dist(B, C)  %计算B与C的欧氏距离
```

上面给出了欧氏距离的判别方法，读者可以试一试其他的距离判别方法。

2. 经济效益综合评价模型

例 2.12 根据表 2.26 中部分城市高新技术企业主要经济指标数据解决以下问题：

(1)以总产值、总收入、出口总额为评价指标建立综合评价模型，对各城市进行评价；

(2)以人均总产值、人均总收入、人均出口总额为评价指标建立综合评价模型，对各城市进行评价，比较(1)与(2)的结果并进行分析。

表 2.26 高新区技术企业主要经济指标数据

序号	城市	职工人数/人	总产值/万元	总收入/万元	出口总额/1000 美元
1	北京	282720	19864908	12558935	2928876
2	天津	113855	3832819	3227151	1134032
3	沈阳	61543	3201592	1835767	329158
4	大连	81519	2107786	1391670	423152
5	哈尔滨	70129	1884145	1824274	144095
6	上海	73652	9394164	8378717	2512629
7	南京	53293	5104254	4390947	579174
8	杭州	24300	2342928	1884582	408727
9	合肥	42940	1351731	1069186	62165
10	福州	22670	1168191	1118540	232599
11	厦门	26200	1439294	1463737	723445
12	济南	42834	1590290	1348096	69886
13	郑州	36336	1013273	872032	101174
14	武汉	100541	3335884	2874497	142184
15	长沙	64503	2468192	2188070	143626
16	广州	45167	2682206	1708097	310246
17	桂林	36546	700191	736295	60636
18	海南	11430	411287	448484	27393
19	重庆	76396	2928952	2763023	101689
20	成都	101622	1927856	1521481	178520
21	昆明	27623	917726	729701	124087
22	西安	121434	3868631	2753010	175469
23	西宁	3916	95821	55352	5743
24	兰州	26592	705030	538411	17862
25	乌鲁木齐	7777	209554	164146	11000

分析 这 3 个指标均为效益型指标。在第一问中，不用考虑职工人数，只需要考查矩阵的第二到第四列。虽然都是效益型指标，但因为量纲不同，仍然需要对指标进行无量纲化处理。此处运用式(2.2)得到无量纲化矩阵 B，然后计算矩阵 B 的各列向量的均值与标准差，进一步计算变异系数，$t_j=s_j/\mu_j\,(j=1,2,3)$，并对变异系数归一化，得到各

指标的权向量为 $w=[0.3203,0.2799,0.3998]$。由权重的大小可知,在评价高新技术企业的经济效益时,出口总额所起作用最大,总产值所起作用次之,总收入所起作用最小。

最后,计算矩阵 B 与客观性权向量 w 的乘积,得到 25 个城市的经济得分,按照从大到小排序可以得到各个城市的经济发展状况,见表 2.27。

针对第二问,只需要将原始数据的指标值与第一列职工人数相除,就可以得到人均总产值、人均总收入、人均出口总额,同样进行无量纲化处理后计算变异系数,可得到权向量($w_{rj}=0.3364,0.2688,0.3948$)、经济得分和排序,运行结果整理以后列于表 2.27。

两者的区别在于经济指标是不是人均指标。人均指标剔除了城市规模的影响。读者可以根据表 2.27 进行比较,体会其中差异。

表 2.27　高新区经济发展综合评价

序号	城市	评价得分(总指标)	评价排序(总指标)	评价得分(人均指标)	评价排序(人均指标)
1	北京	1.0000	1	0.3850	5
2	天津	0.2885	3	0.2743	8
3	沈阳	0.1375	7	0.2438	9
4	大连	0.1228	11	0.1637	15
5	哈尔滨	0.0907	14	0.1392	18
6	上海	0.6812	2	1.0000	1
7	南京	0.2592	4	0.5255	4
8	杭州	0.1356	9	0.6041	3
9	合肥	0.0541	18	0.1363	19
10	福州	0.0755	16	0.3594	6
11	厦门	0.1546	5	0.6376	2
12	济南	0.0652	17	0.1644	14
13	郑州	0.0496	19	0.1474	16
14	武汉	0.1373	8	0.1473	17
15	长沙	0.1082	13	0.1808	12
16	广州	0.1237	10	0.2981	7
17	桂林	0.0360	21	0.1057	22
18	海南	0.0204	23	0.1910	10
19	重庆	0.1227	12	0.1727	13
20	成都	0.0894	15	0.0952	25
21	昆明	0.0480	20	0.1881	11
22	西安	0.1477	6	0.1320	20
23	西宁	0.0036	25	0.0994	24
24	兰州	0.0258	22	0.1051	23
25	乌鲁木齐	0.0085	24	0.1188	21

解 在 MATLAB 中输入：

```
A=[282720  19864908  12558935  2928876
113855  3832819  3227151  1134032
61543  3201592  1835767  329158
81519  2107786  1391670  423152
70129  1884145  1824274  144095
73652  9394164  8378717  2512629
53293  5104254  4390947  579174
24300  2342928  1884582  408727
42940  1351731  1069186  62165
22670  1168191  1118540  232599
26200  1439294  1463737  723445
42834  1590290  1348096  69886
36336  1013273  872032  101174
100541  3335884  2874497  142184
64503  2468192  2188070  143626
45167  2682206  1708097  310246
36546  700191  736295  60636
11430  411287  448484  27393
76396  2928952  2763023  101689
101622  1927856  1521481  178520
27623  917726  729701  124087
121434  3868631  2753010  175469
3916  95821  55352  5743
26592  705030  538411  17862
7777  209554  164146  11000];
B2=A(:,2)./max(A(:,2));
B3=A(:,3)./max(A(:,3));
B4=A(:,4)./max(A(:,4));
B=[B2,B3,B4];   %建立无量纲化的数据矩阵
m=mean(B);s=std(B);
t=s./m;  %计算变异系数
w=t/sum(t);  %归一化,得客观权向量
h=B*w'  %25 个城市的经济得分
[F,i]=sort(h,'descend');  %经济得分从大到小排序,得到各城市经济发展的序号
[L,k]=sort(i);k  %进一步对 i 排序,得到各城市经济发展的名次
C=A(:,2:4)./(A(:,1)*ones(1,3));  %建立人均指标数据矩阵
D1=C(:,1)./max(C(:,1));
D2=C(:,2)./max(C(:,2));
D3=C(:,3)./max(C(:,3));
```

```
D=[D1,D2,D3];  %无量纲化人均指标矩阵
mrj=mean(D);srj=std(D);
trj=srj./mrj;  %计算变异系数
wrj=trj/sum(trj);  %归一化,得客观权向量
hrj=D*wrj'  %25个城市人均指标的经济得分
[G,j]=sort(hrj,'descend');  %从大到小排序,得到各城市人均指标经济发展原序号
[M,n]=sort(j);n  %进一步对j排序,得到各城市经济发展的名次
```

例 2.13　根据表 2.28 中的 6 项经济指标统计数据,建立综合评价模型,对北京、上海、天津和云南 4 个地区进行评估。

表 2.28　经济效益统计数据

地区	资金利润率	销售利润率	全员劳动生产率	综合能耗	物耗	技改占固定资产投资比率
北京	29.09	24.05	1.94	4.55	67.40	67.60
上海	36.97	22.90	2.60	2.43	67.90	54.55
天津	29.13	20.40	1.97	3.60	68.70	64.00
云南	23.92	27.20	1.17	7.92	58.10	55.20

分析　本题我们用夹角余弦法进行综合评价。

(1)在这 6 个指标中,综合能耗和物耗是成本型指标,其余指标均为效益型指标。根据指标的属性,构建 2 个理想方案:理想最佳方案 $u=[36.97, 27.2, 2.6, 2.43, 58.1, 67.6]$,理想最劣方案 $v=[23.92, 20.4, 1.17, 7.92, 68.7, 54.55]$。利用式(2.5)分别计算 A 与 u,v 的相对偏差矩阵:

$$R=\begin{bmatrix} 0.6038 & 0.4632 & 0.4615 & 0.3862 & 0.8774 & 0 \\ 0 & 0.6324 & 0 & 0 & 0.9245 & 1.0000 \\ 0.6008 & 1.0000 & 0.4406 & 0.2131 & 1.0000 & 0.2759 \\ 1.0000 & 0 & 1.0000 & 1.0000 & 0 & 0.9502 \end{bmatrix},$$

$$T=\begin{bmatrix} 0.3962 & 0.5368 & 0.5385 & 0.6138 & 0.1226 & 1.0000 \\ 1.0000 & 0.3676 & 1.0000 & 1.0000 & 0.0755 & 0 \\ 0.3992 & 0 & 0.5594 & 0.7869 & 0 & 0.7241 \\ 0 & 1.0000 & 0 & 0 & 1.0000 & 0.0498 \end{bmatrix}。$$

将 R 和 T 对应列向量的夹角余弦作为初始权重,归一化后得到客观性权向量:

$$W=[0.2151,0.2148,0.2231,0.1774,0.0733,0.0962]。$$

(2)利用式(2.1)建立效益型矩阵:

$$B=\begin{bmatrix} 0.3962 & 0.5368 & 0.5385 & 0.6138 & 0.1226 & 1 \\ 1 & 0.3676 & 1 & 1 & 0.0755 & 0 \\ 0.3992 & 0 & 0.5594 & 0.7869 & 0 & 0.7241 \\ 0 & 1 & 0 & 0 & 1 & 0.0498 \end{bmatrix}。$$

(3)计算综合评价值,$H_i = B*w' = \sum_{j=1}^{6} b_{ij}\cdot w_j$,得到 4 个地区的经济效益综合评

价值：$H_i=[0.5347,0.7002,0.4199,0.2930]$。因为建立的是效益型矩阵，故得分越高，效益越好。4个地区经济效益从优到劣依次为上海、北京、天津和云南。

解 在MATLAB中输入：

```
A=[29.09  24.05  1.94  4.55  67.40  67.60
36.97  22.90  2.60  2.43  67.90  54.55
29.13  20.40  1.97  3.60  68.70  64.00
23.92  27.20  1.17  7.92  58.10  55.20];  %输入原始数据矩阵
U=[max(A(:,1:3)),min(A(:,4:5)),max(A(:,6))]  %理想最佳方案
V=[min(A(:,1:3)),max(A(:,4:5)),min(A(:,6))]  %理想最劣方案
R=abs(A-ones(4,1)*U)./(ones(4,1)*range(A))
T=abs(A-ones(4,1)*V)./(ones(4,1)*range(A))  %相对偏差矩阵
r=normc(R);
t=normc(T);
w=sum((r.*t))/sum(sum(r.*t))  %建立权向量
B=[(A(:,1:3)-ones(4,1)*min(A(:,1:3))),(ones(4,1)*max(A(:,4:5))-A(:,4:5)),A(:,6)-min(A
(:,6))]./(ones(4,1)* range(A))  %建立无量纲化效益型矩阵
H=B*(w′)%计算综合评价值
```

说明 (1)读者也可以利用本书2.3.2中的不同公式，用不同的效益型矩阵或成本型矩阵对原始数据矩阵进行无量纲化处理，利用变异系数法进行综合评价，并比较综合评价的结果。

(2)如果是成本型矩阵，则综合评价值越小排名越靠前；如果是效益型矩阵，则综合评价值越大排名越靠前。

◆ 习题

利用2.2节中习题5的数据(表2.21)，分别采用变异系数法和夹角余弦法建立客观权向量，对各地区的经济发展进行综合评价，并比较所得结果的差异。

第 3 章
MATLAB 绘图

扫码获取本章例题与习题中数据

扫码查看本章彩图

面对一大堆枯燥的原始数据，人们很难从中找到它们的规律，而数据图形化能帮助人们发现数据的内在联系。MATLAB 能成为一个应用广泛的数学软件，不单是因为它有强大的数值计算功能，还有一个很重要的原因是它具有良好的图形处理和数据可视化功能。

MATLAB 的图形处理和数据可视化功能可以满足一般工程应用和科学计算的需要。用户可以选择直角坐标、极坐标等坐标系，可以绘制二维、三维甚至四维图形，还可以通过对图形的线型、立面、色彩、光线、视角等属性的控制，将数据的内在特征表现得淋漓尽致。

本章主要介绍曲线、曲面绘制的基本技法和命令，学习 MATLAB 软件中二维平面绘图及三维图形、曲面图形、等高线图等的绘图方法。

3.1 二维图形的绘制

一元函数 $y=f(x)$ 在数集 D 上有定义，在二维直角坐标系 xOy 中，满足函数 $y=f(x)$ 的全体点 (x,y) 构成的平面点集

$$\{(x,y) \mid y = f(x), x \in D\}$$

称为函数 $y=f(x)$ 的图像。

MATLAB 绘图是通过描点、连线实现的。作图前，必须先取得图形上一系列的横坐标 x_i 与纵坐标 y_i，因为 (x_i, y_i) 对应函数 $y=f(x)$ 图形上的点。

MATLAB 的二维平面绘图命令主要有基本绘图命令 plot、专门用于绘制一元函数的命令 fplot、简洁的绘图命令 ezplot，以及条形图、饼图、面积图、极坐标图、火柴杆图、等高线图、彗星图、直方图等其他图形的绘图命令。

3.1.1 基本绘图命令 plot

1. plot(Y)

plot(Y)是 plot 命令中最为简单的形式。若 Y 为向量，则以 Y 的元素为纵坐标、以元素相应的序列号为横坐标绘制图形。若 Y 为实矩阵，则按列绘制每列元素和其序列号的对应关系，曲线的个数等于矩阵的列数。若 Y 为复矩阵，则以每列元素的实部为横坐标、以虚部为纵坐标绘制曲线，曲线数等于矩阵的列数。

例 3.1 2003年初春,北京市暴发非典型性肺炎(俗称"非典"),患病人数急剧攀升。从4月20日到6月23日,北京市累计非典患病人数见表3.1,试作出其散点图。

表 3.1 北京市4月20日至6月23日累计非典患病人数

日期	人数	日期	人数	日期	人数	日期	人数	日期	人数
4.20	339	5.3	1741	5.16	2405	5.29	2517	6.11	2523
4.21	482	5.4	1803	5.17	2420	5.30	2520	6.12	2523
4.22	588	5.5	1897	5.18	2434	5.31	2521	6.13	2522
4.23	693	5.6	1960	5.19	2437	6.1	2522	6.14	2522
4.24	774	5.7	2049	5.20	2444	6.2	2522	6.15	2522
4.25	877	5.8	2136	5.21	2444	6.3	2522	6.16	2521
4.26	988	5.9	2177	5.22	2456	6.4	2522	6.17	2521
4.27	1114	5.10	2227	5.23	2465	6.5	2522	6.18	2521
4.28	1199	5.11	2265	5.24	2490	6.6	2522	6.19	2521
4.29	1347	5.12	2304	5.25	2499	6.7	2523	6.20	2521
4.30	1440	5.13	2347	5.26	2504	6.8	2522	6.21	2521
5.1	1553	5.14	2370	5.27	2512	6.9	2522	6.22	2521
5.2	1636	5.15	2388	5.28	2514	6.10	2522	6.23	2521

注:为方便录入数据,表中日期采用"月.日"的形式表示。以"4.20"为例,其表示4月20日。

分析 本题就是要画出以时间为自变量、以患病人数为因变量的平面散点图。如果不输入自变量,则以 y 的下标值为横坐标,以 y 的值为纵坐标。

本题给出的数据是日期和患病人数混合的表格,输入原始数据以后,要提取出 y 的值(这里用索引向量法,读者可以用矩阵拼接法试一试)。提取以后,得到一个 13×5 阶矩阵,将矩阵转化为向量,就得到以患病人数为变量的数据向量。

解 在M文件中输入:

```
A=[4.20  339  5.3  1741  5.16  2405  5.29  2517  6.11  2523
4.21  482  5.4  1803  5.17  2420  5.30  2520  6.12  2523
…
5.1  1553  5.14  2370  5.27  2512  6.9  2522  6.22  2521
5.2  1636  5.15  2388  5.28  2514  6.10  2522  6.23  2521];   %从表3.1中拷贝数据,因为数据较多,为节省篇幅省略中间数据
y1=A(:,2:2:10);   %从A中提取患病人数
y=y1(:);   %将y1矩阵按照列的次序转化成列向量
plot(y,'*')   %画出患病人数的散点图,如图3.1所示
```

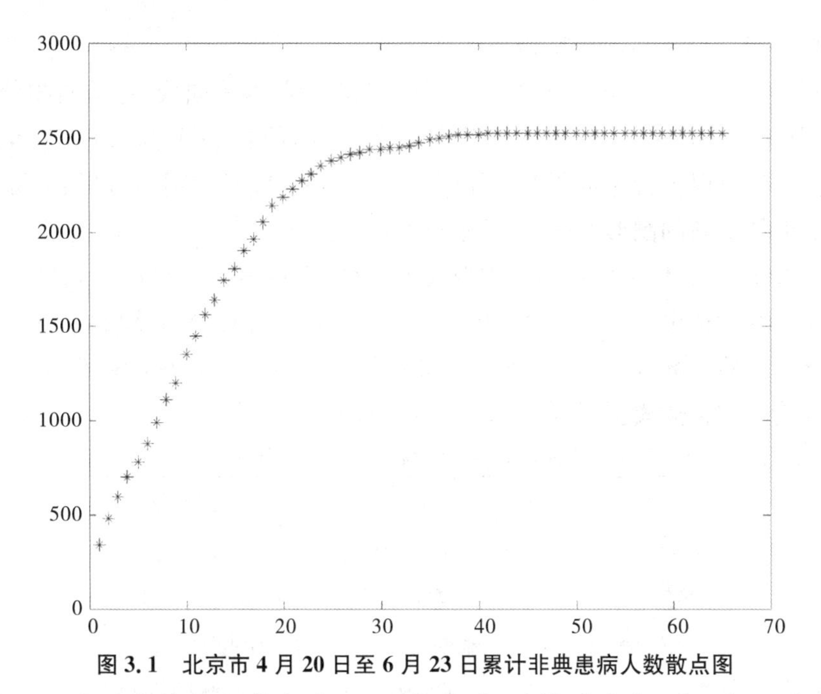

图 3.1　北京市 4 月 20 日至 6 月 23 日累计非典患病人数散点图

说明　(1)如果直接对程序中的 y1 画散点图，则得到的是以 1 到 13 为横坐标、以 y1 的列元素为纵坐标的 5 条曲线，不符合题意要求。

(2)绘制图形以后，系统会自动创建一个图形窗口(Figure Window)显示图形。如果已经打开一个图形窗口，则该窗口覆盖原来的图形窗口；如果需要显示第二个图形窗口，可在 M 文件中输入 figure(2)，此时两个窗口均显示；以此类推，可以输入不同命令显示 3 个、4 个甚至更多图形窗口。

(3)保存图形时，在图形窗口菜单中选择“File”菜单，选择“Save as”选项，根据打开图形输出的对话框，可以 EMF、BMP、JPG、PGM 等格式保存图形。

(4)在论文写作中，往往需要将绘制的图形插入 Word 文档，一般有两种方法：一种是在图形窗口中点击“Edit”，选择下拉菜单中的“Copy Figure”，然后将光标置于插入图形的位置，右击选择粘贴；另一种是打开 Word 文档，将光标置于插入图形的位置，在该文档菜单中选择“插入”菜单中的“图片”选项，插入相应的图片文件。

2. plot(X,Y)

当 X 和 Y 是同维向量时，以 X 为横坐标、以 Y 为纵坐标绘制曲线；当 X 为向量，Y 为每行元素数目和 X 维数相等的矩阵时，将绘制以 X 为横坐标、以 Y 中每行元素为纵坐标的多条曲线，曲线数等于矩阵的行数。

例 3.2　作出 $y=\sin x$ 在$[-2\pi,2\pi]$上的曲线图形。

解　输入命令：

```
x=-2*pi:0.1:2*pi;   %输入横坐标
y=sin(x);   %输入纵坐标
plot(x,y)   %画图
```

3. plot(X_1, Y_1, X_2, Y_2, …, X_n, Y_n)

执行 plot(X_1, Y_1, X_2, Y_2, …, X_n, Y_n)命令能够绘制多重曲线，每条曲线分别以 X_i，Y_i 为横、纵坐标，互不影响。当 X 是向量、Y 是矩阵时，执行 plot(X,Y)命令也能够绘制多重曲线。读者可以自行体会两者的异同点。事实上，MATLAB 还提供了可以在已经绘好的图形上加上新的图形的命令（见本小节第 5 点）。

当曲线太多时，我们可以在命令中对线型和颜色进行设定，从而达到良好的区分效果。例如，plot(X,Y)命令可以改为 plot(X,Y,'S')，plot(X_1, Y_1, X_2, Y_2, …, X_n, Y_n)可以改为 plot(X_1, Y_1, 'S_1', X_2, Y_2, 'S_2', …, X_n, Y_n, 'S_n')。其中'S'，'S_i'表示线型、颜色和标记类型。绘图的各类线型、颜色和标记类型见表 3.2。

表 3.2　线型、颜色和标记类型

颜色	线型	标记类型
r　红色	－　实线(默认)	＋　加号
g　绿色	－－　双划线	*　星号
b　蓝色(默认)	:　虚线	.　实点
y　黄色	－.　点划线	o　小圆圈(字母)
k　黑色		p　正五角星
w　白色		d　菱形
c　蓝绿		s　正方形
m　品红		x　交叉号
		h　正六角星

除此以外，MATLAB 绘图中还有很多其他的绘图属性。例如：①LineWidth，线宽；②MarkerType，标记点的形状；③MarkerSize，标记点的大小；④MarkerFaceColor，标记点内部的填充颜色；⑤MarkerEdgeColor，标记点边缘的颜色。

利用上述属性可作出 $y = \sin 2x$ 在$[-2\pi, 2\pi]$上的曲线图形。

```
x=[-2*pi:0.1:2*pi];
plot (x, sin (2 * x),'-ko','LineWidth',3,'MarkerEdgeColor','b','MarkerFaceColor','r',
'MarkerSize',10)
box off  %取消坐标边框
gtext('线段黑色')  %对图形进行标注
gtext('线条宽 3 磅')
gtext('标记点边缘蓝色')
gtext('标记点填充红色')
gtext('标记点尺寸为 10')  %添加标记
```

结果如图 3.2 所示。该曲线不仅对图形的颜色、标记点进行了设置，还对线条的宽度、标记点边缘和内部的颜色以及标记点大小进行了设置。

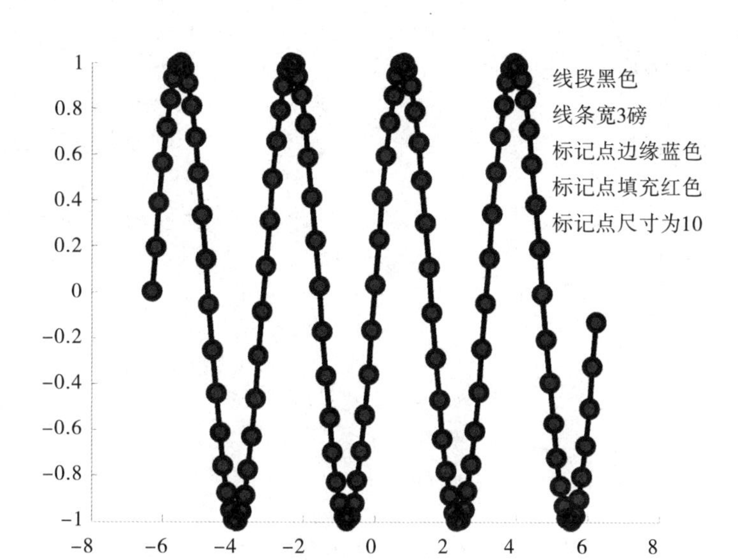

图 3.2 添加各种属性的函数图形(附彩图)

4. 在屏幕上生成多个图形窗口

由于每个绘图命令在绘制图形时都会将前面已经绘制的图形覆盖，使得用 figure 命令创建的图形窗口难以比较不同数据绘制的图形，因此需要在同一窗口内分割出几个子窗口，用于观察多个函数的图像。此时，可执行 subplot(m,n,i)命令，将当前窗口分割成 $m\times n$ 个子窗口，i 为子窗口按行的编号。每一个子窗口完全等同于一个完整的图形窗口。

例 3.3 将屏幕分成 4 个视窗，分别展现正弦函数、余弦函数、指数函数、对数函数图形。

解 输入命令：

```
x=0.1:0.07:2*pi;  %横坐标取值
y1=sin(x);y2=cos(x);y3=log(x);y4=exp(x);  %纵坐标对应函数取值
subplot(2,2,1)  %将窗口分割成 4(2×2)个子图形,当前显示第一个子窗口
plot(x,y1,'*')
legend('正弦')  %对图形进行标注
subplot(2,2,2)
plot(x,y2,'mo')
legend('余弦')
subplot(2,2,3)
plot(x,y3,'kp')
legend('对数')
subplot(2,2,4)
plot(x,y4,'r>')
title('指数')  %给图形加标题
```

结果如图 3.3 所示。

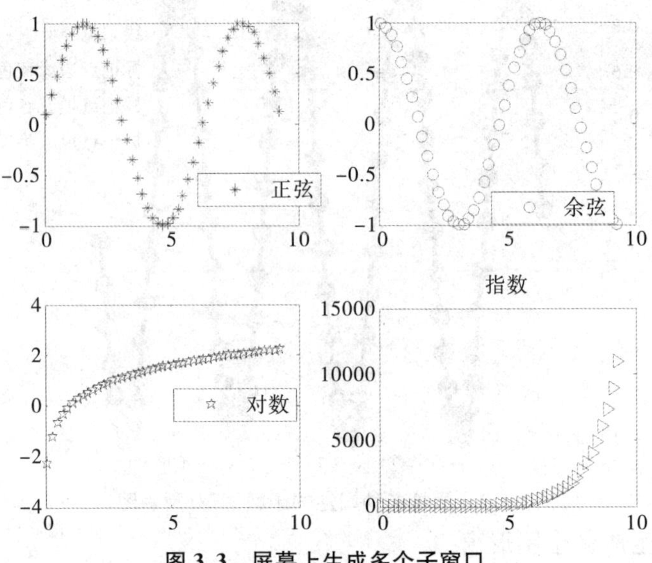

图 3.3 屏幕上生成多个子窗口

说明 该例执行 legend('正弦')命令对图形进行标注,执行 title ('指数')命令给图形添加标题,以便增加图形的可视性。

注意 区分 legend('正弦')和 title ('指数')。

5. 在绘制好的图形上加上新的图形

如果需要在绘制好的图形上加上新的图形,即在同一个窗口放置多幅图形,可在两个作图命令之间加 hold on。

例 3.4 在同一个坐标系内画出 $y = \sin x \cos 2x$ 和 $y = \sin 2x \cos x$ 的图形。

解 输入命令:

```
x=0:0.01:2*pi;    %横坐标取值
y1=sin(x).*cos(2*x);y2=cos(x).*sin(2*x);    %纵坐标对应函数取值
plot(x,y1,'*')    %绘图
hold on
plot(x,y2,'ro-')
grid on    %给图形加上网格线
legend('sin(x).*cos(2*x)','cos(x).*sin(2*x)')    %对图形进行标注
```

运行结果如图 3.4 所示。

注意 执行一个 plot 命令也可以在同一个坐标系下绘制不同的图形。如例 3.4 也可以用如下命令完成。

```
x=0:0.01:2*pi;
y1=sin(x).*cos(2*x);y2=cos(x).*sin(2*x);
plot(x,y1,'*',x,y2,'ro-')
grid on    %给图形加上网格线
legend('sin(x).*cos(2*x)','cos(x).*sin(2*x)')    %对图形进行标注
```

结果仍然如图 3.4 所示。

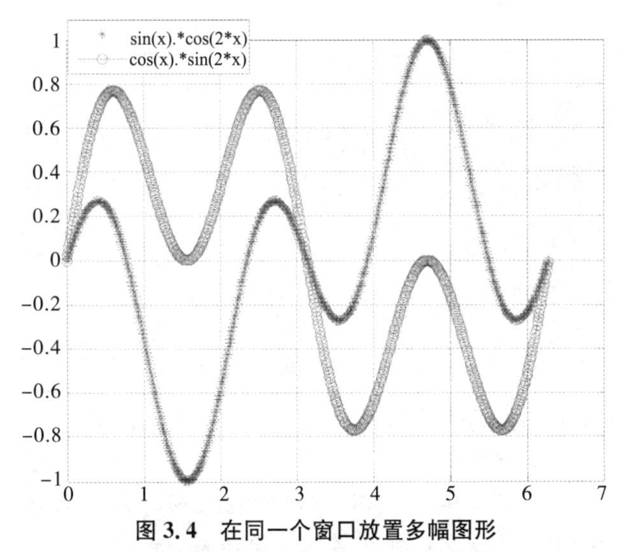

图 3.4 在同一个窗口放置多幅图形

说明 本例运用 grid on 给图形添加了网格线。如果需要取消网格线,输入 grid off 即可。

3.1.2 专门用于绘制一元函数的命令

执行 plot 命令时,系统将数值矩阵转化为连线图,并不清楚函数的具体变化,其横坐标 x 的取值通常采用平均间隔。因此,对于曲线起伏剧烈的函数,plot 命令有时不能准确地反映其急剧变化的情况,而采用 fplot 命令比用等间距取点的 plot 命令绘制的曲线光滑、准确,更能反映实际情况。

fplot 命令的格式为:

```
fplot('function',limits)    % 在指定的范围 limits=[xmin, xmax]内画出函数名为 function 的一元函数图形
```

fplot 的取值由其内部自适应算法产生:在函数值变化激烈的区间,采用小的步长,数值点相对密集;在函数值变化比较平稳的区间,采用大的步长,数值点相对稀疏。

fplot 的指令可以用来自动绘制一个已定义的函数图形,无须产生绘图所需要的一组数据作为变数。

例 3.5 分别用 fplot 和 plot 命令绘制 $y=\sin\left(\frac{1}{\tan\pi x}\right)$ 的图形,并加以比较。

解 输入命令:

```
fplot('sin(1./tan(pi*x))',[-0.1,0.1])
figure(2)
x=-0.1:0.001:0.1;
y=sin(1./tan(pi*x));
plot(x,y)
```

结果如图 3.5(a)和图 3.5(b)所示。

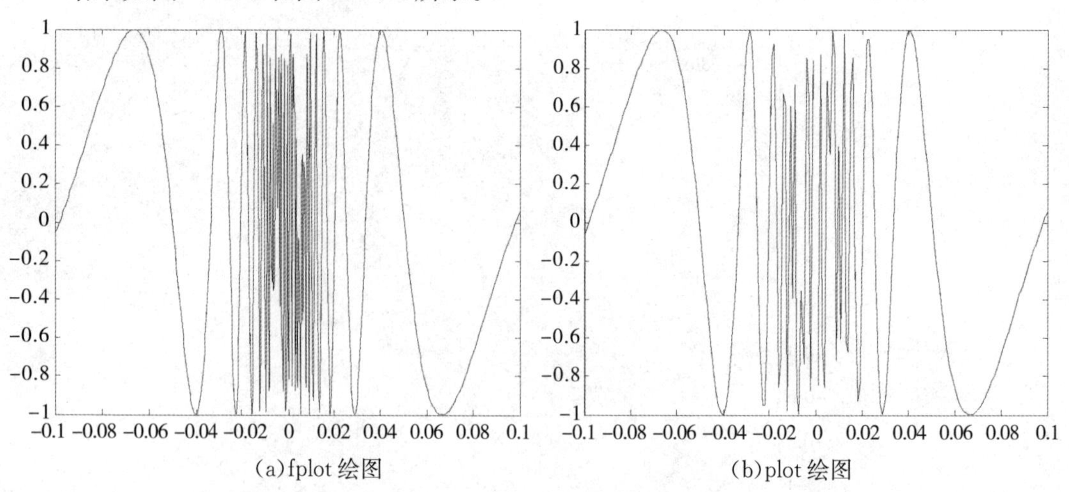

(a)fplot 绘图　　(b)plot 绘图

图 3.5　例 3.5 中函数的图形

说明　本例运用 figure(2)重新打开第二个绘图窗口。

3.1.3　简洁的绘图命令

为了轻松实现函数的可视化,MATLAB 提供了简洁的绘图命令 ezplot。该命令的前缀 "ez"代表"easy to"。执行该命令时,无须准备数据,可直接画出字符串函数或符号函数的图形,其调用格式为:

```
ezplot ('f(x)', [xmin,xmax])  %绘制函数 y=f(x)在[xmin,xmax]区间的图形
ezplot ('f(x,y)', [xmin,xmax,ymin,ymax])  %绘制隐函数 f(x,y)=0 在横坐标[xmin,xmax]与纵坐标[ymin,ymax]区间上的图形
ezplot ('x(t)','y(t)', [tmin,tmax])  %在区间[tmin,tmax]上绘制参数方程 x=x(t),y=y(t)的函数图形
```

ezplot 既可用于绘制显函数,也可用于绘制隐函数,还可用于绘制由参数方程确定的函数。ezplot 会自动把被绘制函数标为图形名称,把自变量标为横轴名称,但不能指定所绘曲线的线型和色彩,不可用于同时绘制多条曲线。ezplot 作图命令一般比较适宜绘制不太精确的图形。

例 3.6　画出函数 $y=\frac{2}{3}e^{-\frac{t}{2}}\cos\frac{\sqrt{3}}{2}t$ 在[$-2\pi,3\pi$]上的图形。

解　(1)用 ezplot 作图,命令为:

```
ezplot('2/3*exp(-t/2)*cos(sqrt(3)/2*t)',[-2*pi,3*pi])
```

(2)用 plot 作图,命令为:

```
t=-2*pi:0.2:3*pi;
y=2/3*exp(-t/2).*cos(sqrt(3)/2*t);
plot(t,y,'ro-')
```

结果如图 3.6(a)和图 3.6(b)所示。

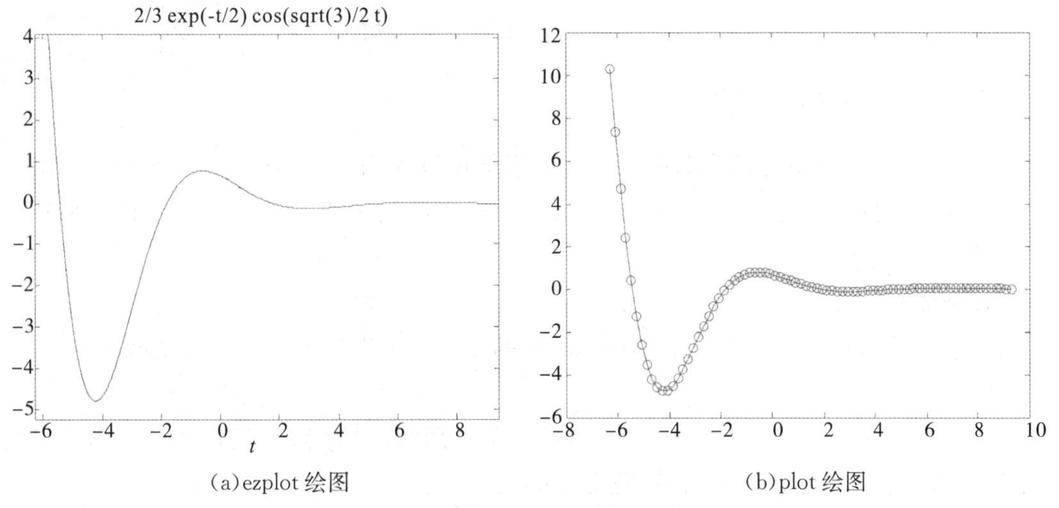

(a)ezplot 绘图　　(b)plot 绘图

图 3.6　例 3.6 中函数的图形

由图 3.6(a)和(b)可以看出，ezplot 自动把 $y=2/3*\exp(-t/2)*\cos(\mathrm{sqrt}(3)/2*t)$标为图形名称，把 t 标为横轴名称。

例 3.7　绘制参数方程函数$\begin{cases} x=\cos 3t, \\ y=\sin 5t, \end{cases} t\in[0,2\pi]$的图像。

分析　对于参数方程函数，可考虑选用 ezplot 作图命令。

解　选用 ezplot 作图命令，输入：

```
ezplot('cos(3*t)','sin(5*t)',[0,2*pi])
set(get(gca,'children'),'LineWidth', 3)   % 曲线线条的宽度设定为 3 磅
grid on   % 添加网格线
```

运行结果如图 3.7 所示。

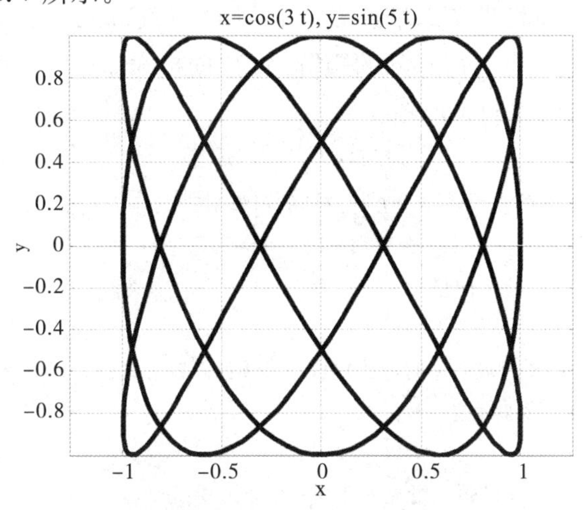

图 3.7　参数方程函数的图形

说明　ezplot 不可以对曲线的线型和色彩加以定义，也不可以在命令内部对线条的宽度进行设定。如果需要设定线条的宽度，可以在命令外部用命令 set(get(gca, 'children')…)进行设置。其中,children 是指一个对象里面的下层对象,gca 是指当前图形对象,get(gca,'children')的含义为在当前图形下获得所有子对象。

3.1.4 其他绘图命令

MATLAB 的图形处理和数据可视化功能既可以应用于直角坐标系,也可以应用于极坐标系;既可用于绘制平面上的描点和线型图,也可用于绘制条形图、饼图、火柴杆图和彗星图等图形。

1. 条形图

条形图的基本命令为 bar 或 barh。图中的条形以垂直或者水平方式显示。

(1)bar(y)。

若 y 为向量,则对 y 中的每一个元素绘制条形图;若 y 为矩阵,则以每一行为一组绘制条形图,x 轴显示的是 y 的行数(条形图的组数)。

(2)bar(x,y)。

若 y 为向量,x 为单调增加的维数与 y 相同的向量。对指定的 x 对应的每一个 y 值绘制条形图,若 y 为矩阵,则与 x 对应的 y 值按行分组显示,x 为单调增加的维数与 y 的行数相同的向量。

(3)bar(…,width,'style','bar color')。

width 用于对条形图的宽度进行设置,控制条形图的分组,默认值为 0.8。style 用于指定条形图的类型:style 可以取参数 grouped 或 stacked。grouped 显示 n 组条形图的 m 个垂直条,其中 n 为 y 的行数,m 为 y 的列数。stacked 将 y 的每一行显示在同一个条形图里,同一条形图由不同颜色构成,用于区分各行元素所占的比重,条形图的高度为该行元素的和。bar color 用于设置条形图颜色,默认值为蓝色。

注意 MATLAB 还提供了三维条形图命令 bar3(或 bar3h)。

例 3.8 随机生成一个五行三列的矩阵,将数据扩大十倍,四舍五入产生一个整数矩阵,然后用不同的参数绘制条形图。

解 输入命令:

```
y=rand(5,3)*10;  %随机生成一个五行三列的矩阵
y1=round(y);  %四舍五入产生一个整数矩阵
y11=y1(:);  %将 y1 转化为向量
subplot(2,2,1)
bar(y1,'r')  %对条形图分成 5(y 的行数)组,并将颜色设置为红色
title('分组')  %给图形加标题
subplot(2,2,2)
bar(y1,'stacked')  %将 y 的每一行显示在同一个条形里
title('堆栈')
subplot(2,2,3)
barh(y1,0.3)  %对条形图的宽度设置为 0.3
```

```
title('宽度=0.3')
subplot(2,2,4)
bar(y11)  % 对 15 个元素绘制条形图
title('独立元素')
```

结果如图 3.8 所示。

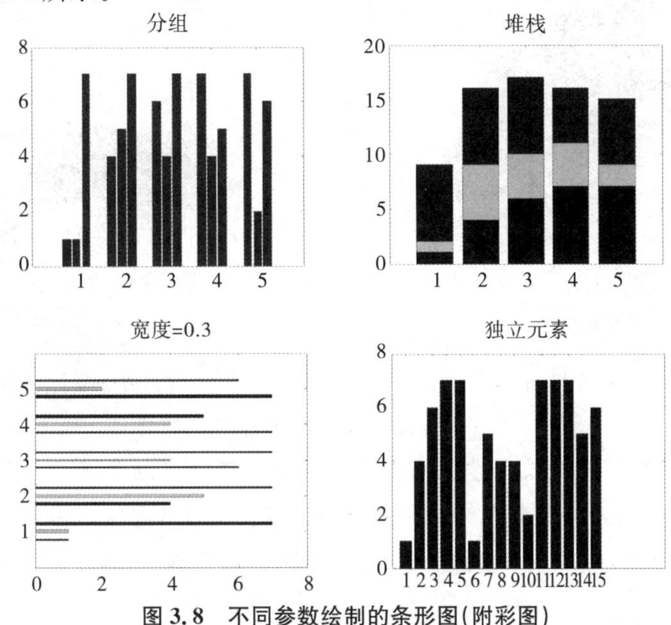

图 3.8 不同参数绘制的条形图(附彩图)

2. 饼图

饼图主要用于显示整体与部分之间的比例关系。饼图的基本命令为 pie(y)。

若 y 为向量,则根据 y 中每一个元素占整体的比例,按照逆时针方向绘制饼图;若 y 为矩阵,则以列为顺序按照逆时针方向绘制饼图。

注意 三维饼图命令为 pie3。

例 3.9 某班学生"应用软件"课程的学期末成绩如下(80 人):67, 65, 85, 75, 70, 72, 75, 58, 69, 83, 82, 73, 96, 69, 85, 83, 78, 74, 80, 70, 65, 84, 85, 81, 70, 88, 90, 86, 77, 78, 86, 92, 93, 85, 72, 76, 70, 83, 88, 75, 47, 65, 80, 75, 90, 70, 75, 58, 99, 88, 82, 73, 96, 69, 85, 53, 78, 74, 80, 70, 55, 84, 85, 81, 90, 88, 90, 86, 77, 78, 86, 92, 93, 85, 72, 76, 92, 83, 58, 75。试绘制样本的饼图。

分析 题目只给出了 80 个同学的成绩,没有给出各个分数段的学生人数,因此需要先对数据进行处理。用 sort 命令排序以后,可以得到不同分数段的学生人数(见表 3.3),以此为实验数据,可绘制饼图。

表 3.3 各分数段的学生人数

分数段	60 分以下	60—69 分	70—79 分	80—89 分	90—100 分
学生人数	6	7	27	28	12

解 输入命令:

```
A=[67, 65, 85, 75, 70,…, 76, 92, 83, 58, 75];
```

```
[F,i]=sort(A);F′
a=[6,7,27,28,12];
pie(a)
```

结果如图 3.9(a)所示。

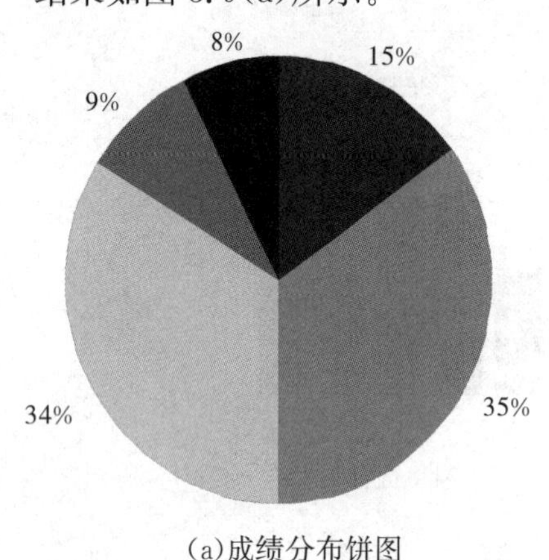

(a)成绩分布饼图

(b)成绩分布三维饼图

图 3.9 成绩分布图

说明 (1)对各个分数段的学生人数排序以后，可以得到表 3.3。如果样本数据较大，可以用编程的方法，得到各个分数段的学生人数。(2)只要输入命令 pie3(a)，就可以得到如图 3.9(b)所示的三维饼图。其他绘图命令的三维图形亦与之类似，不再一一举例。

3. 面积图

面积图的基本命令为 area(y)。

若 y 为向量，则用一条曲线显示 y 中的元素，并在曲线之下用颜色填充。若 y 为矩阵，则用若干条曲线(曲线数等于 y 的列数)以堆栈的形式显示 y 中的列向量元素，即第一条曲线由 y 的第一列元素绘制，第二条曲线由 y 的第一、二两列元素的和绘制。以此类推，各条曲线之下用不同颜色填充，x 轴显示的是 y 的行数。

4. 极坐标图

确定角度 theta 和半径 rho(一般是角度的函数)就可以绘制极坐标图，其命令为：

```
polar(theta,rho,LineSpec)    % LineSpec 指定极坐标图中直线的线型、颜色
```

例 3.10 在极坐标系中绘制下列图形：(1)$r=\sin 4\theta, \theta \in (-\pi,\pi)$；(2)$r=1+\theta, \theta \in (0,6\pi)$。

解 输入命令：

```
t1=-pi:0.02:pi; t2=0:0.1:6*pi;
r1=sin(4*t1); r2=1+t2;
subplot(1,2,1)
polar(t1,r1,′ro′)
title(′花瓣′)    % 给图形加标题
subplot(1,2,2)
```

```
polar(t2,r2,'mp')
title('渐开线') %给图形加标题
```

结果如图 3.10 所示。

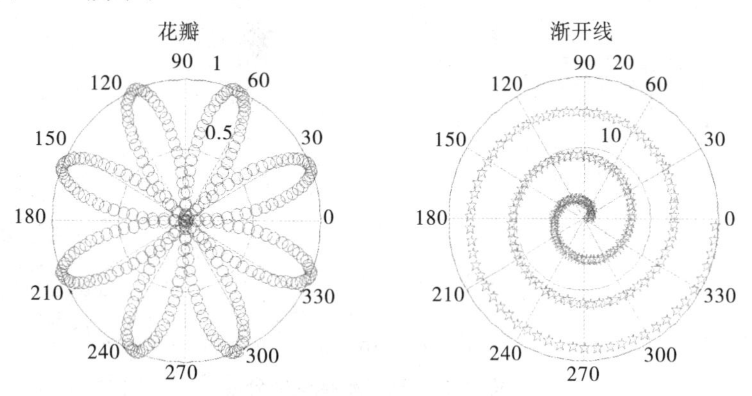

图 3.10 绘制极坐标图

5. 散点图

可以用 scatter 绘制散点图，具体命令为 scatter(x,y,S,C)。

x,y 分别为横、纵坐标值，x 和 y 必须是长度相同的向量。S 表示散点标记的面积大小，对每一对数据(x,y)标记时为与 x 和 y 长度相等的向量，对整个数据标记时为标量。散点图中所有的标记大小相同。C 用于确定每个标记的颜色。若 C 是与 x 和 y 长度相等的向量，则根据 C 中的值进行线性上色。C 也可以是颜色的字符串。

例 3.11 随机产生 100 个服从正态分布的数据，用−1 与 1 为这 100 个数据分段，并用不同色彩、线型和点的大小进行区分。

分析 用色彩、线型和点的大小区分 100 个数据可选用 scatter 命令。

解 输入命令：

```
x=1:100;
y=randn(1,100);  %随机产生含有 100 个元素的服从正态分布的行矢量
hold on
for i=1:100
   if y(i)<-1
      scatter(x(i),y(i),100,'g*')  %小于-1 的点用绿色的星号标出，大小选择 100 磅
   elseif y(i)>=-1 & y(i)<=1
      scatter(x(i),y(i),50,'ob')  %在-1 与 1 之间的点用蓝色的圆圈标出，大小选择 50 磅
   elseif y(i)>=1
      scatter(x(i),y(i),200,'pr')  %大于 1 的点用红色的五角星标出，大小选择 200 磅
   end
end
```

结果如图 3.11 所示。

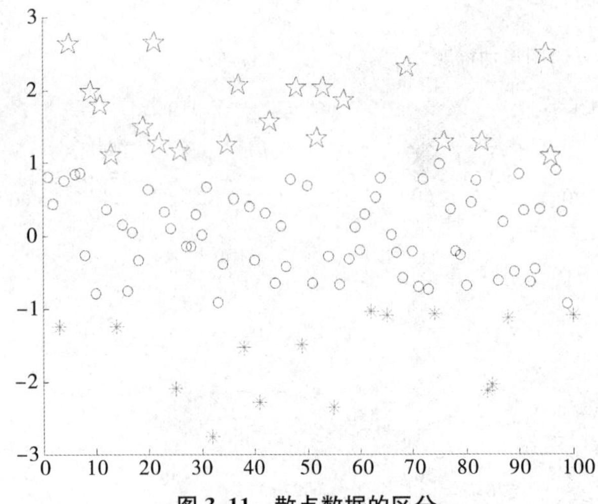

图 3.11 散点数据的区分

说明 (1)随机产生的元素不同,图形也会不同。(2)在同一程序中作出区分数据点的范围,要用到条件语句。MATLAB 编程语句的具体用法参见本书 4.2.4。(3)绘制散点图也可以用 plot,但是 plot 无法对散点标记的面积大小进行定义。本例用 scatter 命令画出散点图,读者可以尝试用 plot 完成本例。

注意 MATLAB 还提供了三维散点图命令 scatter3。

6. 彗星图

彗星图实质上是一个动态图,用彗星头(一个小圆圈)跟踪屏幕上的数据点,最终形成跟踪整个函数的实线。在相同时间内,彗星头跟踪的数据点是相同的,因此可以通过调节数据点的数量来调节彗星头移动的速度。彗星图的基本命令为 comet。

```
comet(y)   %显示 y 的彗星图
comet(x,y)   %显示向量 x 和向量 y 的彗星图,x 与 y 的维数相同
```

注意 MATLAB 还提供了三维彗星图命令 comet3。

例 3.12 绘制卫星返回地球的运动轨线示意图。

解 输入命令:

```
R0=2;   %以地球半径为一个单位
a=12*R0;b=9*R0;T0=2*pi;   %T0 是轨道周期
T=5*T0;dt=pi/100;t=[0:dt:T]';
f=sqrt(a^2-b^2);   %地球与另一焦点的距离
th=12.5*pi/180;   %卫星轨道与 x-y 平面的倾角
E=exp(-t/20);   %轨道收缩率
x=E.*(a*cos(t)-f);y=E.*(b*cos(th)*sin(t));z=E.*(b*sin(th)*sin(t));
plot3(x,y,z,'r')   %画全程轨线
[X,Y,Z]=sphere(30);
X1=R0*X;Y1=R0*Y;Z1=R0*Z;   %获得单位球坐标
grid on,hold on,surf(X1,Y1,Z1),shading interp   %画地球
x1=-18*R0;x2=6*R0;y1=-12*R0;y2=12*R0;z1=-6*R0;z2=6*R0;
```

```
axis([x1 x2 y1 y2 z1 z2])   % 确定坐标范围
view([117 37])   % 设视角
comet3(x,y,z)     % 画运动轨线的彗星图
set(get(gca,'children'),'LineWidth', 1.5)   % 曲线线条的宽度设定为 1.5 磅
```

结果如图 3.12 所示。

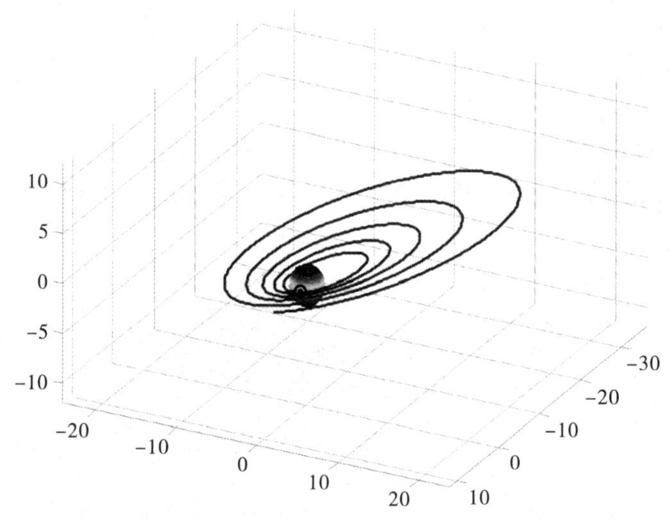

图 3.12　卫星返回地球的运动轨线示意图

说明　本例运用 axis([x1 x2 y1 y2 z1 z2])确定坐标范围，还运用一些在三维坐标里的绘图命令，如 plot3(空间曲线)、sphere(空间球面)、surf(空间曲面)等，本书 3.2 中将详细介绍这些命令。

读者可以尝试将第 3 行的步长改为 dt=pi/10000，观察彗星头移动的速度。

7. 火柴杆图

火柴杆图是指以 x 轴为基线将数据用线段相对于基线显示在上下两侧，数据点用小圆点等标注类型标记的图形。火柴杆图的基本命令为 stem。

(1) stem(y)。

若 y 为向量，将 y 中的数据沿着 x 轴用直线段相对基线等间距排列。若 y 为矩阵，则对应于同一 x 值绘制矩阵行中所有元素。

(2) stem(x,y)。

stem(x,y)用于绘制 x 和 y 的列数据图形。x 与 y 必须为大小相同的向量或矩阵。另外，x 可以是 m 维的行或列向量，y 可以是一个 m 行的矩阵。

(3) stem (…,'fill',LineSpec)。

'fill'用于指定是否对火柴杆的末端标记着色；LineSpec 用于指定火柴杆的线型、标注类型和颜色，缺省为直线、圆圈和蓝色。

例 3.13 在[0,2π]上绘制正弦函数和余弦函数的火柴杆图。

解 输入命令:

```
x=0:0.2:2*pi;
y1=cos(x);y2=sin(x);
A=[y1;y2];B=A';   %B矩阵的行数必须和x的维数相同
h=stem(x,B,'fill',':s')
gtext('余弦函数')   %对图形进行标注
gtext('正弦函数')   %对图形进行标注
```

结果如图 3.13 所示。

读者可以尝试利用 subplot 在屏幕上显示两个窗口,分别对每一个图形指定线型、标记类型和颜色。

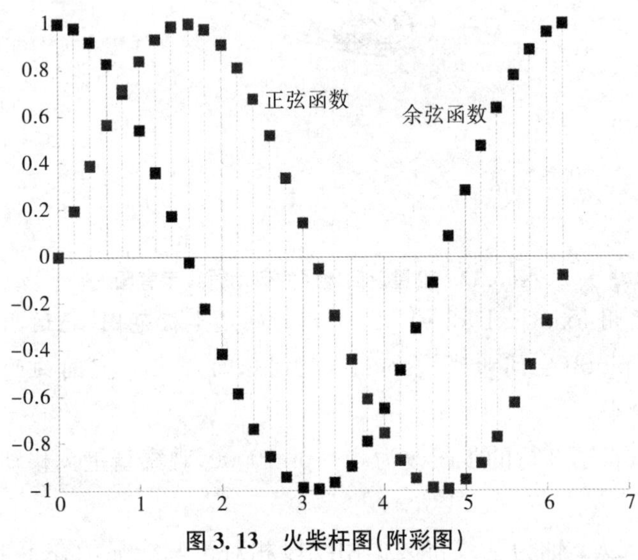

图 3.13 火柴杆图(附彩图)

说明 这里运用 gtext('余弦函数')对图形增加标注,以便区分图形。

8. 等值(高)线图

如果二元函数 $z=f(x,y)$ 在平面数集 D 上有定义,则空间曲线 $\begin{cases} z=c(\text{常数}), \\ f(x,y)=z \end{cases}$ 称为函数的等值线图。等值线图即用一系列平行于 xOy 面的平面截空间曲面以后,将截痕投影到 xOy 面所形成的连线图,用于反映数据分布特征。等值线的基本命令为 contour。

```
contour(z,n)   %绘制有n个等值水平的矩阵z的等值线图,z可以理解为截面高度,n为标量。n缺省时,等值线的数量和等值线对应的值将根据z的最大值和最小值自动选择确定
```

类似地,可以对等值线的线型、颜色进行设置。

注意 MATLAB 还提供了三维等值线图命令 contour3。

例 3.14　绘制 peak 函数的等值线图。

解　输入命令：

```
y=peaks(60);
[c,h]=contour(y,15);
```

结果如图 3.14 所示。

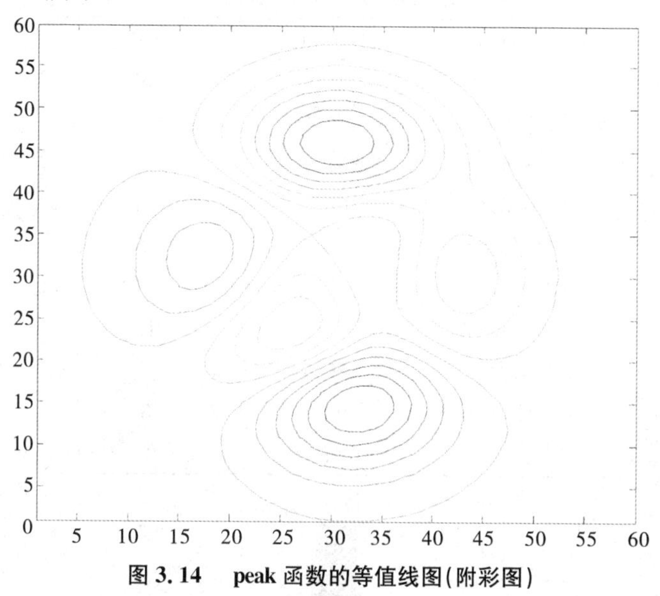

图 3.14　peak 函数的等值线图(附彩图)

说明　peak 函数是 MATLAB 为测试立体绘图给出的一个快捷函数，可产生一个凹凸有致的曲面，包含 3 个局部极大点及 3 个局部极小点。画出函数的最快捷方法是直接键入"peaks"(其后面的参数表示取点的矩阵规模)，产生一个 k 阶的 Guassian 分布矩阵。读者可以尝试调用 surf 命令绘制 peak 函数。

9. 直方图

为了直观了解数据的分布特征，如对称性、峰值等，常采用直方图。

直方图的显示形式类似于条形图，但是条形图是针对每一个元素绘制的，而直方图则是将数据分组，按照各组数据的频数绘制而成的。

直方图的基本命令为 hist。

```
hist (y,k)    %将 y 中数据按照区间(min(y),max(y))分成 k 等份，绘制频数直方图，k 缺省时值为 10
[n,x]=hist (y,k)    %n 返回 k 个小区间的频数，x 返回小区间的中点
```

例 3.15　已知某工厂生产某种零件 100 个，其内径尺寸如下(mm)：459,362,624,542,509,584,433,748,815,505,612,452,434,982,640,742,565,706,593,680,926,653,164,487,734,608,428,1153,593,844,527,552,513,781,474,388,824,538,862,659,775,859,755,649,697,515,628,954,771,609,402,960,885,610,292,837,473,677,358,638,699,634,555,570,84,416,606,1062,484,120,447,654,564,339,280,246,687,539,790,581,621,724,531,512,577,496,468,499,544,645,764,558,378,765,666,763,217,715,310,851。考查该零件的内径分布。

分析 利用直方图命令,按照 k 值缺省,按照区间 $(\min(y),\max(y))$ 将原始数据分成 10 等份,可以得到 10 个小区间内零件的频数以及各个小区间的中点,结果见表 3.4,直方图如图 3.15 所示。为了便于表述,执行最大值和最小值命令,计算出 100 个原始数据的最大值 $(M=1153)$ 和最小值 $(m=84)$。

表 3.4 数据的分布频数

区间	区间中点	频数
[84,191)	137.4	3
[191,298)	244.4	4
[298,405)	351.3	7
[405,511)	458.2	16
[511,619)	565.1	25
[619,728)	672.0	20
[728,836)	778.9	13
[836,946)	885.8	7
[946,1053)	992.7	3
[1053,1160)	1099.6	2

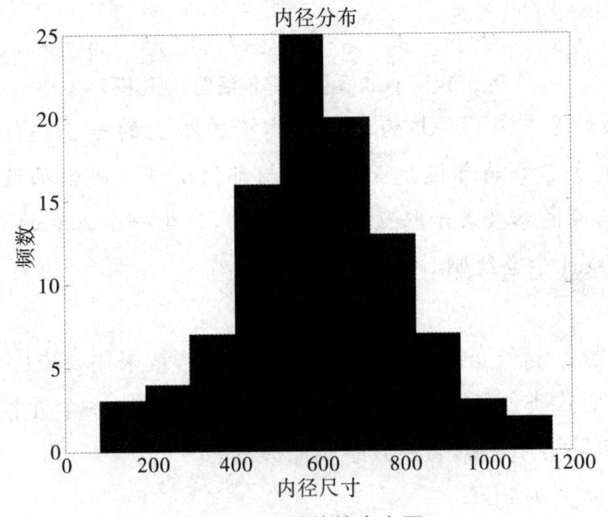

图 3.15 零件的直方图

解 输入命令:

```
a=[459 362 624…715 310 851];  %输入数据,中间数据省略
hist(a)  %绘制直方图
[n,x]=hist(a)  %输出各个区间的频数和中点值
M=max(a);m=min(a);
title('内径分布')  %给图形加标题
xlabel('内径尺寸')  %对x轴加标注
ylabel('频数')  %对y轴加标注
```

说明 本例运用 xlabel('内径尺寸')和 ylabel('频数')分别对 x 轴和 y 轴添加标注。

例 3.16 下面给出 84 天内迪士尼股票的数据，试绘制直方图并分析股票的变化状态。

−6.3651	−2.6244	7.7287	−1.7587	0.3966	−5.2867	−4.7731
−1.5684	13.0958	−4.0494	−1.2385	−3.2704	−3.6381	1.4565
15.5942	−6.3063	−4.4153	−4.9140	−2.0663	4.3484	11.9767
−11.1895	−1.0790	−4.8956	−1.5415	1.2841	12.0190	−12.7291
−0.3766	−1.6296	−2.4436	4.7331	9.4437	−12.7339	5.8738
−6.3509	−0.5249	0.0589	9.6872	−9.5219	1.6402	−5.8684
1.7226	2.0463	12.2224	−6.6432	1.4871	−6.8890	−2.4852
2.7972	12.1269	−2.4113	−0.9377	−1.6260	1.0632	7.2212
9.8055	−7.5499	1.8599	−2.0110	0.9436	6.3823	6.3700
−3.7875	3.8030	−1.3094	2.7420	5.6604	−2.3065	−4.3241
2.2234	−1.4988	1.2375	4.1331	−3.3860	−2.4245	−1.8263
1.6667	−0.4104	3.9996	−1.0219	0.1708	−5.1767	6.9014

分析 此题直接执行命令即可(注意将矩阵处理为数列)，结果如图 3.16 所示。

解 输入命令：

```
a=[−6.3651  −2.6244  7.7287…0.1708  −5.1767  6.9014];   %输入原始数据
b=a´;          %将矩阵转置
c=b(:);        %将矩阵按列的顺序变为数列
hist(c)        %绘制迪士尼股票直方图
```

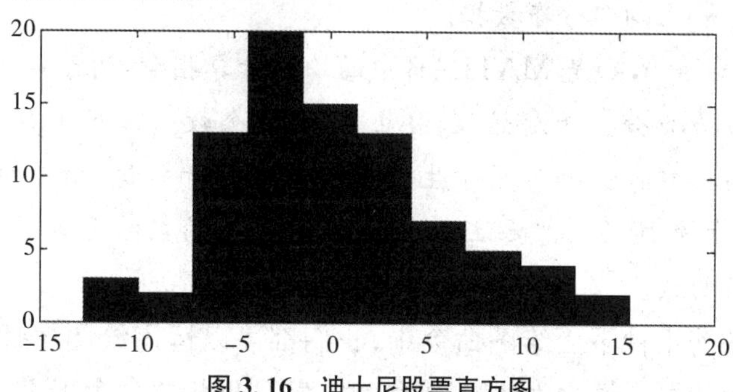

图 3.16 迪士尼股票直方图

说明 从直方图可知，该数据向左偏，且比正态分布陡峭。关于数据的分析，详见本书 7.2 节。

10. 阶梯图

阶梯图主要用于绘制数据的时间历时图形。阶梯图的基本命令为 stairs。

```
stairs (x,y)   %在指定的 x 点处绘制 y 的阶梯图
```

x 为单调向量。若 y 为向量，则 x 的大小必须和 y 相同；若 y 为矩阵，则 x 的维数与 y 的行数相同。

同样，可以对阶梯图指定线型、标记和颜色。

例 3.17 在[$-4\pi,4\pi$]上绘制函数 $y=\frac{\sin x}{x}$ 的阶梯图。

解 输入命令：

```
x=linspace(-4*pi,4*pi,40);   %在区间[-4π,4π]上均匀产生40个等分数据
y=sin(x)./x;
stairs(x,y,'r-')   %绘制阶梯图
text(x(25),y(23),'阶梯')   %对图形在特定点标注
```

结果如图 3.17 所示。

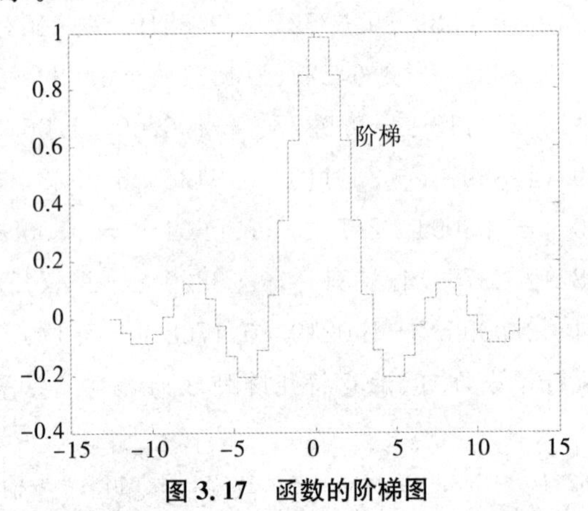

图 3.17 函数的阶梯图

说明 (1)本例运用 text(x(25),y(23),'阶梯')对图形在($x(25)$,$y(23)$)点进行标注,读者可以自行体会 text 和 gtext 的区别。(2)本例还运用 linspace(-4 * pi,4 * pi,40)在区间[$-4\pi,4\pi$]上均匀分布数据。

注意 linspace(a,b,k)是 MATLAB 中的均分计算指令,用于产生 a,b 之间 k 个线性的矢量。其中 a,b,k 分别为起始值、终止值、元素个数。若 k 缺省,默认点数为 100。类似地,命令 logspace(a,b,n)可用于生成一个 n 维的行向量,向量的第一个元素值为 10^a,最后一个元素为 10^b。需要注意的是,此时产生的数组元素并不是均匀分布的,而是形成一个对数曲线。

在上面介绍的若干种平面绘图命令中,我们都可以运用绘图属性命令和各种图形标注命令增强图形的可视性。为便于读者应用,特列出相关命令于表 3.5 和表 3.6。

表 3.5 图形的绘图属性

命令	功能
LineWidth	图形的线条宽度(磅)
MarkerType	标记点的形状
MarkerSize	标记点的大小(磅)
MarkerFaceColor	标记点内部的填充颜色
MarkerEdgeColor	标记点边缘的颜色

如前所述,MATLAB 绘图命令中,有的不可直接用于设定曲线的属性。此时,可以

在命令外部用 set 进行设置。例如，set(get(gca,'children'),'LineWidth', 3)用于设置曲线线条的宽度。读者可以尝试对曲线的其他属性进行外部设置。

表 3.6　图形标注命令一览表

命令	功能
subplot(m,n,i)	将当前窗口分割成 $m\times n$ 个子窗口，显示第 i 个子窗口
legend('标记 1','标记 2',…)	给图形添加标记
title('图形标题')	给图形添加标题
xlabel('x'),ylabel('y')	给 x 轴和 y 轴添加标记 x 和 y
hold on	保持原有图形，添加新图形
grid on/off	给图形添加(取消)网格线
figure(k)	新打开第 k 个绘图窗口
axis equal	保持纵、横坐标轴长度相等
axis[x1,x2,y1,y2]	横坐标取值范围为$[x1,x2]$，纵坐标取值范围为$[y1,y2]$
gtext('图形注解')	在需要的位置对图形进行注释
text(a,b,'图形注解')	在(a,b)点处对图形进行注释
box on/off	显示或者不显示坐标边框
view	设置图形的观察视角

◆ 习题

1. 分别将$[1,10]$上的函数 $y=\ln x, y=\cos x, y=e^{\frac{x}{2}}, y=x^3-2x+3$ 绘制在一个屏幕的 4 个视窗中，并用不同的线型、颜色加以区分。

2. 将$[-5,5]$上的函数 $y=e^x$ 和 $y=x^2-2x+8$ 绘制在同一个窗口中，并用不同的线型、颜色加以区分。

3. 用不同的绘图命令分别绘制下列函数的曲线图形(注意运用绘图属性和图形标注命令)。

(1)$y=\sin x\sin 9x$；(2)$y=x\sin\frac{1}{x}$；(3)$y=xe^{-x}$；

(4)$y=\text{peaks}$；(5)$y=x+\sin x$；(6)$y=\ln(x+\sqrt{x^2+1})$。

4. 绘制下列隐函数的图形。

(1)$x^3+y^3-5xy=1$；(2)$y=1+xe^y$。

5. 绘制极坐标方程 $r=1+\cos\theta, 0\leqslant\theta\leqslant 2\pi$。

6. 绘制下列参数方程表示的函数图形。

(1)$\begin{cases}x=\cos^3 t,\\ y=\sin^3 t,\end{cases} t\in[0,2\pi]$；　　(2)$\begin{cases}x=\cos t+5\cos 3t,\\ y=6\cos t-5\sin 3t,\end{cases} t\in[0,2\pi]$；

(3)$\begin{cases}x=\sin 3t\cos t,\\ y=\sin 3t\sin t,\end{cases} t\in[0,\pi]$；　　(4)$\begin{cases}x=\cos 2t\cos^2 t,\\ y=\sin 2t\sin^2 t,\end{cases} t\in[0,\pi]$。

7. 体重约 70 kg 的某人在短时间内喝下 2 瓶啤酒。隔一定时间，测量其血液中酒精含量(mg/100 mL)，得到数据，见表 3.7。

表 3.7　血液中酒精含量(mg/100 mL)

时间 t/h	0.25	0.5	0.75	1	1.5	2	2.5	3	3.5	4	4.5	5
酒精含量 y	30	68	75	82	82	77	68	68	58	51	50	41
时间 t/h	6	7	8	9	10	11	12	13	14	15	16	
酒精含量 y	38	35	28	25	18	15	12	10	7	7	4	

试在 tOy 坐标系中绘制散点图。

8. 海水温度随着深度的变化而变化：海面温度较高，随着深度的增加，海水温度越来越低。温度变化影响了海水的对流和混合，使得深层海水中的氧气越来越少。这是潜水员必须考虑的问题。根据这一规律也可对海水鱼层进行划分。现在通过实验测得一组海水深度 h 与温度 t 的数据，见表 3.8。

表 3.8　海水温度与深度

t/℃	23.5	22.9	20.1	19.1	15.4	11.5	9.5	8.2
h/m	0	1.5	2.5	4.6	8.2	12.5	16.5	26.5

试在 tOh 坐标系中绘制散点图，并根据散点图分析海水温度 t 随深度 h 变化的规律。

9. 为了分析 X 射线的杀菌作用，用 200 kV 的 X 射线来照射细菌，每次照射6 min，照射次数记为 t，照射后的细菌数 y 见表 3.9。

表 3.9　X 射线照射次数与残留细菌数

t	1	2	3	4	5	6	7	8	9	10	11	12	13	14	15
y	352	211	197	160	142	106	104	60	56	38	36	32	21	19	15

试在 tOy 坐标系中绘制散点图。

3.2　三维图形的绘制

实际应用中，三维图形主要包括空间曲线图、空间曲面图、空间网格图 3 种基本类型，以及柱面绘图、球面绘图、条形图和饼图等其他三维图形。

3.2.1　三维图形绘制的基本命令

1. 空间曲线的绘制

绘制空间曲线命令：plot3(x,y,z,S)。

plot3 命令与 plot 命令类似，也是 MATLAB 的内部函数。x,y,z 是 n 维向量，分别表示曲线上点集的横坐标、纵坐标与竖坐标；S 是可选的字符串，用来指定颜色、标记符号和(或)线型。利用 plot3 命令可绘制一条以向量(x,y,z)为坐标值的空间曲线。当 x,

y,z 均为 $m\times n$ 阶矩阵时，利用 plot3 命令可绘制 n 条曲线，其中第 k 条曲线为以 x,y,z 矩阵的第 k 列分量为坐标值的空间曲线。

例 3.18　画出参数方程 $\begin{cases}x=\sin t,\\ y=\cos t, t\in[0,10\pi]\\ z=t,\end{cases}$ 的空间曲线图形。

分析　由于需要画出空间曲线图形，所以用 plot3 命令作图。因为是参数方程，故需要先生成参数 t 向量，再生成向量 X,Y,Z。运行结果如图 3.18 所示。

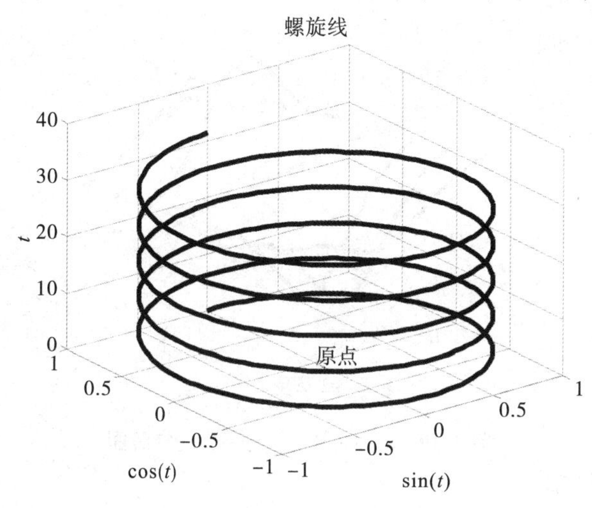

图 3.18　空间螺旋线

解　用 plot3 作图命令，程序为：

```
t=0:pi/50:10*pi;  %生成参数 t
plot3(sin(t),cos(t),t)  %画空间曲线图形
set(get(gca,'children'),'LineWidth', 3)  %空间曲线线条的宽度设定为 3 磅
title('螺旋线'),xlabel('sint(t)'),ylabel('cos(t)'),zlabel('t ');  %添加标题及各坐标轴名称
text(0,0,0,'原点')  %在坐标原点(0,0,0)处注解
grid on  %添加网格线
```

说明　(1)从例 3.18 可看出，二维图形的所有基本特性在三维中仍存在，如颜色、线型、坐标网格、标题等。(2)利用 plot3($X,Y_1,Z_1,S_1, X,Y_2,Z_2,S_2,\cdots,X,Y_n, Z_n,S_n$)命令可将多条曲线画在一起。

例 3.19　画出平面 $x=0,\pm0.5,\pm1,\pm1.5$ 与曲面 $z=xe^{-(x^2+y^2)}$ 相交的多条曲线。

分析　显然，平面 $x=0,\pm0.5,\pm1,\pm1.5$ 与 x 轴的交点坐标构成向量 $x=(-1.5, -1.0, -0.5, 0, 0.5, 1.0, 1.5)$，执行命令 meshgrid 可以生成二元函数 $z=xe^{-(x^2+y^2)}$ 中 xy 平面上矩形定义域中的数据点矩阵 X 和 Y。

解　选用 plot3 作图命令，程序为：

```
x=-1.5:0.5:1.5;
y=-2:0.3:2;
[X,Y]=meshgrid(x,y);  %生成数据点矩阵 X 和 Y
```

```
Z=X. * exp(-X.^2-Y.^2);   %计算z的值
plot3(X,Y,Z)   %绘制平面与曲面的交线图
set(get(gca,'children'),'LineWidth',3)   %空间曲线线条的宽度设定为3磅
title('截痕线'),xlabel('x'),ylabel('y'),zlabel('z')   %添加标题以及各个坐标轴名称
grid on   %添加网格线
```

运行结果如图 3.19 所示。

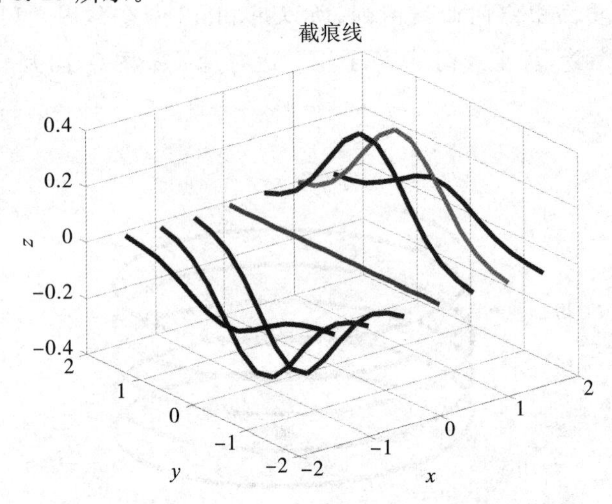

图 3.19　$z=xe^{-(x^2+y^2)}$ 与平面的交线图

2. 空间曲面的绘制

空间曲面的绘制是在矩形区域上创建一个二元函数的表面绘图。因此，绘制空间曲面图时，必须要先生成平面上的网格坐标矩阵，然后在网格坐标矩阵的交叉点上，根据二元函数 $z=f(x,y)$ 确定竖坐标的值，最后利用空间曲面的作图命令，绘制空间曲面图形。

(1)生成平面上的网格坐标矩阵：[X,Y]=meshgrid(x,y)。

x,y 分别为横坐标、纵坐标的取值向量，size(x)=n；size(y)=m；X,Y 是由 x,y 生成的两个 $m\times n$ 阶矩阵。其中，X 的每一行均为向量 x，Y 的每一列均为向量 y。

(2)绘制空间曲面：surf(X,Y,Z)。

X,Y 是由 meshgrid(　)生成的平面网格坐标矩阵，Z 是由 $Z=f(X,Y)$ 确定的竖坐标值。曲面颜色由 Z 值决定。

surf(…)：绘制一个曲面图形。

surfc(…)：绘制一个下方带有等高线的曲面图形。

surfl(…)：绘制一个带光照效果的曲面图形。

(3)绘制空间网格：mesh(X,Y,Z)。

X,Y 是由 meshgrid(　)生成的平面网格坐标矩阵，Z 是由 $Z=f(X,Y)$ 确定的竖坐标值。曲面颜色由 Z 值决定。

mesh(X,Y,Z)：绘制一个网格曲面图形。

meshc(X,Y,Z):绘制一个下方带有等高线的网格曲面图形。

meshz(X,Y,Z):绘制一个周围带有瀑布面的网格曲面图形。

surf 与 mesh 命令的格式基本相同,不同之处在于 surf 绘制的图形是一个真正的曲面,而 mesh 绘制的是用网格近似表达的“曲面”。

例 3.20 绘制旋转抛物面 $z=x^2+y^2$ 的图形。

解 解法 1:选用 surf 作图命令。

```
x=-4:4;y=-4:4;
[X,Y]=meshgrid(x,y);   %生成数据点矩阵 X 和 Y
Z=X.^2+Y.^2;
surf(X,Y,Z)
hold on
stem3(X,Y,Z,'bo')   %画出三维火柴杆图
```

运行结果如图 3.20 所示。

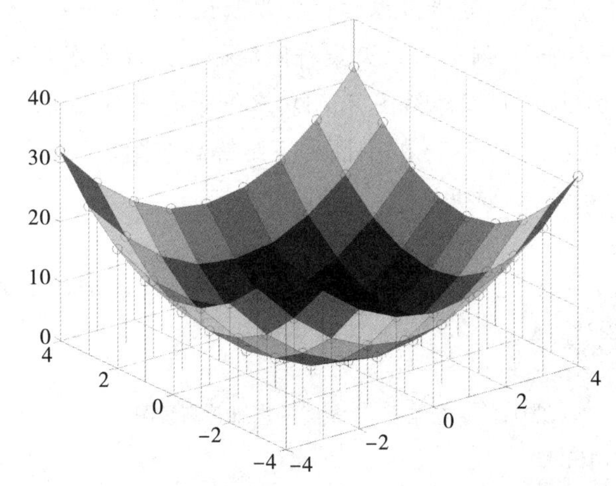

图 3.20 旋转抛物面带三维火柴杆的空间曲面图(附彩图)

解法 2:选用 mesh 作图命令。

```
x=-4:4;y=-4:4;
[X,Y]=meshgrid(x,y);   %生成数据点矩阵 X 和 Y
Z=X.^2+Y.^2;
meshc(X,Y,Z)   %画出带有等高线的网格曲面图形
colormap(hot)   %将图形颜色变暖
```

运行结果如图 3.21 所示。

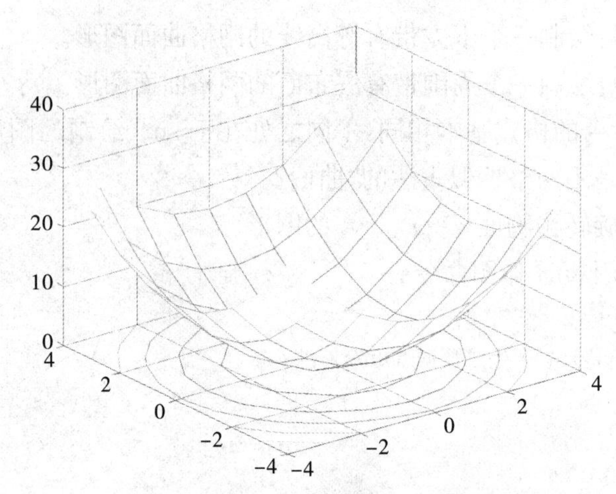

图 3.21 旋转抛物面带等高线的网格曲面图形(附彩图)

说明 (1)对于命令 surf,为了显示三维火柴杆图,将 x,y 的取值步长设置为 1,因此画出的图形像网格图一样。读者可以尝试将步长设置得短一些。(2)程序中为旋转抛物面的绘图添加了一些命令,例如三维火柴杆图(stem3)、改变图形颜色(colormap)。类似地,还有三维条形图(bar3)、三维饼图(pie3)、三维等高线图(contour3)等。

例 3.21 绘制曲面 $z=xe^{-x^2-y^2}$ 的平面和三维等高线图。

分析 根据题目的要求,选用 contour 作图命令。

解 程序为:

```
x=-2:0.2:2;y=-2:0.2:2;[X,Y]=meshgrid(x,y);  %生成数据点矩阵 X 和 Y
Z=X.*exp(-X.^2-Y.^2);
subplot(2,1,1);
[C,h]=contour3(X,Y,Z,20);  %绘制有 20 条线的三维等高线图
grid off   %去掉网格线
view(-15,20)  %设视角
set(get(gca,'children'),'LineWidth',2)  %设置线条的宽度为 2 磅
subplot(2,1,2);
[C,h]=contour(X,Y,Z)  %绘制平面等高线图
clabel(C,h);  %等值线图标上高度值
set(get(gca,'children'),'LineWidth',2)
```

运行结果如图 3.22 所示。

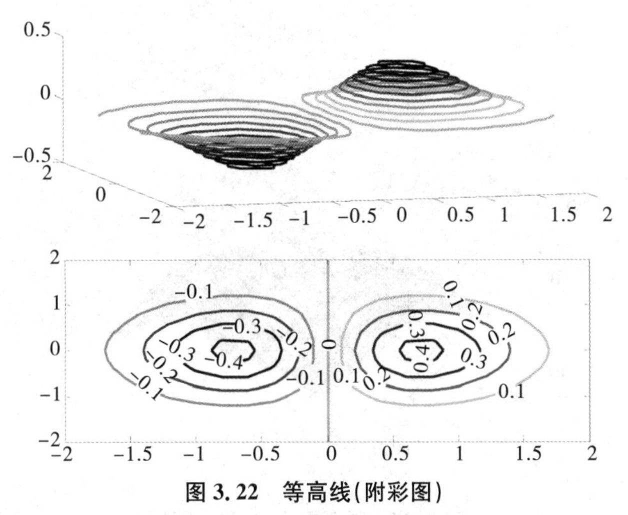

图 3.22 等高线(附彩图)

说明 程序中对等高线的图形做了一些处理,如去掉网格线、设视角等。这些在二元函数绘图时都有介绍。另外,绘制三维等高线时添加了等高线的数目,一般默认为 9 条;绘制平面等高线时,可运用函数 clabel 给等高线图标上高度值。

注意 使用 clabel 函数前需要调用函数 contour 输出参数 C 和 h。

例 3.22 绘制墨西哥帽($z=\dfrac{\sin(\sqrt{x^2+y^2})}{\sqrt{x^2+y^2}}$)的图形。

解 选用 surf 作图命令,x,y 的取值范围是 $-8\leqslant x,y\leqslant 8$,程序为:

```
x=-8:0.5:8;y=-8:0.5:8;
[X,Y]=meshgrid(x,y);   %生成数据点矩阵 X 和 Y
R=sqrt(X.^2+Y.^2)+eps;   %计算中间变量
z=sin(R)./R;
surf(z)
colormap(hot)   %指定网格图用 hot 色绘图
title('墨西哥帽'),xlabel(' x'),ylabel(' y '),zlabel('z')   %添加标题以及各个坐标轴名称
```

结果如图 3.23 所示。

说明 本例第 3 行代码中的"+eps"有两个作用,一是避免计算函数值时出现$\dfrac{\sin 0}{0}$的现象,二是在 $R=0$ 处获得$\lim\limits_{R\to 0}\dfrac{\sin R}{R}=1$ 的计算结果。读者可以尝试运行没有"+eps"的代码。

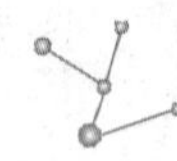

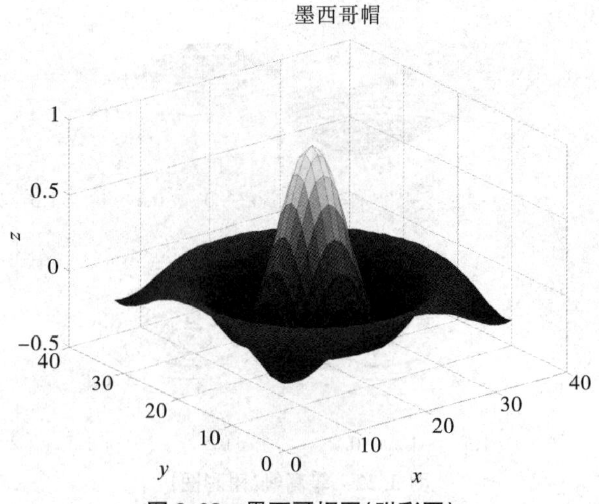

图 3.23　墨西哥帽图(附彩图)

3.2.2　三维图形绘制的其他命令

1. 柱面绘图

用 cylinder 命令可生成柱面。

[x,y,z]=cylinder(r,n)返回以 r 定义的旋转柱面的母线半径,x,y,z 表示旋转柱面的横、纵和竖坐标值,n 表示柱面上有 n 个等值间隔点。缺省时,r 的默认值为 1,n 的默认值为 20,此时绘制一个圆柱面。可以用 surf 或者 mesh 绘图。

cylinder(r,n)没有输出值,默认用 surf 绘制柱面图。

例 3.23　绘制以 $y=2+\cos x(0\leqslant x\leqslant 2\pi)$ 为母线的柱面图。

分析　由于要画柱面图,因此首先要求柱面母线的半径。

解　程序为:

```
t=0:0.1*pi:2*pi;
cylinder(2+cos(t));
```

运行结果如图 3.24 所示。

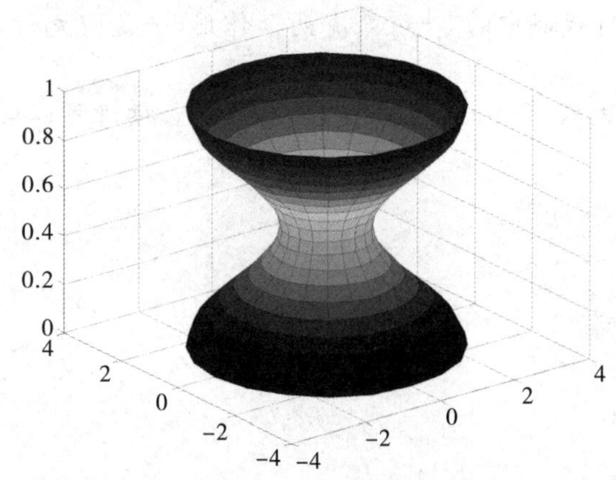

图 3.24　旋转柱面图(附彩图)

说明 程序中 cylinder(2＋cos(t))命令相当于[x,y,z]＝cylinder(2＋cos(t)); surf(x,y,z)。

2. 球面绘图

用 sphere 命令可生成球面。

sphere(n)用网格形式直接生成 x,y 和 z 坐标系下的 $n\times n$ 张曲面构成的单位球面，默认值 $n=20$。

[x,y,z]＝sphere(n)返回 3 个 $(n+1)\times(n+1)$ 的球面坐标值矩阵 x,y,z,再用 surf 或者 mesh 绘图。

例 3.24 绘制 2 个大小不同的球面，使得大球套小球，并显示出小球。

分析 如果要大球套小球，必须满足两个球的半径不同，不妨设两球的半径分别为 1 和 2。要显示出小球，就要使大球产生透视效果。

解 程序为：

```
[X0,Y0,Z0]=sphere(30);          %产生单位球面的三维坐标
X=2*X0;Y=2*Y0;Z=2*Z0;           %产生半径为 2 的球面的三维坐标
surf(X0,Y0,Z0);                 %画单位球面
shading interp                  %采用插补明暗处理
hold on;
mesh(X,Y,Z);    %画外球面
hidden off      %产生透视效果
axis off        %不显示坐标轴
```

运行结果如图 3.25 所示。

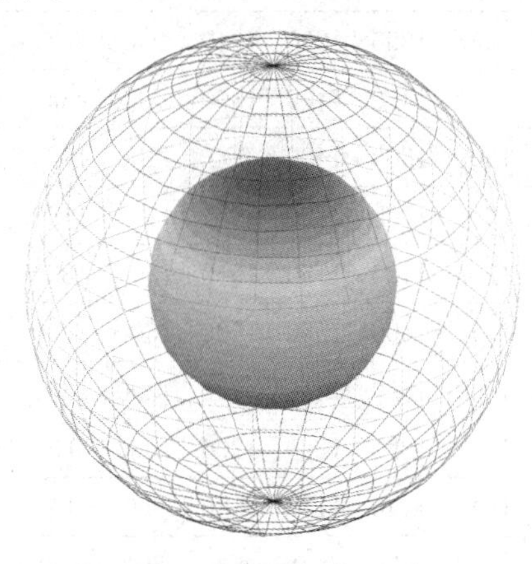

图 3.25 玲珑剔透球(附彩图)

◆ 习题

1. 绘制宝石链图形(要求图形尽可能美观)。

$$\begin{cases} x = \sin t, \\ y = \cos t, \quad t \in [0,2\pi]。\\ z = \cos 2t, \end{cases}$$

2. 分别绘制下列空间曲线图形。

(1)$x = t\sin t, y = t\cos t, z = t, t \in [0,20\pi]$;

(2)$x = \sin t, y = \sin 2t, z = t, t \in [0,20\pi]$。

3. 用不同的方式绘制下列函数的曲面图形和等高线图形:

$$z = \cos x \cos y e^{-\sqrt{x^2 - y^2}} \quad (-5 < x < 5, -5 < y < 5)。$$

4. 绘制 peaks 函数的图形和等高线图。

5. 要在一山区修建公路,首先测得一些地点的高程,数据见表 3.10(平面区域,$0 \leqslant x \leqslant 5600, 0 \leqslant y \leqslant 4800$;表中数据为坐标点的高程,单位为 m;$y$ 轴正向为北)。

表 3.10　坐标点的高程数据

y	x														
	0	400	800	1200	1600	2000	2400	2800	3200	3600	4000	4400	4800	5200	5600
0	370	470	550	600	670	690	670	620	580	450	400	300	100	150	250
400	510	620	730	800	850	870	850	780	720	650	500	200	300	350	320
800	650	760	880	970	1020	1050	1020	830	800	700	300	500	550	480	350
1200	740	880	1080	1130	1250	1280	1230	1040	900	500	700	780	750	650	550
1600	830	980	1180	1320	1450	1420	1400	1300	700	900	850	840	380	780	750
2000	880	1060	1230	1390	1500	1500	1400	900	1100	1060	950	870	900	930	950
2400	910	1090	1270	1500	1200	1100	1350	1450	1200	1150	1010	880	1000	1050	1100
2800	8950	1190	1370	1500	1200	1100	1550	1600	1550	1380	1070	900	1050	1150	1200
3200	1430	1450	1460	1500	1550	1600	1550	1600	1600	1600	1550	1500	1500	1550	1500
3600	1420	1430	1450	1480	1500	1550	1510	1430	1300	1200	980	850	750	550	500
4000	1380	1410	1430	1450	1470	1320	1280	1200	1080	940	780	620	460	370	350
4400	1370	1390	1410	1430	1440	1140	1110	1050	950	820	690	540	380	300	210
4800	1350	1370	1390	1400	1410	960	940	880	800	690	570	430	290	210	150

试利用表中的数据,绘制这一山区的地貌网格图、平滑地貌图和等高线图。

第 4 章 MATLAB 基本编程

MATLAB 提供了大量内置函数命令，可以满足简单的、常见的计算。除此之外，MATLAB 还提供了丰富的工具箱，可以满足不同领域的需求。如果用户有特殊需求，也可以自己用 MATLAB 语言进行编程。

从程序流程的角度看，MATLAB 语言编程的程序可以分为 3 种基本结构，即顺序结构、选择结构、循环结构。这 3 种基本结构可以组成各种复杂程序。MATLAB 提供了多种结构控制语句来实现这些程序结构。本章将介绍这些基本控制语句及其应用，使读者对 MATLAB 程序有一个初步的认识。

4.1 基本输入输出

MATLAB 为获取输入及格式化输出（执行 MATLAB 命令而获得的结果）提供了多种命令。

4.1.1 基本输入语句

MATLAB 常用到的输入函数有以下几种：

1. input 函数

```
a=input('提示信息')              %格式 1
a=input('提示信息','选项')       %格式 2
```

其中提示信息为一个字符串，用于提示用户输入什么样的数据。如果在 input 函数调用时采用's'选项，则允许用户输入一个字符串。

例 4.1 使用 input 函数，分别输入数值和字符串，并输出提示信息。

解 在 M 文件中输入：

```
a=input('Please enter the value of x: ')  %请输入 x 的值
a=input('Enter the day of the week:', 's')  %以字符串的形式输入星期几
```

在命令窗口分别键入 6 和 Monday，结果如下：

```
Please enter the value of x: 6
a=
    6
Enter the day of the week : Monday
a=
```

```
Monday
```

2. importdata 函数

```
A=importdata('filename')   %格式1,将filename中的数据导入工作区,并保存为变量A
A=importdata('filename','delimiter')   %格式2,将filename中的数据导入工作区,以delimiter指定
的符号作为分隔符
```

例如,一个名为“123”的XLS文件存在桌面上,内容如图4.1所示,则在命令窗口行使用importdata函数将产生如下结果。

	A	B	C	D
1	1	2	3	
2	2	3	4	
3	1	2	3	
4	7	6	5	
5				
6				

图4.1 XLS文件中内容

```
>> A=importdata('C:\Users\Administrator\Desktop\123.xls')   %将文件123.xls导入变量A中
A=
  Sheet1:[4x3 double]
>> A.Sheet1
ans=
     1  2  3
     2  3  4
     1  2  3
     7  6  5
```

3. load 函数

```
S=load('filename')   %读入文件filename中的数据
```

4. xlsread 函数

```
[num,txt,raw]=xlsread('filename',sheet,range)
```

其中,num返回的是Excel中的数据,txt输出的是文本内容,raw输出的是未处理数据。例如:

```
A=xlsread('xxx.xls')   %如文件不在当前工作目录下,则需加上其路径
```

4.1.2 基本输出语句

MATLAB中常用的输出函数见表4.1。

表4.1 常见的输出函数

命令	说明
disp(A)	显示数组A的内容,而不是数组的名称
disp('text')	显示单引号内部的文本串
format	控制屏幕输出的显示格式
fprintf	执行格式化的输出到屏幕或者输出到一个文件

其中,格式化输出函数fprintf的功能较为丰富。

1. fprintf 函数

```
fprintf('格式控制','输出表列')
```

(1)'格式控制'是用单引号括起来的字符串,包含 2 种信息:

①格式说明,由"%"和格式字符组成,如%s,%f 等。它的作用是将输出的数据转换为指定的格式输出。格式说明总是以"%"字符开始。

②普通字符,即需要原样输出的字符,如单引号内的逗号、空格和换行符等。

格式控制字符串内可以包含转义字符。

(2)'输出表列'是需要输出的一些数据,可以是变量或表达式。

2. 格式字符

对不同类型的数据,用不同的格式字符。常用的有以下几种格式字符:

(1)d 格式符,用来输出十进制整数。有以下几种用法:

①%d,按整型数据的实际长度输出。

②%md,其中 m 为指定的输出最小宽度。如果数据的位数小于 m,则左端补以空格;若大于 m,则按实际位数输出。

(2)s 格式符,用来输出一个字符串。有以下几种用法:

①%s。例如,fprintf('%s','china'),输出'china'字符串(不包括单引号)。

②%ms,其中 m 为指定的输出最小长度。若串长小于 m,则左端补空格。

③%−ms。如果串长小于 m,则在 m 列范围内,字符串向左端靠,右端补空格。

④%m. ns,输出占 m 列,但只取字符串中左端 n 个字符。这 n 个字符输出在 m 列的右端,左端补空格。

⑤%−m. ns,其中 m 和 n 的含义同上,n 个字符输出在 m 列范围的左端,右端补空格。如果 $n>m$,则 m 自动取 n 值,即保证 n 个字符正常输出。

例 4.2 使用格式化输出语句,按照 s 格式符输出字符串。

解 在 M 文件中输入:

```
fprintf('%3s,%7.2s,%.4s,%-5.3s\n','china','china','china','china')
```

结果如下:

```
china,     ch,chin,chi
```

说明 其中第 3 个输出项的格式说明为"%. 4s",即只指定了 n,没指定 m,自动使 $m=n=4$,故占 4 列。

(3)f 格式符,以小数形式输出实数(包括单、双精度)。有以下几种用法:

①%f,整数部分全部如数输出,并输出 6 位小数。

②%m. nf,指定输出的数据共占 m 列,其中有 n 位小数。如果数值长度小于 m,则左端补空格。

③%−m. nf,与%m. nf 基本相同,但输出的数值向左端靠,右端补空格。

例 4.3 求由 a,b,c 三边所构成的三角形的面积。

解 在 M 文件中输入:

```
a=input('Enter the value of side a: ');
b=input('Enter the value of side b: ');
c=input('Enter the value of side c: ');
p=a+b+c;
s=p/2;
A=sqrt(s*(s-a)*(s-b)*(s-c));   %求A=√(s(s-a)*(s-b)*(s-c))
disp('The perimeter is: ')
disp(p)
disp('The area is:')
disp(A)
```

在命令窗口键入 3,4,5,分别给 a,b,c 三个变量赋值,结果如下:

```
Enter the value of side a:3
Enter the value of side b:4
Enter the value of side c:5
The perimeter is:
    12
The area is:
    6
```

说明 利用三边长求三角形的面积。

4.2 选择结构语句

本节主要介绍选择结构里常用到的 if 语句和 switch 语句。

4.2.1 关系运算符

MATLAB 里的关系运算符主要有 6 个,见表 4.2。

表 4.2 6 个关系运算符

关系运算符	含义
<	小于
<=	小于或者等于
>	大于
>=	大于或者等于
==	等于
~=	不等于

说明 (1)使用关系运算符进行比较的结果是 0(如果比较的结果是假)或者 1(如果比较的结果是真)。MATLAB 可以将这个结果作为一个变量。

(2)用于比较数组时,关系运算符逐个元素地比较数组。被比较的数组必须具有相

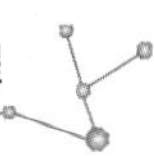

同的维数。唯一的例外是，当用户比较一个数组和一个标量的时候，MATLAB 将数组中的所有元素分别与标量进行比较。

(3)关系运算符也可以用于数组寻址。

(4)算术运算符+、-、*、/和\的优先级高于关系运算符。各个关系运算符的优先级相等，MATLAB 按照从左到右的顺序运算。

4.2.2 逻辑运算符

当使用关系运算符[如 $x=(5>2)$]时，即创建一个逻辑变量(此处为 x)。逻辑变量只可能有值 0(假)和 1(真)。反过来，在判断一个量的真假时，以 0 代表假，以非 0 的数值代表真。

MATLAB 中的逻辑运算符有时也称为布尔(Boolean)运算符，见表 4.3。这些运算符可对矩阵执行逐元素运算。

表 4.3 6 个逻辑运算符

逻辑运算符	含义
~ NOT	逻辑非运算
& AND	逻辑与运算
| OR	逻辑或运算
XOR	逻辑异或运算
&&	短路逻辑与运算
||	短路逻辑或运算

除了 NOT 运算符(~)之外，逻辑运算符的优先级比算术运算符和关系运算符的都低。

说明 逻辑与、或运算符与短路逻辑与、或运算符的区别。

A&B 首先判断 A 的逻辑值，然后判断 B 的值，最后进行逻辑与的计算。

A&&B 首先判断 A 的逻辑值，如果 A 的值为假，就可以判断整个表达式的值为假，不需要再判断 B 的值。

A|B 首先判断 A 的逻辑值，然后判断 B 的值，最后进行逻辑或的计算。

A||B 首先判断 A 的逻辑值，如果 A 的值为真，就可以判断整个表达式的值为真，不需要再判断 B 的值。

例 4.4 计算下列逻辑运算符的结果。

z=0&3;

z=2&3;

z=~0;

z=[5,-3,0,0]|[2,4,0,5]。

解 按题设输入后，结果如下：

```
z=
    0
z=
    1
z=
    1
z=
    1    1    0    1   %0表示结果为假,1表示结果为真
```

说明 逻辑运算符的求值规则如下：

(1)与运算&:参与运算的两个量都为真时,结果才为真,否则为假。

(2)或运算|:参与运算的两个量只要有一个为真,结果就为真。两个量都为假时,结果为假。

(3)非运算~:参与运算的量为真时,结果为假;参与运算的量为假时,结果为真。

4.2.3 find函数

用find(x)函数计算一个数组,结果为数组x中那些非零元素的索引。结合使用或与逻辑运算符,显示满足条件的元素索引。

例4.5 查找一个矩阵中非零元素所在的位置。

解 在M文件中输入：

```
A=[1 0 4 -3 0 0 0 8 6];  %输入一个矩阵
X=find(A)  %查找矩阵中非零元素的位置
```

结果如下：

```
X=
    1    3    4    8    9
```

说明 返回矩阵A中非零元素所在的位置。

例4.6 查找一个矩阵中满足某个逻辑条件的元素所在的位置。

解 在M文件中输入：

```
A=[1 0 4 -3 0 0 0 8 6];
X=find(A>5)
```

结果如下：

```
X=
    8    9
```

说明 返回矩阵A中大于5的元素所在的位置。

4.2.4 if 语句

1. if 语句的基本格式

if 语句的基本格式：

```
if 逻辑表达式
    语句
end
```

if 语句流程如图 4.2 所示。

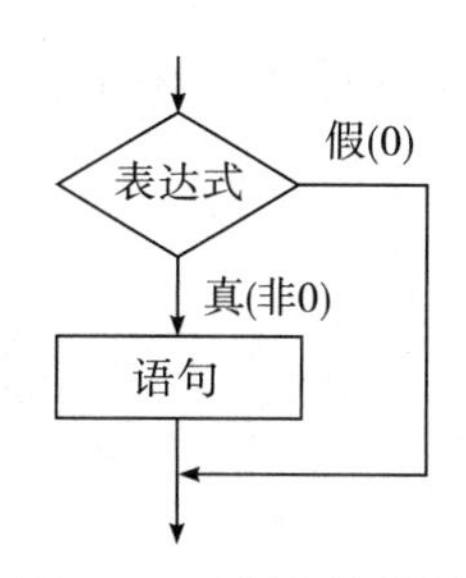

图 4.2 if 语句流程图

例 4.7 计算分段函数 $y=\begin{cases}\cos(x+1)+\sqrt{x^2+1}, & x=10,\\ \text{不存在}, & x\neq 10\end{cases}$ 的函数值。

解 在 M 文件中输入：

```
x=input('请输入 x 的值:');
    if  x==10   %如果满足条件,则执行下一条语句,否则输出 y
        y=cos(x+1)+sqrt(x*x+1);
    end
y
```

在命令窗口键入 10(给 x 赋值),结果如下：

```
请输入 x 的值:10
y=
   10.0543
```

说明 由于该语句只有一个分支,故若输入值不等于 10,则返回错误。

2. 嵌套 if 语句

嵌套 if 语句的基本格式为：

```
if 逻辑表达式 1
    语句组 1
    if 逻辑表达式 2
        语句组 2
    end
end
```

每条 if 语句必须伴随有一条 end 语句。end 语句标志着逻辑表达式为真时所要执行语句的结束。if 和逻辑表达式(其可以是一个标量、一个矢量或者一个矩阵)之间需要一个空格。

例 4.8 若 $y=\begin{cases}2x+1, & x>0,\\ 0, & x=0,\\ x-1, & x<0,\end{cases}$ 输入 x 的值,计算相应的 y 值。

解 在 M 文件中输入:

```
x=input('请输入 x 的值:');
   if x>=0  %只要 x 不小于零,统统都改为 y=2x+1
      y=2*x+1;
      if x==0   %若 x=0,则改成 y=0
         y=0;
      end
   end
   if x<0   %若 x<0,则 y=x-1
      y=x-1;
   end
y
```

在命令窗口分别键入 4,0,−3(给 x 赋值),则运行结果如下:

```
请输入 x 的值:4
y=
    9
请输入 x 的值:0
y=
    0
请输入 x 的值:-3
y=
    -4
```

3. else 语句

else 语句的基本格式为:

```
if 逻辑表达式
    语句组 1
else
    语句组 2
end
```

else 语句流程如图 4.3 所示。

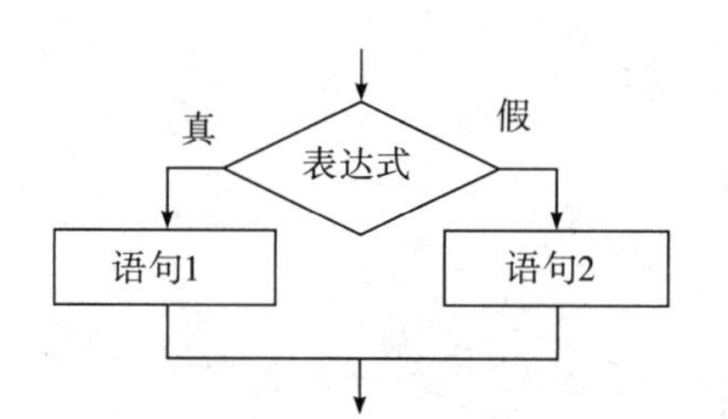

图 4.3　else 语句流程图

例 4.9　计算绝对值函数的函数值。要求:若 x 不小于零,则原数输出;若 x 小于零,则输出其相反数。

解　在 M 文件中输入:

```
x=input('请输入 x 的值:');
  if x>=0   %若 x 不小于零,则原数输出
     y=x;
  else
     y=-x;   %若 x 小于零,则输出其相反数
  end
y
```

在命令窗口分别键入 3,−4(给 x 赋值),则运行结果如下:

```
请输入 x 的值: 3
y=
   3
请输入 x 的值:-4
y=
   4
```

说明　if 语句中的逻辑表达式也可以用一对小括号括起来。

4. elseif 语句

elseif 语句的基本格式为:

```
if 逻辑表达式 1
    语句组 1
elseif 逻辑表达式 2
    语句组 2
elseif 逻辑表达式 3
    语句组 3
elseif 逻辑表达式 4
    语句组 4
elseif 逻辑表达式 5
    语句组 5
end
```

elseif 语句流程如图 4.4 所示。

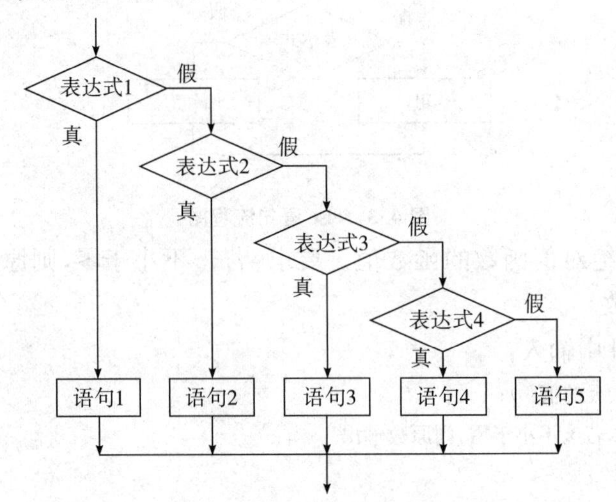

图 4.4 elseif 语句流程图

例 4.10 利用选择语句将百分制成绩转换为等级制成绩。其中，90 分及以上为 A，80 到 89 分为 B，70 到 79 分为 C，60 到 69 分为 D，60 分以下为 E。

解 在 M 文件中输入：

```
x=input('请输入分数');
if(x<=100&x>=90)
        disp('A')
elseif(x<=89&x>=80)
        disp('B')
elseif(x<=79&x>=70)
        disp('C')
elseif(x<=69&x>=60)
        disp('D')
elseif(x<60)
        disp('E')
end
```

在命令窗口分别键入 88，57，64（给变量 x 赋值），程序运行结果如下：

```
请输入分数:88
B
请输入分数:57
E
请输入分数:64
D
```

结果给出了不同分数对应的等级制成绩。

说明 if 表达式中两个关系表达式应用逻辑运算符连接起来，切忌写成 $a<b<c$ 的形式。

例 4.11　输入一个字符，若为大写字母，则输出其后继字符；若为小写字母，则输出其前导字符；若为数字字符，则输出其对应的数值；若为其他字符，则原样输出。

解　在 M 文件中输入：

```
c=input('请输入一个字符:','s');
    if c>='A' & c<='Z'
        disp(setstr(abs(c)+1));   %先用 abs(c)将变量 c 转换成 ASCII 码值,然后利用 setstr 函数将 ASCII 码值转换成所对应的字符
    elseif c>='a'& c<='z'
        disp(setstr(abs(c)-1));
    elseif c>='0'& c<='9'
        disp(abs(c)-abs('0'));   %这里是字符 0,不是数值 0,其对应的 ASCII 码值是不同的
    else
        disp(c);
    end
```

在命令窗口分别键入 D,y,7 和?（给变量 c 赋值），结果如下：

```
请输入一个字符:D
E
请输入一个字符:y
x
请输入一个字符:7
7
请输入一个字符:?
?
```

说明　elseif 语句嵌套使用可以表示很复杂的选择关系。当然，对于多分支结构，我们可以进行简化，即使用 switch 语句。

4.2.5　switch 语句

switch 语句的格式：

```
switch 表达式(标量或者字符串)
case 值 1
  语句组 1
case 值 2
  语句组 2
  …
otherwise
  语句组 n
end
```

例 4.12　某商场对顾客所购买的商品实行打折销售，标准如下（商品价格用 price

来表示)：

price<200	没有折扣
200≤price<500	3%折扣
500≤price<1000	5%折扣
1000≤price<2500	8%折扣
2500≤price<5000	10%折扣
5000≤price	14%折扣

输入所售商品的价格,求其实际销售价格。

解　在M文件中输入：

```
price=input('请输入商品价格');
    switch fix(price/100)   % fix函数的功能为向零靠拢取整
        case {0,1}
            rate=0;
        case {2,3,4}
            rate=3/100;
        case num2cell(5:9)   % num2cell函数的作用是把数值数组转换为cell数组
            rate=5/100;
        case num2cell(10:24)
            rate=8/100;
        case num2cell(25:49)
            rate=10/100;
        otherwise
            rate=14/100;
      end
      price=price*(1-rate)
```

在命令窗口分别键入100,300,800,1600,3000和5000(给变量price赋值),则运行结果如下：

```
请输入商品价格:100
price=
     100
请输入商品价格:300
price=
     291
请输入商品价格:800
price=
     760
请输入商品价格:1600
price=
     1472
请输入商品价格:3000
```

```
price=
      2700
请输入商品价格:5000
price=
      4300
```

说明 (1)每一个 case 的常量表达式的值必须互不相同。

(2)各个 case 的出现次序不影响执行结果。

(3)最好加上 otherwise 子句。

4.3 循环结构语句

循环结构是程序中一种很重要的结构。其特点是,在给定条件成立时,反复执行某程序段,直到条件不成立。给定的条件称为循环条件,反复执行的程序段称为循环体。本节主要介绍循环结构里常用到的 for 语句和 while 语句,以及跳出循环的 continue 语句和 break 语句。

4.3.1 for 循环

for 循环的典型结构如下所示:

```
for  循环变量=表达式1:表达式2:表达式3
     语句
end
```

其中,表达式1为循环初值,表达式2为循环步长(缺省时默认步长为1),表达式3为循环终值。

说明 for 语句需要伴随一个 end 语句,标志所要执行语句的结束。在 for 和循环变量(其可能是一个标量、一个矢量或者一个矩阵,但是到目前为止,标量是最常见的情况)之间需要一个空格。

例 4.13 求 $a=\sum_{i=1}^{100} i$ 的值。

解 在M文件中输入:

```
a=0;  % 累加器置零
for i=1:100
    a=a+i;
end
a
```

结果如下:

```
a=
      5050
```

例 4.14 已知 5 名学生 4 门学科的成绩(见表 4.4),求每名学生的总成绩。

表 4.4 学生成绩

学生	学科 1	学科 2	学科 3	学科 4
A	65	76	56	78
B	98	83	74	85
C	76	67	78	79
D	98	58	42	73
E	67	89	76	87

扫码获取
例 4.14 中数据

解 在 M 文件中输入:

```
s=0;  %累加器置零
a=[65,76,56,78;98,83,74,85;76,67,78,79;98,58,42,73;67,89,76,87];
for k=a
    s=s+k;
end
disp(s);
```

结果如下:

```
    275
    340
    300
    271
    319
```

说明 若循环变量=矩阵表达式,则执行过程是依次将矩阵的各列元素赋给循环变量,然后执行循环体语句,直至各列元素处理完毕。

例 4.15 对数组 x 中的每个大于零的数取对数,将小于零的数标记为 nan。

解 在 M 文件中输入:

```
x=[10,1000,-10,100];
y=nan*x;  %将 y 变成一行四列值全为 nan 的矩阵
for k=1:length(x)
    if x(k)>0
      y(k)=log10(x(k));
    end
end
y
```

结果如下:

```
y=
      1     3     nan     2
```

说明 实际上,“表达式 1:表达式 2:表达式 3”是一个仅为一行的矩阵(行向量),因而列向量是单个数据。

4.3.2 while 循环

while 循环的典型结构如下所示：

```
while 表达式
      语句
end
```

执行过程：若表达式为真，则执行循环体语句，执行后再判断表达式是否为真；如果表达式为假，则跳出循环。其流程图如图 4.5 所示。

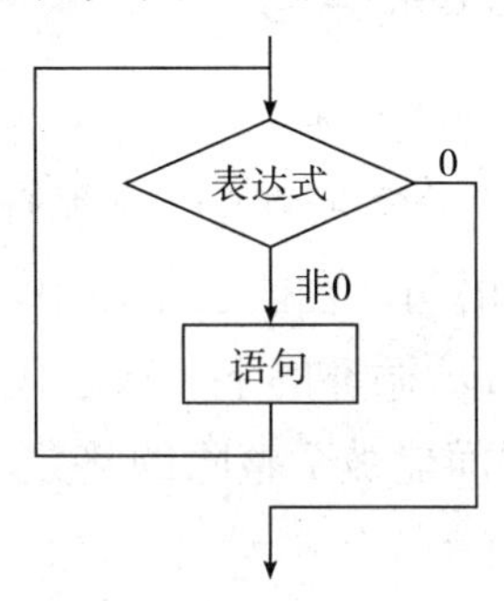

图 4.5 while 语句流程图

要使 while 循环正常运行，必须具备下面这两个前提条件：

①在执行 while 语句之前，循环变量必须有一个值。

②语句必须以某种方式改变循环变量的值。

只要某个语句为真，while 循环就继续进行。

例 4.16 从 1 开始累加，直到累加的结果超过 100。最终输出有多少个数相加，值是多少。

解 在 M 文件中输入：

```
total=0;  %数值累加器,清零
k=0;  %个数累加器,清零
while total <= 100   %若 total 的值不大于 100,则继续执行循环体内的语句
k=k+1;
total=k+total;
end
disp('The number of terms is:')
disp(k)
disp('The sum is:')
disp(total)
```

结果如下：

```
The number of terms is:
    14
```

```
The sum is:
    105
```

结果显示一共有 14 个数相加，其和的值是 105。

说明 (1)while 循环的特点是先判断表达式，后执行语句。

(2)循环体中应有使循环趋向于结束的语句。

for 循环可以指定循环的次数，而 while 循环不显现循环的次数。这两种语句都可以嵌套使用，以实现更复杂的循环。

4.3.3 continue 语句和 break 语句

1. continue 语句

continue 语句可将控制权传递给它所在的 for 循环或 while 循环的下一次迭代，并同时跳过循环主体中的其他任何语句。在嵌套循环中，continue 可将控制权传递给关闭了 continue 语句的 for 循环或 while 循环的下一次迭代。

例 4.17 输出 100 到 120 之间能被 7 整除的整数。

解 在 M 文件中输入：

```
for i=100:120
        if rem(i,7)~=0   % rem 函数的功能是求整除 i/7 的余数
            continue
        end
        i
end
```

结果如下：

```
i=
      105
i=
      112
i=
      119
```

结果显示有 105,112,119 三个数可以被 7 整除。

说明 continue 语句跳出本次循环，继续下次循环。

2. break 语句

break 语句可停止循环的执行，即结束整个循环过程，不再判断执行循环的条件是否成立。

例 4.18 输出 100 到 120 之间第一个能被 7 整除的整数。

解 在 M 文件中输入：

```
for i=100:120
        if rem(i,7)~=0
```

```
            continue
        end
        break
end
i
```

结果如下：

```
i=
      105
```

说明 对于多层循环，break 语句可跳出本层循环，继续外层循环，即每条 break 语句只向外跳一层。此外，break 语句对 if 条件语句不起作用。

continue 语句和 break 语句对循环控制的影响如图 4.6 所示。

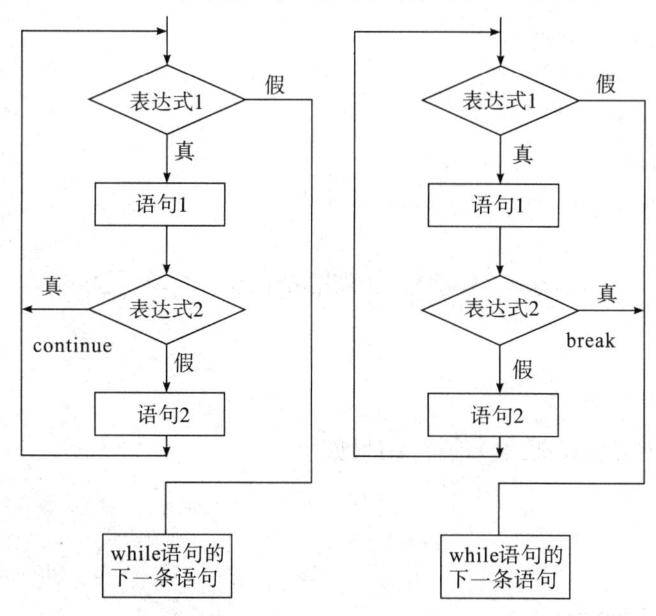

图 4.6 含有 continue 语句和 break 语句的循环结构流程图

4.4 复杂函数的调用

在本书 1.2.4 中，我们学习了建立函数文件的方法。建立函数文件以后，关键要学会如何调用。

函数文件的定义格式：

```
function [输出参数 1,…,输出参数 n]=函数名(输出参数 1,…,输出参数 n)
%注释
函数体
end
```

函数的调用格式：

[输出参数 1,…,输出参数 n]= 函数名 (输出参数 1,…,输出参数 n)

说明 (1)对于初学者来说,调用函数时,参数的个数、顺序、类型应保持对应。

(2)函数可以嵌套调用,也可以递归调用。

例 4.19 给定三个整数 a,b,n,求当 $k=1,2,3,\cdots,n$ 时,所有的$(a+b)^n$ 和$(a-b)^n$ 的值。

解 建立函数文件:

```
function [out1,out2]=ppower(a,b,n)
%ppower 是计算所需值的函数,可存于 M 文件中(文件命名为"ppower.m")
out1=(a+b)^n;
out2=(a-b)^n;
end
%在命令窗口敲入以下代码
a=input('请输入 a=');
b=input('请输入 b=');
x=zeros(1,10);
y=zeros(1,10);
for i=1:10
        [x(i),y(i)]=ppower(a,b,i);   %调用函数 ppower
end
x
y
```

分别键入 2,3(给 a,b 赋值),运行结果如下:

```
x=
      Columns 1 through 6
            5          25          125          625          3125          15625
      Columns 7 through 10
         78125      390625      1953125      9765625
y=
   -1  1  -1  1  -1  1  -1  1  -1  1
```

说明 MATLAB 程序设计原则和技巧:

(1)%后面的内容是程序的注解。善于运用注解可使程序更具可读性。

(2)在主程序开头用 clear 指令清除变量,可以消除工作空间中其他变量对程序运行的影响。注意:子程序中不要用 clear。

(3)参数值要集中放在程序的开始部分,以便维护。

(4)要充分利用 MATLAB 工具箱提供的指令来执行运算。

(5)在语句行之后输入分号,使其与中间结果不在屏幕上显示,以提高执行速度。

(6)程序尽量模块化,即采用主程序调用子程序的方法,将所有子程序合并在一起来执行全部的操作。

(7)充分利用 Debugger 来进行程序的调试(设置断点、单步执行、连续执行)。

(8)设置好 MATLAB 的工作路径,以便于程序运行。

目前,运用 MATLAB 语句综合编程以解决实际生活中较为复杂的问题,已成为大学生实践能力的一种体现。

例 4.20　(2007 年全国大学生数学建模竞赛 B 题)我国人民翘首企盼的第 29 届奥运会明年 8 月将在北京举行,届时有大量观众到现场观看奥运比赛,其中大部分人将会乘坐公共交通工具(简称公交,包括公汽、地铁等)出行。这些年来,城市的公交系统有了很大发展,北京市的公交线路已达 800 条以上,使得公众的出行更加通畅、便利,但同时也面临多条线路的选择问题。针对市场需求,某公司准备研制开发一个解决公交线路选择问题的自主查询计算机系统。

为了设计这样一个系统,其核心是线路选择的模型与算法,应该从实际情况出发考虑,满足查询者的各种不同需求。请你们解决如下问题:

仅考虑公汽线路,给出任意两公汽站点之间线路选择问题的一般数学模型与算法。并根据附录数据,利用你们的模型与算法,求出以下 4 对起始站→终到站之间的最佳路线。

(1)S3359→S1828;(2)S0971→S0485;

(3)S0087→S3676;(4)S0008→S0073。

【资料 1】基本参数设定

相邻公汽站平均行驶时间(包括停站时间):3 min。

公汽换乘公汽平均耗时:5 min(其中步行时间为 2 min)。

公汽票价:分为单一票价与分段计价两种,标记于线路后。其中分段计价的票价为:0～20 站,1 元;21～40 站,2 元;40 站以上,3 元。

注意　以上参数均为简化问题而作的假设,未必与实际数据完全吻合。

扫码获取【资料 2】

【资料 2】公交线路及相关信息(见二维码)

解　输入命令:

扫码获取
例 4.20 代码

```
clear
A=xlsread('C:\Documents and Settings\Administrator\桌面\数值分析建模\数据 1');
m=3359;
n=1828;   %输入第一条线路 S3359→S1828 的编号
%%%%%%%%%%%%%%%%%%%%%%%%%%%%%%%%%%%%%%%%%%%%%%%%%%%%%%%%%%%%%%%%%%
%找出起始站(初始值)m 所在的行,保存为 busA1,所在的行数对应赋给 BusA1
k=0;
for i=1:1040
    for j=1:86
        if A(i,j)==m
```

```
            k=k+1;
            BusA1(k)=i;
            busA1(k,:)=A(i,:);
        end
    end
end
%%%%%%%%%%%%%%%%%%%%%%%%%%%%%%%%%%%%%%%%%%%%%%%%%%%%%%%%%%%%
% 找出终点站(终点值)n 所在的行,保存为 busA2,所在的行数对应赋给 BusA2
k=0;
for i=1:1:1040
    for j=1:86
        if A(i,j)==n
            k=k+1;
           BusA2(k)=i;
           busA2(k,:)=A(i,:);
        end
    end
end
%%%%%%%%%%%%%%%%%%%%%%%%%%%%%%%%%%%%%%%%%%%%%%%%%%%%%%%%%%%%
% 查询有无直达车次
for i=1:length(BusA1)
    for j=1:86
        if busA1(i,j)==n
            busA1(i,:)
            break
        end
    end
end
%%%%%%%%%%%%%%%%%%%%%%%%%%%%%%%%%%%%%%%%%%%%%%%%%%%%%%%%%%%%
% 寻找分别包含起始站和终点站线路的交叉站点,把含起始站(初始点)和交叉点的线路赋给 line1,把所在的行数赋给 D1,把所在的列数赋给 D2
% 把含终点和交叉点的线路赋给 line2,把所在的行数赋给 E1,把所在的列数赋给 E2
m1=0;
for i=1:length(BusA1)
    for k=1:length(BusA2)
        for j=1:86
            for l=1:86
```

```
                if busA2(k,l)==busA1(i,j)
                    if busA2(k,l)==0   %去除零点的交叉点
                        break
                    end
                    m1=m1+1;
                    line1(m1,:)=busA1(i,:);
                    line2(m1,:)=busA2(k,:);
                    D1(m1)=i;
                    E1(m1)=k;
                    D2(m1)=j;
                    E2(m1)=l;
                end
            end
        end
    end
end
%%%%%%%%%%%%%%%%%%%%%%%%%%%%%%%%%%%%%%%%%%%%
%%%%%%%%%%%%%%
```

%分别输出起始站(初始点)和终点站找寻出的 line1 和 line2 所在的位置,从而为下面计算初始点和终点的最短路径做准备

```
%分别赋给 K1 和 K2
m2=0;
m3=0;
for i=1:m1
    for j=1:86
        if line1(i,j)==m
            m2=m2+1;
            line1(i,j);
            K1(m2)=j;
            T1(m2)=line1(i,D2(i));              %这里 T1 是所有的中转站名
        end
        if line2(i,j)==n
            m3=m3+1;
            K2(m3)=j;
            T2(m3)=line2(i,E2(i));              %这里 T2 是所有的中转站名
        end
    end
    T2=line2(i,E(i));
end
%%%%%%%%%%%%%%%%%%%%%%%%%%%%%%%%%%%%%%%%%%%%
%%%%%%%%%%%%%%
```

```
%排除不能逆行的车辆
for i=1:length(D2)
    if D2(i)-K1(i)<0
        D2(i)=D2(i)+1000;
    end
    if K2(i)-E2(i)<0
        E2(i)=E2(i)+1000;
    end
end
%计算 m 和 n 的最短路径
%abs(D2-K1)+abs(E2-K2)
[Y,I]=min(abs(D2-K1)+abs(E2-K2));
fprintf('转一次车最少需要经过  %d 站\n',Y)
fprintf('中转车站为  %d 站',T1(I))
times=3*Y+5;
fprintf('所花费的时间为  %d 分钟\n',times)
fprintf('从出发站到终点站的最佳路线为：  %d---%d---%d\n',m,T1(I),n)
if Y < 20
    money=1;
elseif Y<40
    money=2;
else
    money=3;
end
fprintf('所花费的金额为  %d 元\n',money)
fprintf('以下是最短路径的车的路线\n')
%给出路线
busA1(D1(I),:)
busA2(E1(I),:)
```

说明　每年的数学建模竞赛题目都是对 MATLAB 程序设计的综合运用考查。本例主要考查 MATLAB 在公交换乘线路选择中的应用。

◆ 习题

1. 假设 $x=[-3,0,0,2,5,8]$ 且 $y=[-5,-2,0,3,4,10]$。通过笔算得到以下各式运算的结果，并使用 MATLAB 检验计算的结果。

(1) $z=y<\sim x$；

(2) $z=x\&y$；

(3) $z=x|y$；

(4) $z=\mathrm{xor}(x,y)$。

2. 给定一个不多于5位的正整数，求出它是几位数，先打印出每一位数字，然后按逆序打印出各位数字。

3. 输入4个英文字母，要求按字母表顺序输出。

4. 已知一函数

$$y=\begin{cases}x(x<1),\\2x-1(1\leqslant x<10),\\3x-11(x\geqslant 10),\end{cases}$$

输入 x 的值，求 y 的值。

5. 输入4个整数，要求按由小到大的顺序输出。

6. 编程计算 $1!+2!+3!+\cdots+n!$ 的值，其中 n 值由键盘输入。

7. 输入一行字符，分别统计其中大小写字母、空格、数字和其他字符的个数。

8. 猴子第一天摘下若干个桃子，当即吃了一半，还不过瘾，又多吃了一个。第二天早上又将剩下的桃子吃掉一半，又多吃了一个。以后每天早上都吃了前一天剩下的一半后，再吃一个。到第10天早上时，只剩下一个桃子了。求第一天共摘了多少个桃子。

9. 输入两个正整数 m 和 n，求它们的最大公约数和最小公倍数。

10. 求 $s=a+aa+aaa+\cdots+aa\cdots a$ 的值，其中 a 是一个数字，s 的最后一项为 n 位数。

11. 已知一分数序列：2/1，3/2，5/3，8/5，13/8，21/13，…。求这个数列的前20项之和。

12. 将10个人的成绩存放在score数组中，编写函数fun，求出平均分，并作为函数值返回，输出不及格人数。

13. 求出1到100之内能被7或11整除，但不能同时被7和11整除的所有整数，并将他们放在指定的数组a中。

14. 定义7×7的二维数组，编写函数fun。该函数的功能是使数组左下半三角元素中的值全部置为0。

15. 求出4行5列的二维数组周边元素之和。

16. 编写程序，逆置字符串中的内容。

17. 编写程序，从字符串中删除指定的字符，同一字母的大、小写按不同字符处理。

18. 比较两个字符串的长度，用函数返回较长的字符串。若两个字符串长度相等，则返回第一个字符串。

19. 求出一个6×8的整型二维数组中最大元素的值。

20. 假定输入的字符串中只包含字母和*号。要求输出的字符串中*号不得多于3个：若多于3个，则删除多余的*号；若少于或等于3个，则不作处理。

21. 编写程序，删除字符串中的所有空格。

22. 求出字符数组ss存储的字符串中指定字符的个数。

23. 将5行6列的二维数组中的数据，按行的顺序依次放到一个一维数组中。

24. 输入一个 2×3 阶矩阵和一个 3×2 阶矩阵，计算其乘积，并将结果显示出来。

25. 定义一个 6×6 的二维数组，并进行初始化。将数组右上半三角元素中的值乘以 10。

26. 编写程序，实现矩阵(5 行 6 列)的转置(行列互换)。

27. 将两个两位数的正整数 a，b 合并成一个整数，放在 c 中。合并的方式：将 a 的十位数和个位数依次放在 c 的千位和十位上，将 b 的十位数和个位数依次放在 c 的百位和个位上。

28. 依次输出 200 以内(包含 200)能被 5 整除但不能被 15 整除的自然数。

29. 统计各年龄段的人数。通过 scanf 函数获得 30 个年龄值，并放在 age 数组中。要求：把 0 至 9 岁年龄段的人数放在 d[0]中，把 10 至 19 岁年龄段的人数放在 d[1]中，把 20 至 29 岁的人数放在 d[2]中，其余以此类推，把 100 岁以上(含 100 岁)年龄段的人数放在 d[10]中。

30. 计算并输出下列级数和：$s=1/1*2+1/2*3+\cdots+1/n(n+1)$。

31. 将字符数组 s 中字符串中下标为偶数的字符删除。

32. 计算并输出给定数组(长度为 5)中每相邻两个元素的平均值的平方根之和。

33. 计算并输出 100 以内(包括 100)能被 3 或 4 整除的所有自然数之和。

34. 输出杨辉三角(要求输出 10 行)。

35. 输出所有的“水仙花数”。所谓“水仙花数”是指一个 3 位数，其各位数字立方和等于该数本身。例如，153 是一个水仙花数，因为 $153=1^3+5^3+3^3$。

36. 求一个 3×3 的整型矩阵中主对角线元素之和。

37. 输入一个 4 位数字，要求输出这 4 个数字字符，但每两个数字之间空一个空格。例如输入 1990，应输出“1 9 9 0”。

38. 对于给定的一个正整数，判断其是否为素数。

39. 求出一个 4×5 的矩阵中数值最小的元素的行号和列号。

40. 实现两个字符串的比较，即编写字符串比较函数。

41. 移动字符串中内容，移动的规则如下：把第 1 到第 m 个字符移到字符串的最后，把第 $m+1$ 到最后 1 个字符移到字符串的前部。m 由键盘输入。

第 5 章

数值计算

扫码获取本章例题与习题中数据

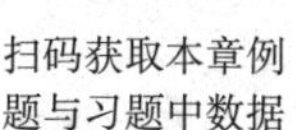
扫码查看本章彩图

微分与积分是微积分学的重要内容，本章介绍运用MATLAB进行微积分的符号及数值计算、代数方程的求解、数据的插值等内容。

5.1 微积分的数值计算

本小节中涉及的函数的极限、函数的导数、函数的极值及函数的积分等数学概念在这里就不一一赘述了。

5.1.1 函数的极限、导数、极值与积分的运算

1. 函数的极限在MATLAB中的实现

函数极限运算的基本命令为：

```
limit(F,x,a)   %计算当x→a时,F=F(x)的极限,limit(F)表示缺省状态a=0
```

当计算函数的单侧极限时，只需要在基本命令中添加后缀。

```
limit(F,x,a,'right')   %计算当x→a+时,F=F(x)的右极限
limit(F,x,a,'left')   %计算当x→a-时,F=F(x)的左极限
```

例5.1 求下列极限：

(1)$\lim\limits_{x\to 3}(x^2-5x+6)$；(2)$\lim\limits_{x\to+\infty}\dfrac{1}{a+be^{-x}}$；(3)$\lim\limits_{x\to 0}\dfrac{\ln(1+x)}{x}$。

解 输入命令：

```
syms x a b                                  %定义符号变量
A1= limit((x^2-5*x+6),x,3)                  %调用求极限命令 limit
f='exp(x)/(a+b*exp(x))';
A2= limit(exp(x)/(a+b*exp(x)),x,inf)  %inf 表示正无穷
g=sym(log(1+x)/x);
A3=limit(log(1+x)/x,x,0)   %也可以直接输入 A4=limit(log(1+x)/x)
```

程序运行后输出的结果：

```
A1=0
A2=1/b
A3=1
```

注意 求极限时，函数的表示方法可以有多种形式，如f,g等，也可以直接将函数

放入 limit 后的括号内,但是要先定义自变量。

2. 函数微分的 MATLAB 实现

MATLAB 中函数微分(包括函数的数值差分和符号微分)的基本命令是 diff。其主要调用格式为:

```
diff(S,'v',n)   %对自变量 v,求表达式 S 的 n 阶导数
```

如果是一元函数求一阶导,自变量 v 以及 n 阶均可以缺省,其命令为 diff(S),既表示函数 S 的符号微分,也表示 S 的差分。

例 5.2 求函数 $y=\dfrac{\sin x-\tan x}{\sin x^3}$ 的一阶导数。

解 输入命令:

```
syms x   %定义自变量
F=(sin(x)-tan(x))/sin(x^3);   %定义函数
dl=diff(F)
```

例 5.3 设 $y=x^2\sin(2x)$,$x_n=0.01n\pi(n=0,1,2,\cdots,100)$,求函数 y 的差分数值 $\Delta y_n=y_n-y_{n-1}$,$\Delta^2 y_n=\Delta y_n-\Delta y_{n-1}$。

解 输入程序:

```
x=0:pi/100:pi;
yn=x.^2.*sin(2*x);
Dy=diff(yn);    %求差分
D2y=diff(Dy);   %求二阶差分
```

程序运行后输出结果如下:

```
Dy=
  0.0001    0.0004    0.0012    0.0023    0.0037    0.0055
  …(共有 100 个数值,此处省略)
D2y=
  0.0004    0.0007    0.0011    0.0014    0.0018    0.0021
  …(共有 99 个数值,此处省略)
```

在工程实践和科学应用中,若已知函数形式求微分,一般比较容易;若函数是由表格形式给出的离散点,就要运用数值微分来求函数的导数了。数值微分的基本思想是,先用拟合的方法求出已知数据在一定范围内的近似函数,然后用特定的方法对此近似函数求微分。

例 5.4 求函数 $y=\sin x$ 在[0,3]范围内的数值微分。

解 输入命令:

```
x=0 :0.1 :3 ;
y=sin(x);   %求出 y 与向量 x 对应的函数值,假设仅给出此数据
p=polyfit(x,y,3);   %用 3 次多项式对离散点 y 进行拟合
dp=polyder(p)   %对多项式 p 求导
dy=cos(x);   %函数 y=sin(x)的导函数
```

```
y1=polyval(dp,x);   %对多项式p求导以后,dp在x点的函数值
plot(x,dy,'*',x,y1,'ro-')   %为了考查该方法求导的误差,我们作出数值微分值和导数值的函数对比图,如图5.1所示,可见中间部分的微分值比较准确,两端的微分值误差较大
```

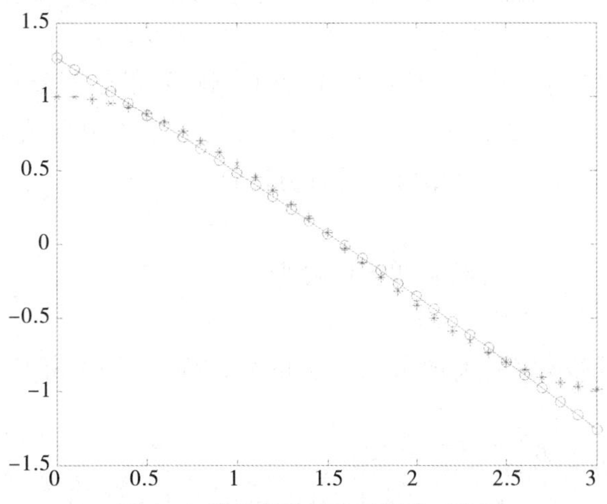

图5.1　数值微分值和导数值对比图

注意　对曲线拟合得到的多项式求高阶导数时,随着求导阶数的增加,计算误差逐渐增大,因此多项式拟合求数值微分往往仅限于低阶微分。

3. 求极值问题的MATLAB实现

在MATLAB中有求函数极小值的命令:

```
[x,fval]=fminbnd(F,a,b)   %计算F在a,b之间取极小值时的x与y,即fval
```

例5.5　求 $f(x)=2x^3-6x^2-18x+7$ 在区间[−2,4]内的极小值。

解　输入命令:

```
f=inline('2*x.^3-6*x.^2-18*x+7')
[x,fval]=fminbnd(f,-2,4)
```

结果为:

```
x=3.0000
fval=-47.0000
```

故函数在 $x=3$ 时,有极小值−47。

例5.6　求 $f(x)=2x^3-6x^2-18x+7$ 在区间(−2,4)内的极大值。

解　输入:

```
f='-2*x.^3+6*x.^2+18*x-7';
[x,fval]=fminbnd(f,-2,4)
```

结果为:

```
x=-1.0000
fval=-17.0000
```

故函数在 $x=-1$ 时,有极大值17。

注意　①计算极大值时,可在 $f(x)$ 前面添负号,这样 $-f(x)$ 的极小值点就是 $f(x)$ 的极大值点,极大值为−fval。②计算函数极值时,不能用sym('f(x)')表示,但是可以用y='f(x)'。

4. 函数积分的 MATLAB 实现

MATLAB 中函数的符号积分基本命令是 int,格式为:

```
I=int(s,'v','a','b')   %对表达式 s 中指定的符号变量 v,计算从 a 到 b 的定积分
I=int(s,'v')           %对表达式 s 中指定的符号变量 v,计算不定积分
```

对已知函数形式求函数积分,理论上可以用牛顿-莱布尼茨公式来计算。但在实际应用中,许多函数的原函数无法用初等函数表示,或者原函数形式非常复杂,必须应用数值积分对函数进行积分。可以用以下几种方法计算。

(1)梯形法数值积分。

梯形积分用函数 trapz 实现,其调用格式为:

```
I=trapz(x,y)            %用梯形法计算 y 在 x 点上的积分
```

其中,x 是由积分区间$[a,b]$的离散节点构成的列向量,y 是由相应节点函数值构成的向量。

(2)辛普森法数值积分。

辛普森法数值积分用函数 quad 实现,其调用格式为:

```
I=quad(fun,a,b)   %近似地从 a 到 b 计算函数 fun 的数值积分
I=quadl(fun,a,b)  %高精度计算,效能可能比 quad 更好
```

注意 ①quadl 的最后一个字符是字母 l,不是数字 1。②不同的积分计算方法中,函数的输入方式是不一样的。读者可自行体会例 5.7 中函数的输入方式。

例 5.7 计算积分 $\int_0^1 e^{x^2}\,dx$。(用各种方法)

解 输入程序:

```
x=0:0.1:1;
y1=sym(exp(x.^2));   y2='exp(x.^2)';
f= int(y1,'x','0','1')   %相当于用牛顿-莱布尼茨公式计算积分
t=trapz(x,y1)            %梯形法数值积分
s= quad(y2,0,1)          %辛普森法数值积分
ss= quadl(y2,0,1)        %辛普森法数值积分
```

程序运行后输出结果如下:

```
f=[1,1.0101,1.0408,…,2.6647,2.7183]   %用牛顿-莱布尼茨公式计算 x 各点处积分
t=1.4672
t=1.4627
t=1.4627     %各种不同方法得出相同结果
```

注意 用不同方法积分可能会得出不同结果,因为所选方法各自产生的误差不同。

例 5.8 计算定积分 $I=\int_0^1 \frac{\sin x}{x}dx$。

解 在命令窗口或 M 文件中输入:

```
x=0:0.001:1;
y=sin(x)./x;
```

```
I=trapz(x,y)
```

输出结果如图 5.2 所示。

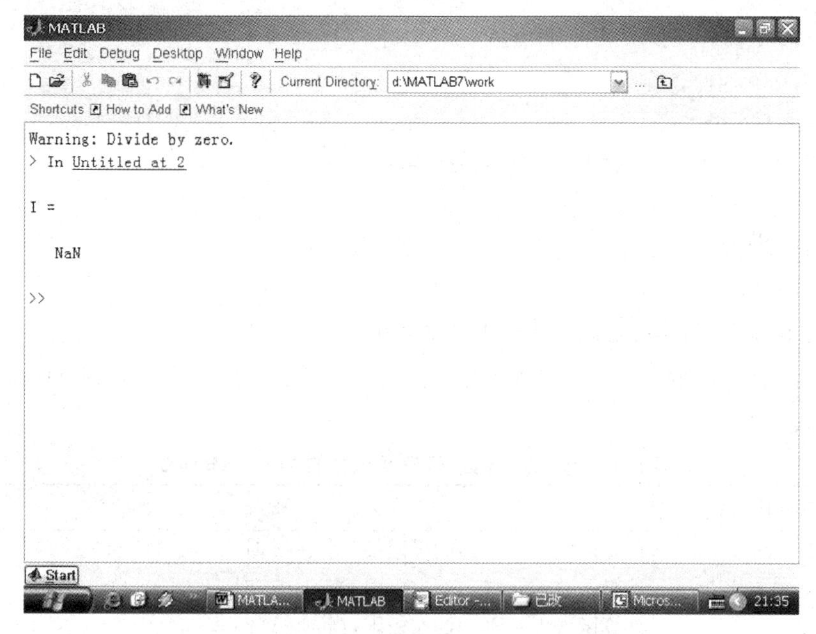

图 5.2　定积分输出结果

图 5.2 中的警告信息提示用 0 作除数导致 $f(0)$没有意义。

重新输入：

```
x=0:0.001:1;
y=sin(x)./x;
y(1)=1;      %表示 y 的第一个元素取值为 1
I=trapz(x,y)
```

输出结果：

```
I=0.9461
```

分析　后面我们输入 $y(1)=f(0)=1$，这是因为 $\lim\limits_{x\to0^+}\dfrac{\sin x}{x}=1$。从计算结果可以看出，为获得较好近似值，所取步长 $h=0.001$ 已非常小。如果步长稍大，则计算结果稍差。

例 5.9　我国的第一颗人造卫星近地点距离地球表面 439 km，远地点距离地球表面 2384 km，地球半径为 6371 km，求该卫星的轨迹长度。

分析　人造地球卫星的轨迹可视为平面上的椭圆。因此，可用下列椭圆参数方程来描述：

$$\begin{cases}x=a\cos t,\\y=b\sin t\end{cases}\quad(0\leqslant t\leqslant 2\pi,a\cdot b>0)。$$

其中，$a=8755$ km，$b=6810$ km，分别为椭圆的长、短半轴。卫星轨迹的长度 L 可用如下参数方程表示：

$$L = 4\int_0^{\frac{\pi}{2}} (a^2\sin^2 t + b^2\cos^2 t)^{\frac{1}{2}}\,\mathrm{d}t。$$

解　在命令窗口或 M 文件中输入：

```
x=0:0.001:pi/2;
a=8755;b=6810;
y=sqrt(a^2.*(sin(x)).^2+b^2.*(cos(x)).^2);
L=4*trapz(x,y)
```

则输出结果为：

```
L=4.9062e+004
```

即人造地球卫星的轨道长度 $L=49062$ km。

为了方便读者，现将 MATLAB 中求函数极限、导数、极值及积分的 MATLAB 命令列表如下(表 5.1)。

表 5.1　求极限、导数、极值及积分的 MATLAB 命令

命令及其调用格式	解释
limit(F,x,a)	计算函数 $F=F(x)$的极限值，当 $x\to a$ 时
limit(F,x,a,'right')	计算函数 $F=F(x)$的右极限，当 $x\to a^+$ 时
limit(F,x,a,'left')	计算函数 $F=F(x)$的左极限，当 $x\to a^-$ 时
diff(F,'v',n)	计算 $F=F(v)$关于指定的符号变量 v 的 n 阶导数。在缺省状态下，$v=$ findsym(F)，$n=1$
x=fminbnd(F,a,b)	计算在区间$[a,b]$上函数 $F=F(x)$取最小值时的 x 值
[x,fval]= fminbnd(F,a,b)	计算在区间$[a,b]$上函数 $F=F(x)$的最小值 fval 和对应的 x 值
int(F,v,a,b)	对表达式 F 中指定的符号变量 v，计算从 a 到 b 的定积分
int(F,v)	对表达式 F 中指定的符号变量 v，计算不定积分
trapz(x,y)	梯形法数值积分，其中 x 是由积分区间$[a,b]$的离散节点构成的列向量，y 是由相应节点函数值构成的向量
quad('fun',a,b)	辛普森法数值积分，计算函数 fun 从 a 到 b 的积分
quad2d(fun,a,b,c,d)	二重数值积分，计算二元函数 $f(x,y)$在 X 型区域上的积分，其中 fun$=f(x,y)$，$a<x<b$，$c(x)<y<d(x)$

例 5.10　求下列多重积分。

(1)$\int_0^1 \mathrm{d}x\int_x^1 x^2\mathrm{e}^{-y^2}\,\mathrm{d}y$；　(2) $\int_1^2\int_{\sqrt{x}}^{x^2}\int_{xy}^{x^2y}(x^2+y^2+z^2)\,\mathrm{d}z\mathrm{d}y\mathrm{d}x$。

解　输入程序：

```
syms x y z
S1=int(int(x^2*exp(-y^2),y,x,1),x,0,1)   %题(1)的符号定积分
S2=int(int(int(x^2+y^2+z^2,z, x*y,x^2*y),y,sqrt(x),x^2),x,1,2)
 %题(2)的符号定积分
S11= quad2d(@(x,y)x.^2.*exp(-y.^2),0,1, @(x)x,1)
 %题(1)的数值积分
S22=integral3(@(x,y,z)x.^2+y.^2+z.^2,1,2, @(x)sqrt(x), @(x)x.^2,…
```

```
@(x,y)x.*y,@(x,y)x.^2.*y,'Method','tiled')      %题(2)的数值积分
```

程序运行后输出结果如下：

```
S1=
      1/6-exp(-1)/3
S2=
      857173/4752
S11=
      0.0440
S22=
      180.3815
```

说明　“S11= quad2d(@(x,y)x.^2.*exp(-y.^2),0,1, @(x)x,1)”中的“@(x)x,1”表示 y 的积分区间为$[x,1]$。

5.1.2　泰勒公式

MATLAB中求级数的有关命令见表5.2。

表5.2　求级数的MATLAB命令

命令及其调用格式	解释
symsum(f,n,1,inf)	求数项级数 f 的和,n 可以缺省
symsum(f,x,n,1,inf)	求函数项级数的和函数
taylor(f,x, 'a',n)	求 f 在 $x=a$ 点处的 n 阶泰勒级数展开式

例5.11　求下列级数的和。

(1) $\sum\limits_{n=1}^{\infty}\frac{(-1)^{n-1}}{n}$；　(2) $\sum\limits_{n=1}^{\infty}\frac{x^{2n}}{2n-1}$；　(3) $\sum\limits_{n=1}^{\infty}\frac{1}{n^{p}}$。

解　输入程序：

```
syms x n p
s1=symsum((-1)^(n-1)/n,1,inf)
s2=symsum(x^(2*n)/(2*n-1),n,1,inf)
s3=symsum(1/n^p,n,1,inf)
```

运行结果如下：

```
s1=
      log(2)
s2=
      piecewise([abs(x)<1, atanh(x)])
s3=
      piecewise([1 < real(p), zeta(p)])
```

说明　结果表明，$\sum\limits_{n=1}^{\infty}\frac{(-1)^{n-1}}{n}=\ln 2$。当 $|x|<1$ 时，$\sum\limits_{n=1}^{\infty}\frac{x^{2n}}{2n-1}=x\,\mathrm{atanh}(x)$，其中 $\mathrm{atanh}(x)=\frac{1}{2}\ln\frac{1+x}{1-x}$ 为反双曲正切函数。当 $p>1$ 时，$\sum\limits_{n=1}^{\infty}\frac{1}{n^{p}}=\mathrm{zeta}(p)$，其中 zeta($p$)是符

号运算系统提供的黎曼 zeta 函数；当 $p=2$ 时，zeta(2)≈1.6449；当 $p=3$ 时，zeta(3)≈1.2021。

例 5.12 求 $f(x)=e^x\sin x$ 的 6 阶麦克劳林展开式及 $x=\frac{\pi}{2}$ 处的泰勒级数展开式。

解 在 M 文件中输入：

```
syms x
t=taylor(exp(-x)*sin(x),x,'0',6)          %麦克劳林展开
tt=taylor(exp(-x)*sin(x),x,'pi/2',5)  %泰勒展开
```

结果为：

```
t=
x-x^2+1/3*x^3-1/30*x^5
tt=
exp(-pi/2)-exp(-pi/2)*(x-pi/2)+1/3*exp(-pi/2)*(x-pi/2)^3-1/6*exp(-pi/2)*
(x-pi/2)^4
```

说明 MATLAB 还提供了可视化的泰勒级数计算器。在命令窗口中输入"taylortool"，系统将调出级数计算器。读者可以试一试。

◆ 习题

1. 求下列极限：

(1) $\lim\limits_{x\to 1}\dfrac{x^a-1}{x^b-1}$（$a,b$ 为常数）； (2) $\lim\limits_{x\to 0}\dfrac{\sqrt[n]{1+x}-1}{x}$；

(3) $\lim\limits_{x\to +\infty}\dfrac{\ln x}{\sqrt{x}+1}$； (4) $\lim\limits_{x\to 0}\left(\dfrac{e^x-1}{x}-\dfrac{x}{\ln(x+1)}\right)$。

2. 求下列函数的导数：

(1) $f(x)=\ln\sqrt{\dfrac{1+x}{1-x}}$； (2) $f(x)=x^2e^{\frac{1}{x}}-\dfrac{1}{\sqrt{x}}e^x$；

(3) $y=\ln(\sec x+\tan x)-\tan x$； (4) $y=\ln(\sqrt{1+x^2}-x)+\sqrt{1+x^2}$。

3. 求下列积分：

(1) $\int x\ln x\,dx$； (2) $\int_0^{\frac{\pi}{2}}\sqrt{1-\sin 2x}\,dx$； (3) $\int_0^{+\infty}xe^{-2x}\,dx$。

4. 计算下列二重积分：

(1) $\int_1^2\int_1^{x^2}xy\,dy\,dx$； (2) $\int_0^1 dy\int_y^1\dfrac{\sin x}{x}dx$。

5. 求下列级数的和：

(1) $\sum\limits_{n=1}^{\infty}\dfrac{1}{n(n+1)}$； (2) $\sum\limits_{n=1}^{\infty}\dfrac{x^{2n}}{2n}$； (3) $\sum\limits_{k=0}^{\infty}\dfrac{2}{2k+1}\left(\dfrac{x-1}{x+1}\right)^{2k+1}$。

6. 将下列函数展开成幂级数：

(1) $f(x)=(x+1)e^{x^2}$，在 $x=0$ 处； (2) $f(x)=\dfrac{1}{x^2+5x+6}$，在 $x=0$ 处；

(3) $f(x) = x^2\ln x$，在 $x = 1$ 处。

5.2　方程(组)的解法

给定函数 $g(x)$，如果存在数 a，满足 $g(a)=0$，则称 a 为函数 $g(x)$ 的零点，或称 a 为方程 $g(x)=0$ 的解(根)。如果存在数 a，满足 $g(a)=0$，且 $g'(a)\neq 0$，则称 a 为方程的单根。如果存在 $k>1$，对于数 a，满足 $g(a)=g'(a)=\cdots=g^{(k-1)}(a)=0$，且 $g^{(k)}(a)\neq 0$，则称 a 为方程 $g(x)=0$ 的 k 重根。

除少数方程可以用公式求解外，大多数方程只能用数值解法求近似解。常用的数值解法有二分法、简单迭代法、牛顿法、弦截法等。下面将通过例题了解求解方程或方程组的 MATLAB 命令。

5.2.1　求解多项式的根

1. roots 函数

例 5.13　求方程 $x^3-9x^2+23x-15=0$ 的全部根。

解　在 M 文件中输入以下命令：

```
clear
p=[1,-9,23,-15];   % 输入多项式，详见本书 6.1.1
x=roots(p)
```

输出结果如下：

```
x=5.0000
  3.0000
  1.0000
```

2. solve 函数

如果不用 roots 命令求根，还可以利用 solve 函数得到方程根的解析解或数值解，其调用格式为：

```
solve('eqn1','eqn2',…,'eqnN');
solve('eqn1','eqn2',…,'eqnN','var1,var2,…,varN');
```

例如例 5.13 也可调用 solve 命令求解。

输入：

```
solve('x^3-9*x^2+23*x-15');
```

输出结果为：

```
ans=1
    3
    5
```

这两个命令在 MATLAB 内部的运行是有区别的。读者可以分别用这两个命令求方程 $x^3-x-1=0$ 的解，并观察结果的差异。

5.2.2 求解线性方程组

solve 函数既可用于求解多项式，也可用于求解方程组。

例 5.14 解方程组$\begin{cases}x+y=1,\\3x-y=4。\end{cases}$

解 在 M 文件中输入以下命令：

```
clear
syms x y
[x,y]=solve('x+y=1','3*x-y=4')        %解方程组
```

程序运行结果：

```
x=
      5/4
y=
      -1/4
```

5.2.3 求解一元函数的零点

有些方程无法用 solve 函数求出根，这时就需要调用相应的数值解函数，如 fzero。

fzero 函数可用于找出一维变量为零的点。寻找零点时可以指定一个开始点，或者指定一个开始区间。如果指定一个开始点，则此函数首先在开始点附近寻找一个使函数值变号的区间。如果我们知道函数值在某个区间变号，则可以将一个包含两个元素的矢量指定区间作为 fzero 的输入参数。其调用格式为：

```
x= fzero('fun',x0)   %或 x= fzero('fun',[a,b])
```

其中，x 为方程的零点，fun 为所求方程的函数(fun 既可以是 x 的字符串，也可以是内嵌函数名或 M 文件名)，x_0 为初始点，$[a,b]$为使函数值变号的区间。

例 5.15 求方程 $x^3-x-1=0$ 的根，取初始点 $x_0=1.5$。

解 输入：

```
x=fzero('x^3-x-1',1.5)
```

结果为：

```
x=1.3247
```

有时，寻找函数零点或者函数值变号的区间并不那么容易。这时，可以画出函数图像，判断函数的零点范围。

例 5.16 求函数 $g(x)=\sin x-0.5x$ 的零点。

解 在 M 文件中输入以下命令：

```
clear
fplot('sin(x)-0.5*x',[-10,10]);             %作图区间为[-10,10]
grid on
```

输出图形如图 5.3 所示。

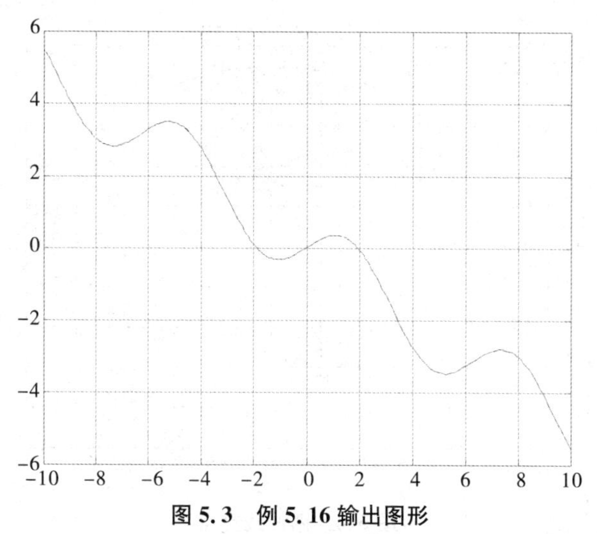

图 5.3 例 5.16 输出图形

由图形可知，在 $x=\pm 2,0$ 附近各有一解。因此，取定初值 $x_0=\pm 2,0$，调用命令 fzero 求解如下：

```
x1=fzero('sin(x)-0.5*x',2)          %求解方程在 x0=2 附近的近似解
x1=
      1.8955
x2=fzero('sin(x)-0.5*x',0)          %求解方程在 x0=0 附近的近似解
x2=
      0
x3=fzero('sin(x)-0.5*x',-2)         %求解方程在 x0=-2 附近的近似解
x3=
      -1.8955
```

注意　fzero 只能求零点附近使函数值变号的根。试用 fzero 求解方程 $x^2-2x+1=0$，取定初值 $x_0=1.2$，看看有什么情况发生。

5.2.4 求解非线性方程组

例 5.17 设方程组 $\begin{cases} x^2+y^2-5=0, \\ xy-3x+y-1=0。\end{cases}$ (1)求实数解；(2)求全部解。

解　(1)求实数解。在 M 文件中输入以下命令：

```
clear
ezplot('x^2+ y^2-5',[-2.5,2.5,-2,5,2.5])  %绘制第一个方程的曲线
hold on
ezplot('(x+1)*y-(3*x+1)',[-2.5,2.5,-2,5,2.5])  %绘制第二个方程的曲线
grid on
```

输出图形如图 5.4 所示。

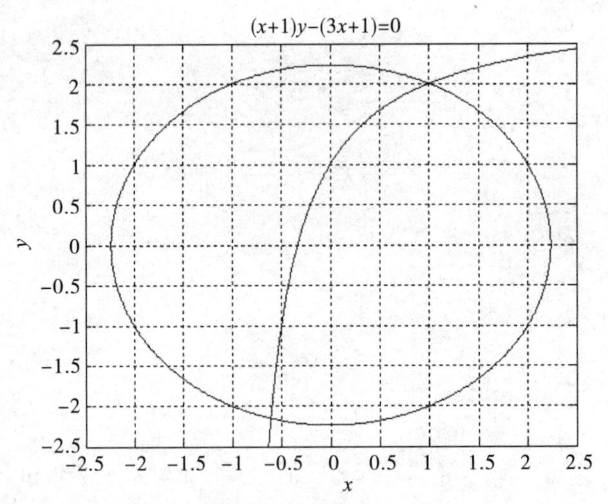

图 5.4 两曲线交点

由图形可知，曲线的交点坐标近似为(1,2)，(−0.5，−2)。这说明，方程组在这两点附近各有一解。因此，取定初值(1,2)以及(−0.5，−2)，调用命令 fsolve 求解：

```
%建立新的函数文件 myfun5_1.m
function F=myfun5_1(x)
F=[x(1)^2+ x(2)^2-5,(x(1)+1)*x(2)-(3*x(1)+1)];
%给定初值 x0=1,y0=2 以及 x1=-0.5,y1=-2,在命令窗口中分别输入:
x0=fsolve('myfun5_1',[1,2],optimset('Display','off'))
x1=fsolve('myfun5_1',[-0.5,-2],optimset('Display','off'))
%其中 optimset('Display','off')表示不显示计算过程的结果
```

输出：

```
x0=
    1
    2
x1=
    -0.6117
    -2.1508
```

(2)求全部解。在 M 文件中输入以下命令：

```
clear all;
syms x y;
[x,y]=solve('x^2+y^2-5=0','x*y-3*x+y-1=0');
%调用命令 solve 求全部解
vpa([x,y],6)  %显示变量的六位有效数值
```

输出：

```
ans=
[                 1.0,                    2.0        ]
```

```
[            -0.611709,                  -2.15077   ]
[  2.26121*i-1.19415,        0.878009*i+3.07539 ]
[-2.26121*i-1.19415,        3.07539-0.878009*i  ]
```

说明 (1)调用 fsolve(fun,x0)命令时,原方程组中未知数要用数组表示,即(x,y)表示成[x(1),x(2)],且各个方程写成符号表达式,即 fun 应写成[方程 1,方程 2],x_0 写成初值向量形式,如[-0.5,-2]。

(2)fsolve 采用最小二乘优化方法求方程数值解,有时可能会陷入局部极小的误区,导致计算出错。

常用解方程或方程组的 MATLAB 命令见表 5.3。

表 5.3 常用解方程或方程组的 MATLAB 命令

命令	意义
roots(p)	求多项式函数的根,其中 p 是多项式系数向量
solve('eq','var')	求符号方程 eq(组)关于变量 var 的解
fsolve(fun,x0)	求函数 fun 在 x_0 附近的数值解
fzero(fun,x0)	求一元函数 fun 在 x_0 附近的实根

◆ 习题

1. 求下列方程的解:

(1)$x^5-x^3+x-1=0$; (2)$\sin x-\frac{1}{4}x^2=0$; (3)$e^x+x^3-3x=0$。

2. 求$\begin{cases}x^2+2y^2=1,\\x^2-y^2=2\end{cases}$的实数解。

3. 设 $30(1+r)^3+100(1+r)^2+50(1+r)=220$,求 r。

5.3 微分方程的求解

含有未知函数及未知函数的导数或微分的方程称为微分方程。微分方程中出现的未知函数的导数或微分的最高阶数称为微分方程的阶。未知函数是一元函数的微分方程称为常微分方程(ordinary differential equation,ODE),未知函数是多元函数的微分方程称为偏微分方程(partial differential equation,PDE)。本节仅讨论常微分方程的解。

5.3.1 求解常微分方程的解析解

常微分方程解析解(符号解)的命令为 dsolve,其格式为:

```
f=dsolve('eq1,eq2,…','cond1,cond2,…','x')
```

其中,参数 eq1,eq2,…是微分方程,cond1,cond2,…是求微分方程特解时的定解条件,x 为指定自变量(若没有指定变量 x,则默认变量为 t),输出 f 为方程的解。表达式 eq

中大写字母 D 表示对自变量(设为 x)的微分算子:$Dy=dy/dx$,$D^2y=d^2y/dx^2$,…微分算子 D 后面的字母表示因变量。

例 5.18 求微分方程 $y'+2xy=xe^{-x^2}$ 的通解。

解 在 M 文件中输入以下命令:

```
y=dsolve('Dy+2*x*y=x*exp(-x^2)','x')
```

结果如下:

```
y=1/2*exp(-x^2)*x^2+exp(-x^2)*C1
```

即原方程的通解为 $y=\frac{1}{2}x^2e^{-x^2}+c_1e^{-x^2}$,其中 c_1 是任意常数。

例 5.19 求微分方程$(x^2-1)y'+2xy-\cos x=0$ 满足初始条件 $y|_{x=0}=1$ 的解。

解 在 M 文件中输入以下命令:

```
y=dsolve('(x^2-1)*Dy+2*x*y-cos(x)=0','y(0)=1','x')
```

结果如下:

```
y=(sin(x)-1)/(x^2-1)
```

即原方程满足初始条件 $y|_{x=0}=1$ 的解为 $y=\frac{\sin x-1}{x^2-1}$。

例 5.20 求微分方程 $y''+3y'+e^x=0$ 的通解。

解 在 M 文件中输入以下命令:

```
y=dsolve('D2y+3*Dy+exp(x)=0','x')
```

结果如下:

```
ans=-1/4*exp(x)+C1+C2*exp(-3*x)
```

即原方程的通解为 $y=-\frac{1}{4}e^x+c_1+c_2e^{-3x}$,其中 c_1,c_2 是任意常数。

5.3.2 求解常微分方程的数值解

对于常微分方程(ODE)的数值解,MATLAB 提供了多种求解命令。对于不同的 ODE 问题,可采用不同的命令,具体见表 5.4。

表 5.4 求解 ODE 问题的不同命令

命令	系统类型	特点	说明
ode45	非刚性	一步算法,4/5 阶 Runge-Kutta 方程,累计截断误差达$(\Delta x)^3$	大多情形首选算法
ode23	非刚性	一步算法,2/3 阶 Runge-Kutta 方程,累计截断误差达$(\Delta x)^3$	精度较低的情形
ode113	非刚性	多步算法,Adams 算法,高低精度均可达到 $10^{-3}\sim10^{-6}$	计算时间比 ode45 短
ode15s	刚性	多步算法,Gear's 反向数值微分,精度中等	ode45 失效时试用
ode23t	适度刚性	采用梯形算法	适度刚性情形
ode23s	刚性	一步算法,2 阶 Rosebrock 算法,低精度	当精度较低时,计算时间比 ode15s 短

调用表 5.4 中命令的一般格式为:

```
[t,x]=solver('fun',ts,x0,options)
```

其中：solver 是表 5.4 中的某个命令；fun 为待解方程写成的 M 文件；$t_s=[t_0,t_f]$，t_0 和 t_f 分别为自变量的初值与终值；x_0 为函数初值；options 用于设定误差限，命令为 options=odeset('reltol',rt,'abstol',at)，rt 和 at 分别为设定的相对误差与绝对误差。

例 5.21 求 $y''-1000(1-y^2)y'-y=0$ 在初始条件 $y(0)=2,y'(0)=0$ 下的数值解。

解 令 $y_1=y,y_2=y'$，则微分方程变为微分方程组

$$\begin{cases} y'_1=y_2, \\ y'_2=1000(1-y_1^2)y_2-y_1, \\ y_1(0)=2,y_2(0)=0。\end{cases}$$

然后建立函数文件 fun5_2.m。

```
function dy= fun5_2 (x,y)
dy=zeros(2,1);   %定义 2 行 1 列的零矩阵 dy
dy(1)=y(2);      %方程 y'1=y2
dy(2)=1000*(1-y(1)^2)*y(2)-y(1);   %方程 y'2=1000(1-y1^2)y2-y1
```

取 $x_0=0,x_f=3000$，调用 ode15s 命令可解。

在命令窗口中输入以下命令：

```
[X,Y]=ode15s('fun5_2',[0,3000],[2,0]);   %x 的取值区间为[0,3000]，初始条件值为[2,0]
plot(X,Y(:,1),'-o')
grid on
```

输出图形结果如图 5.5 所示。

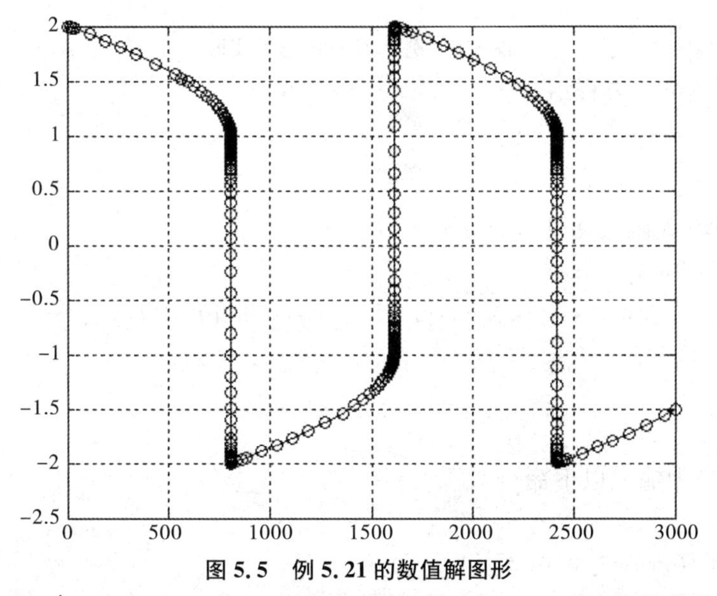

图 5.5 例 5.21 的数值解图形

例 5.22 求 $y'=-2y+2x^2+2x$ 在初始条件 $y(0)=0$ 下的数值解，求解范围为 [0,0.5]。

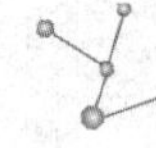

解　在M文件中输入以下命令：

```
fun=inline('-2*y+2*x^2+2*x','x','y');
[x,y]=ode23(fun,[0,0.5],1);  %初始条件 y(0)=1
plot(x,y,'-o')
xlabel('x'), ylabel('y')
grid on
```

输出方程的数值解为[1.000,0.9247,…,0.6154,0.6179](共12个数据,此处略),图形结果如图5.6所示。

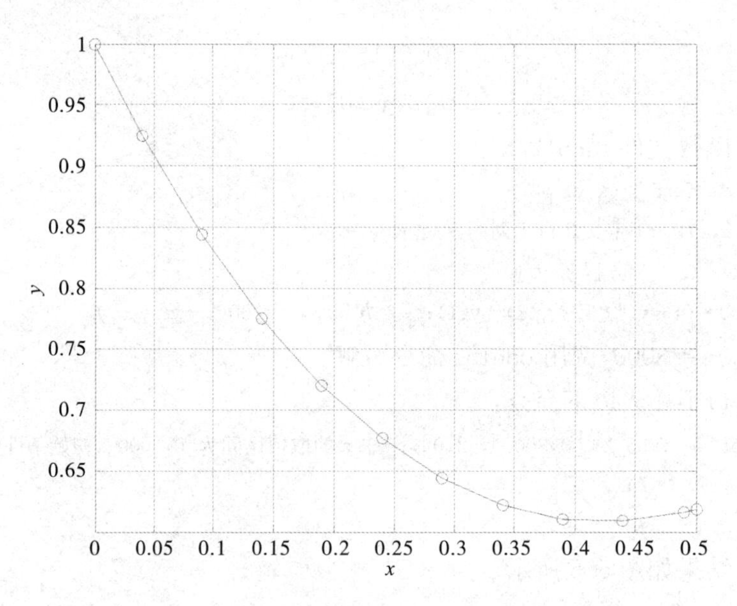

图5.6　例5.22的数值解图形

例5.23　解微分方程组

$$\begin{cases} x'(t)=-x^3-y, x(0)=1, \\ y'(t)=x-y^3, y(0)=0.5, \end{cases} 0<t<30。$$

解　先编写M函数文件myfun5_3.m。

```
function f=myfun5_3(t,x)
f(1)=-x(1)^3-x(2);          %x(1)相当于 x(t),x(2)相当于 y(t)
f(2)=x(1)-x(2)^3;
f=f(:);
end
```

在命令窗口中输入以下命令：

```
clear all
[t,x]=ode45(@myfun5_3,[0,30],[1;0.5]);
subplot(1,2,1);plot(t,x(:,1), t,x(:,2), ':')
title('函数图');
subplot(1,2,2);
```

```
plot(x(:,1), x(:,2));
title('相平面图');
```

图形结果如图 5.7 所示。

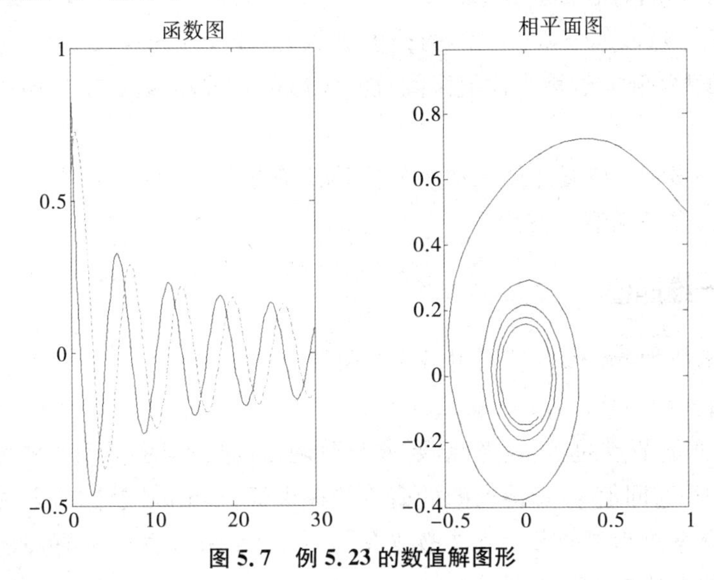

图 5.7　例 5.23 的数值解图形

◆ 习题

1. 解下列微分方程：

(1)$y''-2y'+y=x$；

(2)$y''+2y'+2y=2x$；

(3)$y''+y=\tan x, 0<x<0.5\pi$；

(4)$(x^2-y)y'+xy-x=0, y|_{x=1}=1$。

2. 设 $y''(t)-3y'(t)+2y(t)=1, y(0)=1, y'(0)=0$，用数值法和符号法求$y(t)|_{t=0.5}$。

3. 求下列微分方程组并画出数值解的图形：

$$\begin{cases} x'(t)=-x-y, x(0)=1, \\ y'(t)=-x+y, y(0)=0, \end{cases} \quad 0\leqslant t\leqslant 0.5。$$

5.4　插值

在生产和科学实验中，自变量 x 与因变量 y 的函数关系有时不能直接写成表达式，而只能得到函数在若干个点的函数值或导数值。如果需要求出观测点之外 x 点的函数值，就要估计函数在该点的值。

如何根据观测点的值，构造一个比较简单的函数 $y=P(x)$，使函数在观测点的值等于已知的数值或导数值，再用简单函数 $y=P(x)$ 在点 x 处的值来估计未知函数 $y=f(x)$ 在 x 点的值呢？寻找这样的函数 $P(x)$，办法有很多。

插值法是函数逼近的重要方法之一，有着广泛的应用。

设函数 $y=f(x)$在区间$[a,b]$上有定义，并且已知 y 在 $n+1$ 个互异的节点上的值为 $y_0,y_1,\cdots,y_{n-1},y_n$，若存在简单函数 $P(x)$，使 $y_i=P(x_i)(i=0,1,\cdots,n)$成立，则 $P(x)$称为 $f(x)$关于节点 $x_0,x_1,\cdots,x_{n-1},x_n$ 的插值函数，点 $x_0,x_1,\cdots,x_{n-1},x_n$ 称为插值节点，包含插值节点的区间$[a,b]$称为插值区间，而 $f(x)$称为被插函数，求插值函数 $P(x)$的方法称为插值法。

插值法有很多种，数值计算中常用的插值法有拉格朗日插值、牛顿插值、埃尔米特插值、分段插值、样条插值等方法。

5.4.1　一维插值

一维插值函数为 interp1，其调用格式有两种。

命令 1　`yi=interp1(x, y, xi, 'method')`

其中：x 与 y 是插值节点的横、纵坐标，要求 x 单调；x_i 是待求的插值点的横坐标，其值不能超出 x 的范围；返回值 y_i 是待求的插值点的纵坐标；method 是插值方法。

说明　该命令用指定的算法在离散点集$[x,y]$内求出对应于 x_i 的 y_i。

常用的插值方法有以下五种：

'nearest'：最近邻点插值，直接完成计算。

'linear'：分段线性插值(缺省方式)，直接完成计算。

'spline'：三次样条插值。对于该方法，命令 interp1 调用函数 spline，ppval，mkpp 和 umkpp，进行一系列分段多项式操作。spline 可用于执行三次样条插值。

'pchip'：三次多项式插值(分段三次埃尔米特插值)。对于该方法，命令 interp1 调用函数 pchip，用于对向量 x 与 y 执行分段三次内插值。该方法保留单调性与数据的外形。

'cubic'：立方插值。与'pchip'操作相同。对于超出 x 范围的 x_i 的分量，使用 cubic 的插值算法，相应地将返回 nan。

对其他的方法，interp1 将对超出的分量执行外插值算法。

命令 2　`yi=interp1(x,y,xi,method,'extrap')`

对于超出 x 范围的 x_i 中的分量，执行特殊的外插值法 extrap。

例 5.24　取正弦曲线 $y=\sin x(0\leqslant x\leqslant 10)$上等间隔的 11 个点的自变量和函数值点作为已知数据，再选取 41 个自变量点，分别用分段线性插值、三次多项式插值和三次样条插值 3 种方法确定插值函数的值。

解　编写程序：

```
clear
x=0:10; y=sin(x);                    %取正弦曲线上 0,1,2,…,10 等间隔的 11 个点作为节插值点
xi=0:0.25:10;                        %选取 41 个待求插值点的自变量值
yi0=sin(xi);                         %41 个自变量点的精确函数值
```

```
yi1=interp1(x,y,xi);                      %41个自变量点的分段线性插值结果
yi2=interp1(x,y,xi,'pchip');              %41个自变量点的三次多项式插值结果
yi3=interp1(x,y,xi,'spline');             %41个自变量点的三次样条插值结果
plot(xi,yi1,xi,yi2,'k-.',xi,yi3,'rp-')    %绘图
legend('分段线性插值','三次多项式插值','三次样条插值')
grid on
figure(2)
subplot(3,1,1)
plot(xi,yi0-yi1);title('分段线性插值与精确值之差'),
grid on
subplot(3,1,2)
plot(xi,yi0-yi2); title('三次多项式插值与精确值之差'),
grid on
subplot(3,1,3)
plot(xi,yi0-yi3); title('三次样条插值与精确值之差'),
grid on
```

说明　3种插值方法所得结果的对比如图5.8所示。将3种插值结果分别减去各点的精确函数值，得到其误差，如图5.9所示。从图5.9可以看出，三次样条插值和三次多项式插值效果较好，而分段线性插值效果较差。

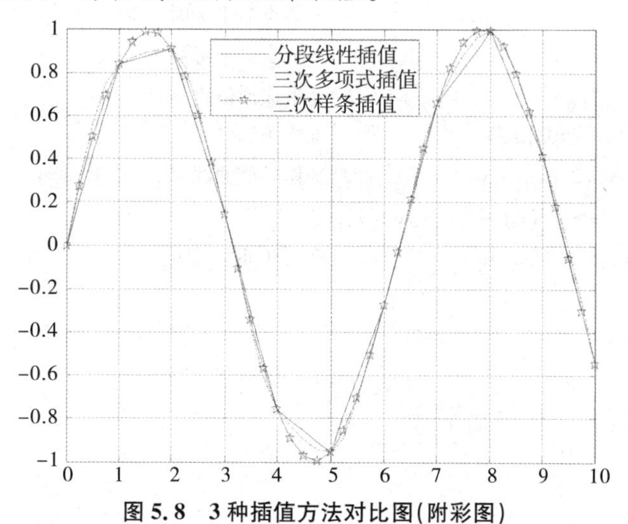

图5.8　3种插值方法对比图(附彩图)

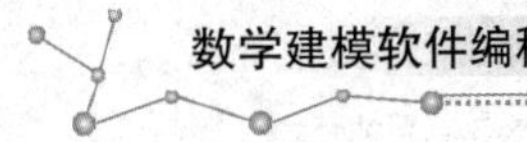

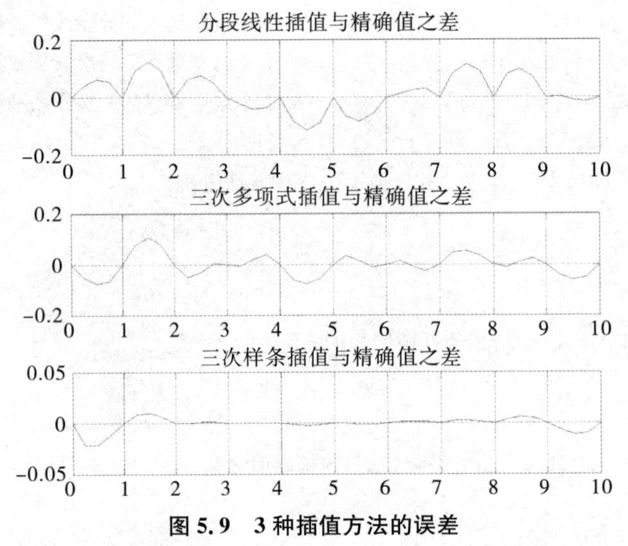

图 5.9　3 种插值方法的误差

例 5.25　在 1:00—12:00 的 11 h 内，每隔 1 h 测量一次温度，测得的温度(单位:℃)依次为:5,8,9,15,25,29,31,30,27,25,24,22。用插值方法求每隔 0.1 h 的温度值，并给出 8:30 时的温度。

解　编写命令如下：

```
clear all
h=1:12;                                    %节点横坐标时间值
C=[5 8 9 15 25 29 31 30 27 25 24 22];      %节点纵坐标温度值
hi=1:0.1:12;                               %生成插值点坐标
Ci=interp1(h,C,hi,'spline');               %样条插值
plot(h,C,'-+',hi,Ci,'r:')                  %作插值曲线，如图 5.10 所示
xlabel('Hour'),ylabel('Degrees Celsius')
Ci0=interp1(h,C,8.5,'spline')               %8:30 时的温度
hold on
plot(8.5,Ci0,'o')
grid on
```

程序运行结果：

```
Ci0=
  28.5402
```

图 5.10 中虚线是三次样条插值函数的曲线。8:30 时温度为 28.5402 ℃。

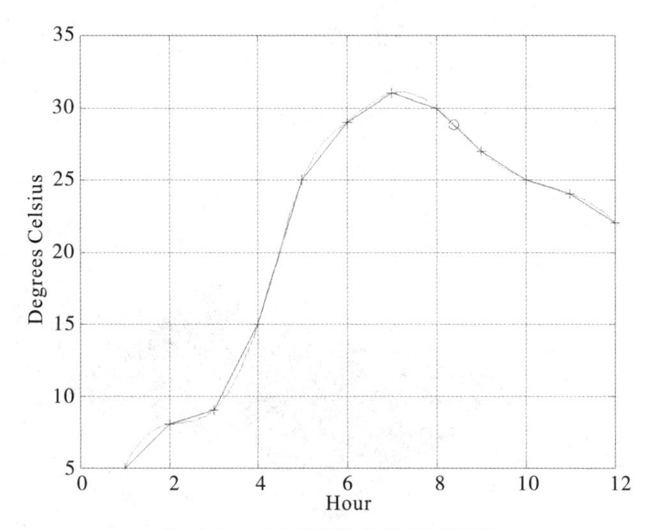

图 5.10　温度插值曲线(附彩图)

5.4.2　二维插值

当被插值函数是二元函数时，函数 $f(x,y)$关于节点(x_1,y_1)，…，(x_n,x_n)的插值就称为二维插值。二维插值又分为网格节点数据的插值和散点数据的插值。

1. 网格节点数据的插值

网格节点数据的插值函数为 interp2，其调用格式为：

```
zi=interp2(x,y,z,xi,yi,'method')
```

其中：x，y，z 为插值点的坐标，要求 x，y 单调，且有相同的划分格式，就像由命令 meshgrid 生成的一样；x_i，y_i 是被插值点，x_i，y_i 可取为矩阵，或 x_i 取行向量，y_i 取为列向量，x_i，y_i 的值分别不能超出 x，y 的范围(若 x_i 与 y_i 中有在 x 与 y 范围之外的点，则相应地返回 nan)；返回值 z_i 是被插值点的函数值，与矩阵 meshgrid(x_i，y_i)同型；插值方法 method 同一维插值方法。

2. 散点数据的插值

散点数据的插值函数为 griddata，其调用格式为：

```
cz=griddata(x,y,z,cx,cy,'method')
```

其中的参数说明同网格节点数据的插值函数 interp2，区别在于 x，y 不在网格上取值。其插值方法除了常见的双三次插值法、双线性插值法，还有 v4 插值法。

例 5.26　设 $z=xe^{-x^2-y^2}(-2<x<2,-2<y<3)$，计算稀疏点的函数值，用不同插值方法计算其余点的函数值并与真实函数值作比较，同时画出曲面图形以比较插值效果。

解　在 M 文件中输入命令：

```
clear
x=-2:0.3:2;y=-2:0.3:3;   %选取步长为 0.3 时的自变量取值(稀疏点)
[x1,y1]= meshgrid(x,y);
```

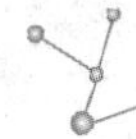

```
z1=x1.*exp(-x1.^2-y1.^2);   %计算函数值
figure(1)
surf(x1,y1,z1);   %绘制稀疏点图形,如图 5.11 所示
```

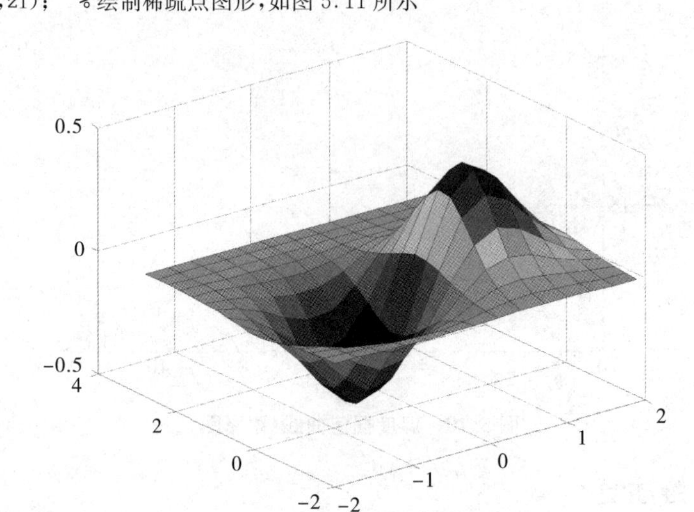

图 5.11　稀疏点时的曲面(附彩图)

```
[x2,y2]= meshgrid(-2:0.1:2, -2:0.1:3);   %给出插值点
z2=interp2(x1,y1,z1,x2,y2);   %计算插值点处函数值
figure(2)
surf(x2,y2,z2);   %绘制线性插值图形,如图 5.12 所示
```

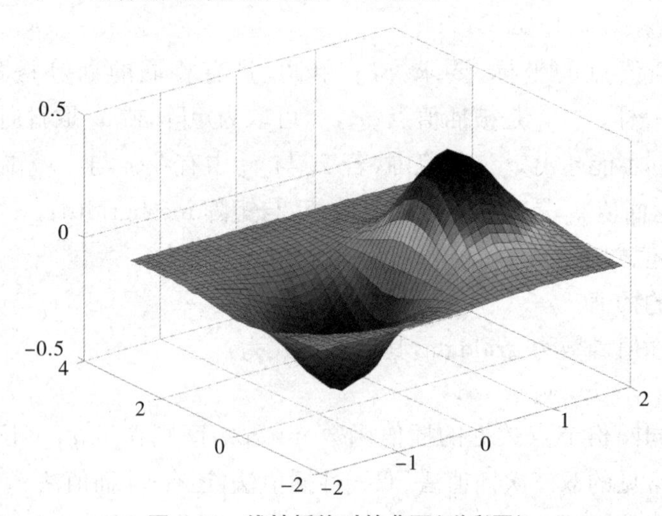

图 5.12　线性插值时的曲面(附彩图)

```
z3=interp2(x1,y1,z1,x2,y2, 'cubic');   %计算插值点处函数值
figure(3)
surf(x2,y2,z3);   %绘制立方插值图形,如图 5.13 所示
```

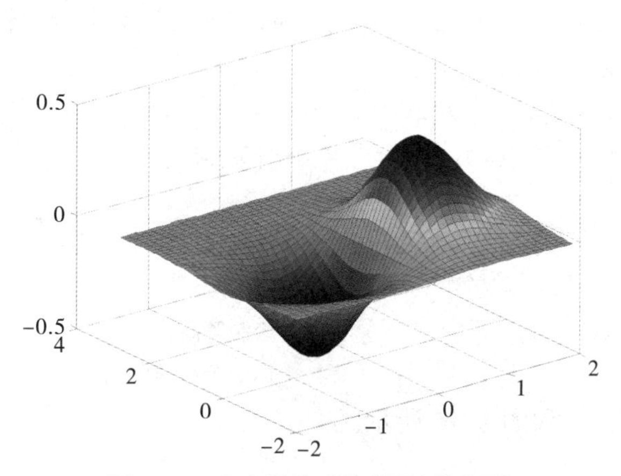

图 5.13　立方插值时的曲面(附彩图)

```
figure(4)
z4=interp2(x1,y1,z1,x2,y2,'spline');   %计算插值点处函数值
surf(x2,y2,z4);   %绘制样条插值图形,如图 5.14 所示
```

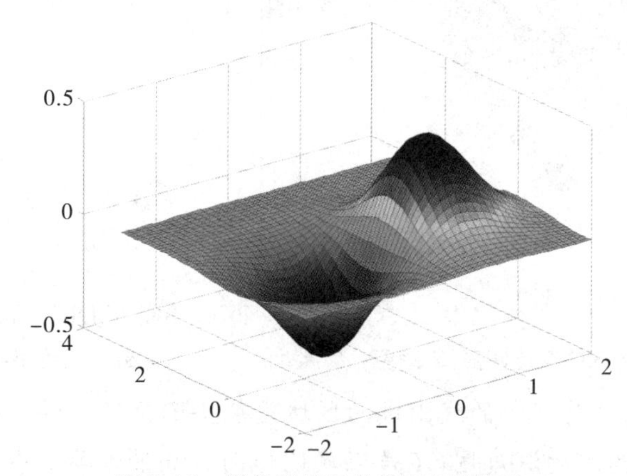

图 5.14　样条插值时的曲面(附彩图)

说明　由例 5.26 可知,样条插值时的曲面更加平滑,更加接近原曲面(请读者绘制更加细致的函数图形)。

例 5.27　在某海域测得点(x,y)处的水深z由表 5.5 给出,船的吃水深度为 5 ft[①]。在矩形区域(75,200)×(−50,150)里,船要避免进入哪些地方?

表 5.5　某海域点(x,y)处的水深(单位:ft)

x	129	140	103.5	88	185.5	195	105	157.5	107.5	77	81	162	162	117.5
y	7.5	141.5	23	147	22.5	137.5	85.5	−6.5	−81	3	56.5	−66.5	84	−33.5
z	4	8	6	8	6	8	8	9	9	8	8	9	4	9

解　编写命令如下:

```
clear
x=[129,140,103.5,88,185.5,195,105,157.5,107.5,77,81,162,162,117.5];
```

① ft:英尺,英制长度单位,1 ft=0.3048 m。

```
Y=[7.5,141.5,23,147,22.5,137.5,85.5,-6.5,-81,3,56.5,-66.5,84,-33.5];
Z=[4,8,6,8,6,8,8,9,9,8,8,9,4,9];
[x1,y1]=meshgrid(75:5:200,-50:5:150);
z1=griddata(X,Y,Z,x1,y1,'v4');                %计算插值
figure(1)
surf(x1,y1,z1);                               %绘制经过插值的图形
figure(2)
[c,h]=contour(x1,y1,z1);                      %绘制等高线
clabel(c,h)                                   %标明等高线的高程
```

输出结果如图 5.15 和图 5.16 所示。

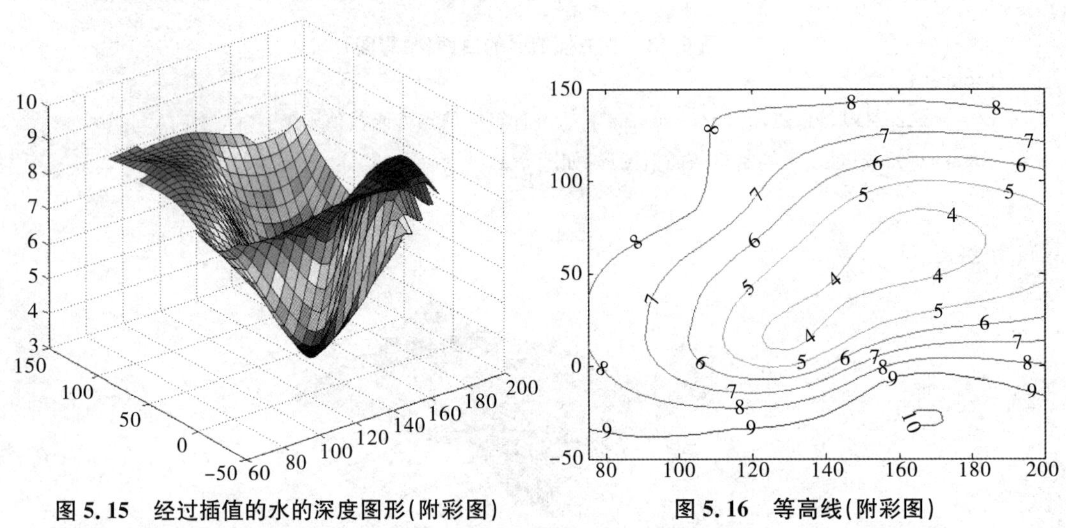

图 5.15　经过插值的水的深度图形(附彩图)　　**图 5.16　等高线(附彩图)**

说明　等高线高程为 5 ft 的线围成的区域是船要避免进入的区域。

注意　图 5.15 为水的深度图,不是海底地形图。如果需要考查海底地形,应该假设海平面为 0,如此水深数据的相反数就是此处海底的表面数据。读者可以思考下面的命令是什么意思。

(接上面命令继续输入)

```
z2=-z1;
figure(3)
surf(x1,y1,z2);                               %绘制海底的图形
figure(4)
[c,h]=contour(x1,y1,z2);                      %绘制海底的等高线
clabel(c,h)
```

◆ 习题

1. 已知 $y=f(x)$ 在 $x=x_k$ 处的数值 y_k,见表 5.6。试用不同的插值方法求出 x 每间隔0.25时的 y 值,并画出图形。

表 5.6　$y=f(x)$的数值表

x_k	10	11	12	13
$f(x_k)$	2.3026	2.3979	2.4849	2.5649

2. 平面区域上的海拔高程 $h(x, y)$ 见表 5.7。试用插值方法给出 $(x, y)=(500, 500)$ 处的高程 $h(x, y)$。

表 5.7　山地网格点的海拔高程数据表(单位:m)

x	y					
	0	400	800	1200	1600	2000
0	370	470	550	600	670	690
400	510	620	730	800	850	870
800	650	760	880	970	1020	1050
1200	740	880	1080	1130	1250	1280
1600	830	980	1180	1320	1450	1420
2000	880	1060	1230	1390	1500	1500

3. 绘制第 3 章 3.2 节习题第 5 题中山区地貌网格图,要求对测绘数据进行插值,每间隔 100 m 测量高程,并对此网格图与利用原始数据绘制的网格图进行比较。

第 6 章 回归分析方法

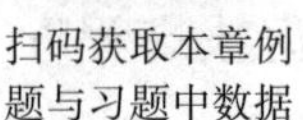
扫码获取本章例题与习题中数据

扫码查看本章彩图

回归分析(regression analysis)是确定两种或两种以上变量之间相互依赖的定量关系的一种数理统计分析方法,运用十分广泛。根据实验数据或历史数据,研究变量之间的相关关系,可以建立起一个数学模型,进而将此模型用于预测或控制。回归分析依据解释变量个数可以分为一元回归和多元回归:如果研究两个变量 x,y 之间的关系,亦即解释变量只有一个 x,则称为一元回归;如果研究多个变量之间的关系,亦即研究被解释变量 y 与多个解释变量 $x_1,x_2,\cdots,x_m$ 之间的关系,则称为多元回归。如果回归分析中变量之间的相关关系能用函数表达式表示,则依据函数表达式形式又可以将回归模型分为线性回归模型(线性拟合)和非线性回归模型(非线性拟合)。

6.1 一元回归模型

在生产和科学实验中,有时只能得到若干个观测点的值,自变量 x 与因变量 y 之间的函数关系有时不能直接写成表达式。当需要知道观测点之外的函数值时,就要根据观测点的值,构造一个比较简单的函数 $y=f(x)$,这可以通过曲线拟合来实现。

由给定的一组离散实验数据 $(x_i,y_i)(i=1,2,\cdots,n)$,求得一解析函数 $y=f(x)$,使 $f(x)$ 在原离散点 x_i 上尽可能接近给定的 y_i 值,这一过程称为曲线拟合。最常用的曲线拟合是最小二乘法曲线拟合,即寻找函数以使观测点 x_i 处的误差[函数值 $f(x_i)$ 与观测数据 y_i 的差]的平方和达到最小,亦即求使 $\sum\limits_{i=1}^{n}[f(x_i)-y_i]^2$ 值最小的函数 $y=f(x)$。

拟合函数 $y=f(x)$ 的形式如何设定是一个难点。常见的可以选取线性函数、多项式函数、指数函数、对数函数等作为拟合函数。因此,一元回归可根据 $f(x)$ 的类型分为多项式拟合和非线性拟合。

如果 $f(x)=c_0+c_1x+c_2x^2+\cdots+c_mx^m$ 是 m 次多项式函数,则称为多项式拟合,此时的参数即多项式的系数。如果 $f(x)$ 为指数函数、对数函数、幂函数、三角函数等,例如 $a(1+be^{cx})$,$a+b^x$,$\sin ax+\cos bx$,$a+b\ln x$ 等,则称为非线性拟合,其中 a,b,c 是待定的参数。

根据拟合的结果,可以通过画出原始数据和拟合数据的对比图,直观地比较拟合效果的好坏;也可以利用拟合函数在观测点 x_i 处的误差[函数值 $f(x_i)$ 与观测数据 y_i 的差]的平方和判断拟合效果,但是这和观测数据的大小有密切关系。为了消除数据大小的影响，可以通过可决系数判断拟合效果的优劣。可决系数的计算公式为：

$$R^2 = 1 - \frac{\sum_{i=1}^{n}[y_i - f(x_i)]^2}{\sum_{i=1}^{n}(y_i - \bar{y})^2}。\tag{6.1}$$

其中 $\bar{y} = \frac{1}{n}\sum_{i=1}^{n} y_i$ 是观测数据的平均值。显然，$0 \leqslant R^2 \leqslant 1$，$R^2$ 越趋近于1，表明拟合效果越好。

拟合和本书5.4节中插值的区别：插值函数一般是用简单函数（例如多项式函数）近似代替较复杂函数，它的近似标准是在插值点处的误差为零；而数据拟合函数不要求过所有的数据点，只要求反映原函数整体的变化趋势，以节点处的“总误差”最小为标准得到更简单适用的近似函数。

6.1.1 多项式拟合

1. 多项式的表示方法及求值

在MATLAB中，n 次多项式 $f(x)=a_n x^n + a_{n-1}x^{n-1} + \cdots + a_1 x + a_0$ 用按降幂排列的多项式系数构成数组 $(a_n, a_{n-1}, \cdots, a_1, a_0)$（也称为系数向量）表示，这样多项式的问题就转化为向量的问题。显然，数组与多项式一一对应。

多项式用向量表示时，直接输入系数即可。

注意 ①MATLAB自动将向量的元素按照降幂的顺序分配给各幂系数。②多项式如果有零系数的项，系数向量必须包含元素零，因为MATLAB无法辨认哪一项为零。

将一个向量转化为多项式，只需要利用MATLAB符号工具箱中的函数poly2sym就可以实现。命令为：

```
poly2sym(p)   %把系数向量转换成符号多项式
```

多项式也可以由某个矩阵的特征多项式创建，n 阶方阵的特征多项式系数向量是 $n+1$ 维的，且第一个元素值为1。

求多项式的值有两种算法：一种以矩阵为计算单元，进行矩阵式运算；另一种以数组为计算单元。这两种算法的结果在数值上有很大的差别，这主要是由矩阵计算和数组计算的差别导致的。

(1)按矩阵运算规则计算多项式的值：PM=polyvalm(p,S)，其中 p 为多项式，S 为矩阵。将 S 作为变量带入多项式求值，结果是与 S 同维的矩阵。

(2)按数组运算规则计算多项式的值：Pl=polyval(p,S)，其中 p 为多项式，S 为矩阵。将 S 的每一个元素带入多项式求值，结果是与 S 同维的矩阵。

例6.1 求一个3阶矩阵的特征多项式，并求其在 $x=1,2,3$ 点的值。

分析 随机产生一个3阶整数矩阵，先求其特征多项式的系数，然后由此系数得到多项式的表达式，最后再求该多项式的值。

解 输入命令：

```
A=rand(3)*10;          %随机生成一个3阶矩阵，扩大10倍
B=round(A)             %四舍五入产生一个整数矩阵
p1=poly(B)             %矩阵B的特征多项式的系数
f=poly2sym(p1)         %将系数向量p1转换成符号多项式
x=[1,2,3];
P1=polyval(p1,x)       %计算矩阵B的特征多项式在x点的值
```

结果为：

```
B=4    9    4
  6    7    9
  8    2    9
p1=1.0000  -20.0000  23.0000  -166.0000
f=x^3-20*x^2+23*x-166
P1=-162.0000  -192.0000  -250.0000
```

2. 多项式拟合的 MATLAB 实现

在 MATLAB 中，n 次多项式拟合的命令为 polyfit，其调用格式为：

```
p=polyfit(x,y,n)
```

其中，x，y 是给定数据点的横纵坐标，n 是拟合多项式的次数，p 是拟合多项式按自变量降幂排列的多项式系数向量。

例 6.2 为了分析 X 射线的杀菌作用，用 200 kV 的 X 射线来照射细菌，每次照射 6 min，照射次数记为 t，照射后的细菌数 y 见表 6.1。

表 6.1 X 射线照射次数与残留细菌数

t	1	2	3	4	5	6	7	8	9	10	11	12	13	14	15
y	352	211	197	160	142	106	104	60	56	38	36	32	21	19	15

解决以下问题：

(1)求 y 与 t 的二次函数与三次函数关系；

(2)在同一坐标系内作出原始数据与拟合结果的散点图；

(3)建立评价标准并判断二次函数与三次函数的拟合效果；

(4)考虑问题的实际意义，说明选择多项式函数是否合适。

分析 首先作散点图(图 6.1)，若散点图的形状为曲线，则一般用多项式函数来拟合。难于决定的是选用几次多项式，本题将给出对这一问题的思考过程。

图 6.1　原始数据散点图

根据题目要求，求出 y 与 t 的二次函数关系：$y_2=1.9897t^2-51.1394t+347.8967$。同理，可求出三次函数关系：$y_3=-0.1777t^3+6.2557t^2-79.3303t+391.4095$。在同一坐标系内作出原始数据、二次函数、三次函数的图形，如图 6.2 所示。

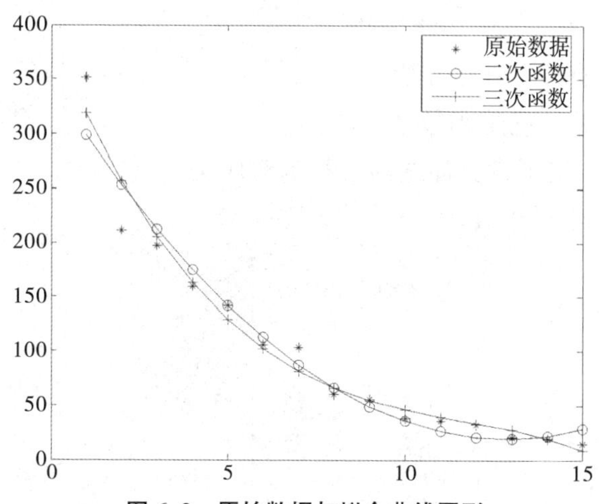

图 6.2　原始数据与拟合曲线图形

依据图 6.2 直接比较，不是特别清晰，进一步计算二次函数与三次函数的可决系数，得 $R_3=0.9673>0.9530=R_2$，所以三次函数拟合效果优于二次函数拟合。

另外，由问题的实际意义可知，随着照射次数的增加，残留的细菌数减少，且开始时减少幅度较大，但随着照射次数增加，减少的速度变得缓慢。而多项式函数随着自变量的增加，函数值趋向于无穷大，因此在有限的照射次数内用多项式拟合是可以的，如果照射次数超过 15 次，则拟合效果开始变差。例如 $t=16$ 时，用二次函数计算出细菌残留数为 39.0396，显然与实际不相符。

解　输入命令：

```
t=[1,2,3,4,5,6,7,8,9,10,11,12,13,14,15];
y=[352  211  197  160  142  106  104  60  56  38  36  32  21  19  15];
plot(t,y,'-o')
```

```
p2=polyfit(t,y,2)   %二次函数拟合
y2=1.9897*t.^2-51.1394*t+347.8967;   %二次函数表达式,用于计算在t点的函数值
p3=polyfit(t,y,3)   %三次函数拟合
y3==polyval(p3,t);   %三次函数在t点的函数值
figure(2)
plot(t,y,'*',t,y2,'ro-',t,y3,'+-'),
legend('原始数据','二次函数','三次函数')
R2=1-sum((y-y2).^2)/sum((y-mean(y)).^2)   %二次函数的可决系数
R3=1-sum((y-y3).^2)/sum((y-mean(y)).^2)   %三次函数的可决系数
```

说明　在计算多项式的值时,二次多项式采用多项式的表达式来计算,三次多项式采用的是命令 polyval,两者是一样的。

6.1.2　非线性拟合

对于非线性拟合,关键在于确定用什么函数来拟合,以及为了求解最佳参数,怎样解出初始参数问题。

1. 非线性拟合步骤

解决非线性拟合有以下几个步骤:

(1)首先作出散点图,确定函数 $f(x)$的类别。

图 6.3～图 6.8 给出了常见曲线与方程的对应关系。

①幂函数: $y=ax^b$,其中 $a>0$。

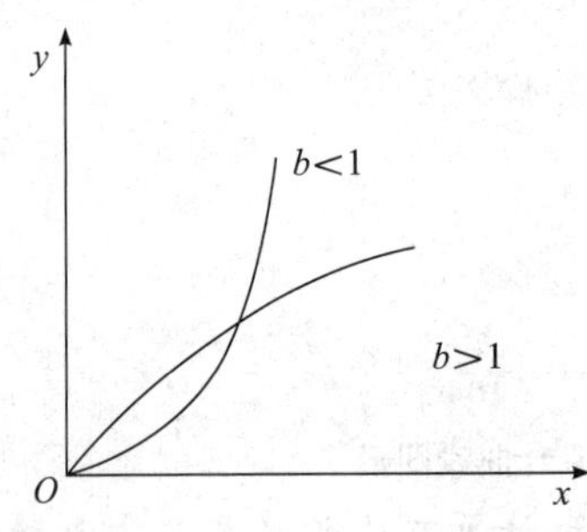

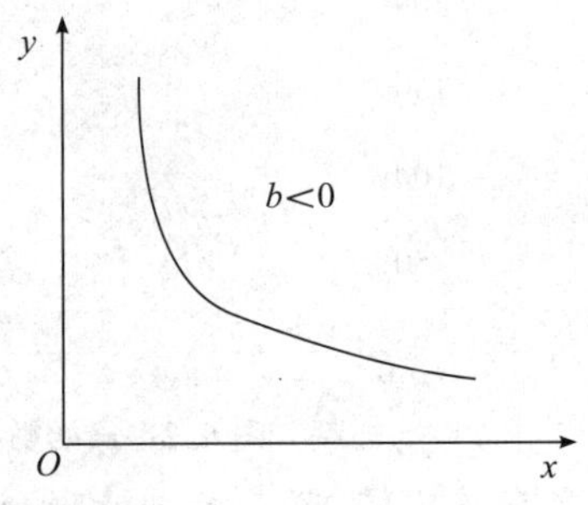

图 6.3　幂函数曲线

②指数函数: $y=ae^{bx}$,其中 $a>0$。

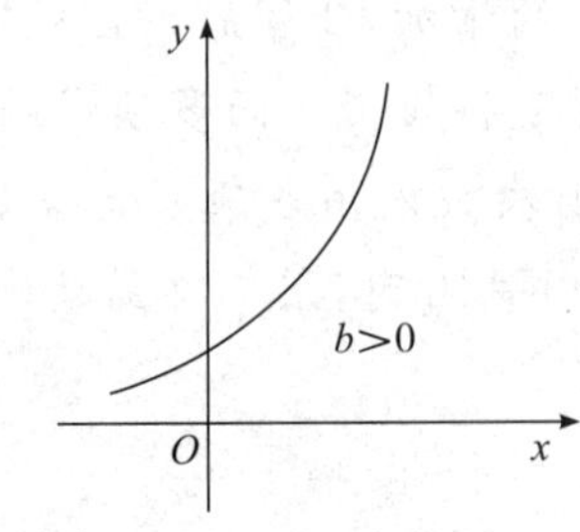

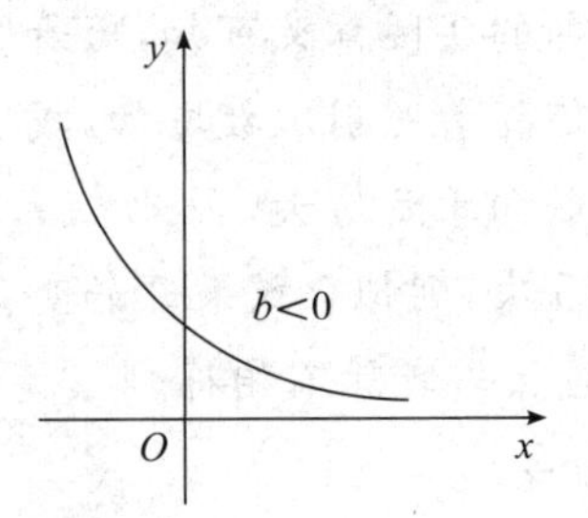

图 6.4　指数函数曲线

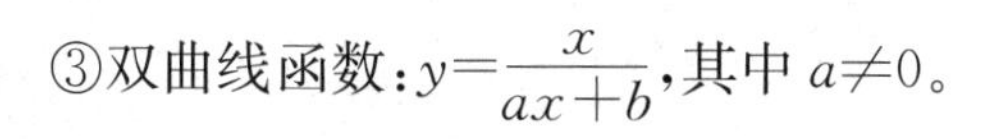

③双曲线函数：$y=\frac{x}{ax+b}$，其中 $a\neq 0$。

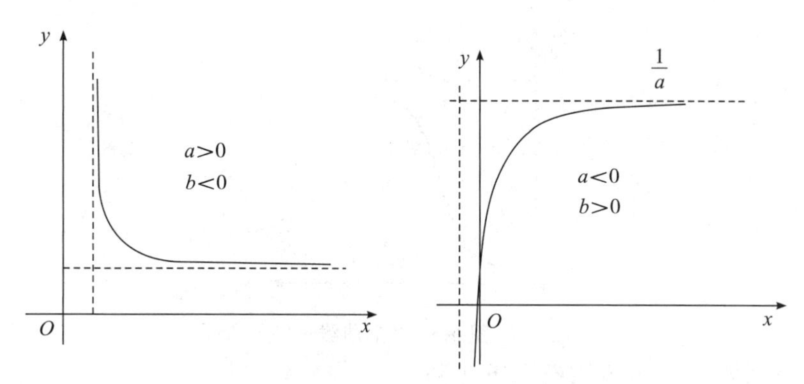

图 6.5　双曲线函数曲线

④对数函数：$y=a+b\ln x$。

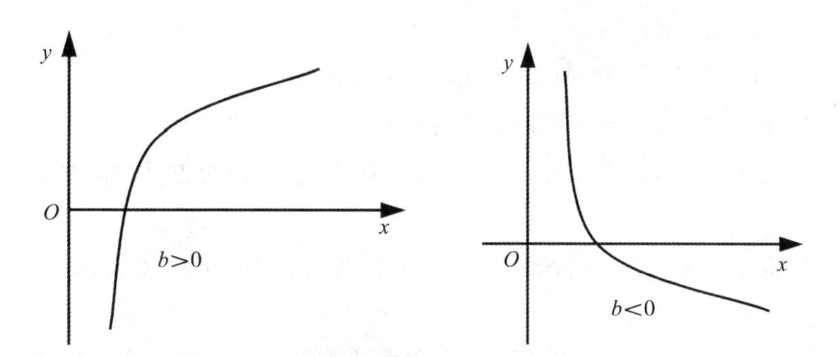

图 6.6　对数函数曲线

⑤倒指数函数：$y=ae^{\frac{b}{x}}$，其中 $a>0$。

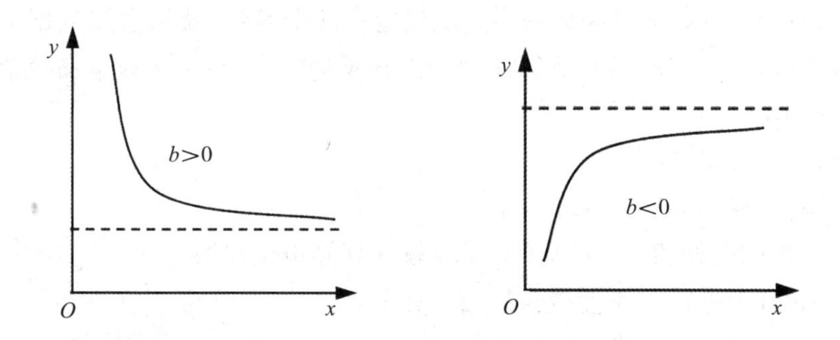

图 6.7　倒指数函数曲线

⑥S形曲线：$y=\dfrac{1}{a+be^{-x}}$，其中 $ab>0$。

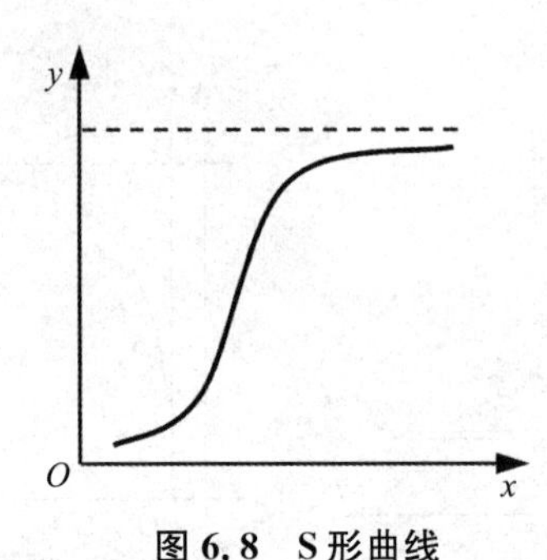

图 6.8　S形曲线

具有S形曲线的常见方程有以下4种：

逻辑斯蒂(logistic)模型：$y=\dfrac{\alpha}{1+\beta e^{-\gamma x}}$。

冈珀茨(Gompertz)模型：$y=\alpha\exp(-\beta e^{-kx})$。

理查德(Richard)模型：$y=\alpha/[1+\exp(\beta-\gamma x)]^{1/\delta}$。

韦布尔(Weibull)模型：$y=\alpha-\beta\exp(-\gamma t^{\delta})$。

(2)确定拟合函数以后，用 inline 定义函数，然后用已知的原始数据求解初始参数值。

inline 定义的函数主要用于曲线拟合、数值计算等，其调用格式为：

```
fun=inline('f(x)','参变量','x')
```

注意　①一般曲线拟合时，自变量 x 为向量或者矩阵，此时需要将函数表达式中的某些运算(二级及以上运算)改成点运算。②如果参变量不止一个，由于在 inline 中只能用一个变量表示，此时其他各个参变量要写成该参变量的各个分量。

初始参数 b_0 的计算：根据函数的表达式确定有几个参数，就从已知数据中选择几组数据，代入含有参数的方程中，得到以参数为未知量的方程组，利用以下命令求解：

```
[x,y,…]=solve('方程1','方程2',…)
```

如果出现复数解，则只取实部。

注意　此时只是初始参数值。

(3)根据参数的初始值，利用 MATLAB 软件计算最佳参数。

在 MATLAB 中进行非线性拟合的命令如下：

```
[b,r,J]=nlinfit(x,y,fun,b0)
```

其中：x，y 为原始数据，应同为行向量(或同为列向量)；fun 是在 M 文件中用 inline 定义的函数；b_0 是函数中参数的初始值；b 为参数的最优值；r 是各点处的拟合残差；J 为雅克比矩阵的数值。

(4)根据可决系数，比较拟合效果。

2. 非线性拟合实例

例 6.3　炼钢厂出钢时所用盛钢水的钢包的实验数据见表6.2。

表 6.2 钢包使用次数与增大容积(单位:m^3)

使用次数	增大容积	使用次数	增大容积
2	6.42	10	10.49
3	8.2	11	10.59
4	9.58	12	10.6
5	9.5	13	10.8
6	9.7	14	10.6
7	10	15	10.9
8	9.93	16	10.76
9	9.99		

由于受钢水对耐火材料侵蚀的影响,钢包的容积不断增大。请根据要求找出使用次数与增大容积之间的函数关系。

(1)分别选择函数 $y=\frac{x}{ax+b}$, $y=a(1+be^{cx})$, $y=ae^{\frac{b}{x}}$, $y=ax^2+bx+c$ 拟合钢包容积与使用次数的关系,并在同一坐标系内作出函数图形;

(2)计算四种拟合曲线的均方差,并以此作为判别标准确定最佳拟合曲线;

(3)二次多项式拟合的效果如何?分析内在原因。

分析 首先要绘制散点图,然后根据散点图确定拟合曲线的类型。这是一元非线性拟合中的关键。一般可以根据图 6.3~图 6.8 选择拟合曲线的类型。本题已经给出拟合函数的类型,无须绘制散点图。

对于函数 $y=\frac{x}{ax+b}$,由于其有 2 个参变量 a 和 b,选择两点(2,6.42)和(10,10.49),通过调用 solve 命令计算得到

$$x_1=0.8022029584621461175010171384110 1e-1,$$

$$y_1=0.1510858880583495926991735193583 0。$$

选择初始参数值 $b_{01}=[0.08,0.15]$,运用 inline 输入函数(注意分子 x 点除分母),然后运用 nlinfit 命令得到最佳参数值 $b_1=[0.0845,0.1152]$,即拟合函数为

$y=\frac{x}{0.0845x+0.1152}$,最后计算得出可决系数为 $R_{21}=0.9391$。

类似地,可以对 $y=a(1+be^{cx})$, $y=ae^{\frac{b}{x}}$ 分别进行非线性拟合,对 $y=ax^2+bx+c$ 直接用多项式拟合命令,得到拟合函数

$$y=10.5975(1-0.9288e^{-0.4531x}),\ y=11.6037e^{-\frac{1.0641}{x}},$$

$$y=-0.0290x^2+0.7408x+6.0927。$$

三个拟合函数的可决系数分别为 $R_{22}=0.9466$, $R_{23}=0.9561$, $R_{24}=0.8593$,可见

$$R_{23}>R_{22}>R_{21}>R_{24}。$$

由此可知，第三个函数 $y=ae^{\frac{b}{x}}$ 的拟合效果最好，第四个函数多项式的拟合效果最差。其原因在于，第四个函数多项式没有渐近线。而由实际情况可知，钢包使用的年龄是有限的。画出四种拟合函数与原始数据的对比图，如图 6.9 所示。

解 输入程序：

```
%求分式函数 y=x(ax+b)的拟合参数
x=[2:16];y=[6.42,8.2,9.58,9.5,9.7,10,9.93,9.99,10.49,10.59,10.6,10.8,10.6,10.9,10.76];
[x10,y10]=solve('6.42=2/(a*2+b)','10.49=10/(a*10+b)')  %求初始参数
b01=[0.08,0.15];  %初始参数值
fun1=inline('x./(b(1)+b(2)*x)','b','x');  %输入函数 y=x(ax+b)
[b1,r1,j1]=nlinfit(x,y,fun1,b01);b1  %计算最佳参数
y1=x./(0.0845*x+0.1152);  %由最佳参数得到函数表达式
R21=1-sum((y-y1).^2)/sum((y-mean(y)).^2)  %计算可决系数
subplot(2 2 1)
plot(x,y,'*',x,y1,'-or');
legend('原始数据','y=x/(ax+b)')  %画出原始数据和拟合数据的对比图
  %求函数 y=a(1+be^(cx))的拟合参数
[x20,y20,z20]=solve('6.42=a*(1+b*exp(c*2))','10.49=a*(1+b*exp(c*10))','10.76=
a*(1+b*exp(c*16))')
b02=[10.8,-0.78,-0.33];
fun2=inline('b(1)*(1+b(2)*exp(b(3)*x))','b','x');
[b2,r2,j2]=nlinfit(x,y,fun2,b02);b2
y2=10.5975*(1-0.9288*exp(-0.4531*x));
subplot(2 2 2)
plot(x,y,'*',x,y2,'-or');
legend('原始数据','y=a(1+bexp(cx)')
R22=1-sum((y-y2).^2)/sum((y-mean(y)).^2)
  %求函数 y=ae^(b/x)的拟合参数
[x30,y30]=solve('6.42=a*exp(b/2)','10.49=a*exp(b/10)')
b03=[11.86,-1.23];
fun3=inline('b(1)*exp(b(2)./x)','b','x');
[b3,r3,j3]=nlinfit(x,y,fun3,b03);b3
y3=11.6037*exp(-1.0641./x);
subplot(2 2 3)
plot(x,y,'*',x,y3,'-or');
legend('原始数据','y=aexp(b/x)')
R23=1-sum((y-y3).^2)/sum((y-mean(y)).^2)
  %求多项式 y=ax^2+bx+c 的拟合参数
p=polyfit(x,y,2),  y4=polyval(p,x);
subplot(2 2 4)
```

```
plot(x,y,'*',x,y4,'-or');
legend('原始数据','二次函数')
R24=1-sum((y-y4).^2)/sum((y-mean(y)).^2)
```

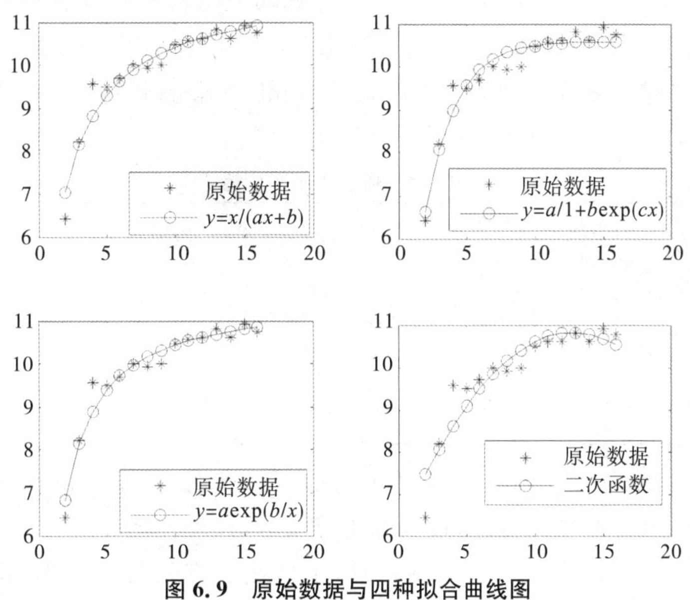

图 6.9 原始数据与四种拟合曲线图

说明 (1)为了评价曲线的拟合效果,除了用可决系数,还可以用均方残差作为评价准则:

$$\mathrm{MSE}=\sum_{i=1}^{15}(y_i-\hat{y}_i)^2/(n-p)。\tag{6.2}$$

其中,y_i 是原始数据,$\hat{y}_i$ 是拟合曲线在 x_i 处的函数值,n 是原始数据的个数,p 是拟合曲线中参数个数。均方残差消除了原始数据个数和曲线中参数个数的影响。均方残差值越小越好。本题计算均方残差程序如下:

```
[sum(r1.^2)/(15-2),sum(r2.^2)/(15-3),sum((y-y3).^2)/(15-3),sum(r4.^2)/(15-2)]
```

结果为:

```
M=0.0921    0.0875    0.2306    0.0664
```

由此易知,$M(4)<M(2)<M(1)<M(3)$。评价结果仍然是函数 $y=a\mathrm{e}^{\frac{b}{x}}$ 拟合效果最好,多项式拟合效果最差,和前面可决系数的评价效果一致,说明两种评价准则都具有稳定性。

(2)如果确定初始参数值时遇到复杂的方程组,可以根据本书 5.2 节中介绍的计算方程零点的方法,利用 MATLAB 计算初始值。

(3)求初始参数值时,如果得到的解不止一个,有实数解也有复数解,应该选择实数解;如果没有实数解,应该选择复数解的实数部分。

例 6.4 体重约 70 kg 的某人在短时间内喝下 2 瓶啤酒。隔一定时间测量其血液中酒精含量(单位:mg/100 mL),得到的数据见表 6.3。

(1)依据表 6.3 中数据作出时间与人体血液中酒精含量的散点图,根据图形考虑能否选择多项式函数进行拟合，并说明原因；

(2)建立人体血液中酒精含量与酒后时间的函数关系；

(3)根据《车辆驾驶人员血液、呼气酒精含量阈值与检验》(GB 19522—2010)，车辆驾驶人员血液中的酒精含量大于或等于 20 mg/100 mL 且小于 80 mg/100 mL 为饮酒后驾车，血液中的酒精含量大于或等于 80 mg/100 mL 为醉酒后驾车。此人在短时间内喝下 2 瓶啤酒，隔多长时间开车是安全的？

表 6.3　血液中酒精含量

时间/h	0.25	0.5	0.75	1	1.5	2	2.5	3	3.5	4	4.5	5
酒精含量/(mg/100 mL)	30	68	75	82	82	77	68	68	58	51	50	41
时间/h	6	7	8	9	10	11	12	13	14	15	16	
酒精含量/(mg/100 mL)	38	35	28	25	18	15	12	10	7	7	4	

分析　首先画散点图，如图 6.10 所示。根据散点图，似乎可以选择二次多项式拟合，但是图形不具有对称性。另外，此人喝下啤酒后，经过一定时间其血液中酒精含量是在下降的，下降过程应该有一个水平渐近线，多项式没有任何渐近线，故本例不适合用多项式拟合。根据散点图，宜选择函数 $y=at^b e^{ct}$ 进行拟合。

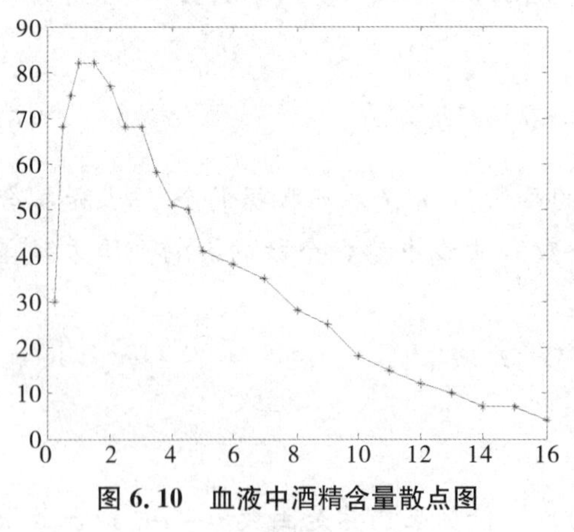

图 6.10　血液中酒精含量散点图

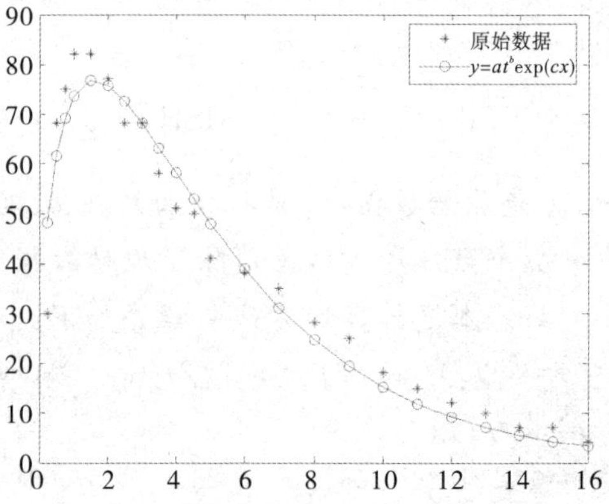

图 6.11　原始数据和拟合数据的对比图

通过调用 solve 命令解得初始参数值：

$a=-73.98405892851719790274123449468 7+128.14414901436161914825162797716i$，

$b=1.0446771578791865430088038652729-1.3924782773028594253953941037537i$，

$c=-0.5902775834087630358797265953525 3-8.3775804095727819692337156887453i$。

a,b,c 均为复数，选取其实数部分 $b_0=(-74,1.05,-0.6)$ 作为初始参数值，调用 nlinfit 命令求得最佳参数值 $b=(98.7189,0.4682,-0.2955)$，得到拟合曲线

$$y=98.7189t^{0.4682}e^{-0.2955t},$$

绘制原始数据和拟合数据的对比图，如图 6.11 所示。最后，根据《车辆驾驶人员血液、呼气酒精含量阈值与检验》，选择血液中酒精含量 $y=20$ mg/100 mL 为阈值，结合非线性

拟合工具箱中的交互图形(图 6.12)得到酒后时间 $t=8.85$。因此,此人在短时间内喝下2瓶啤酒,9个小时以后开车是安全的。

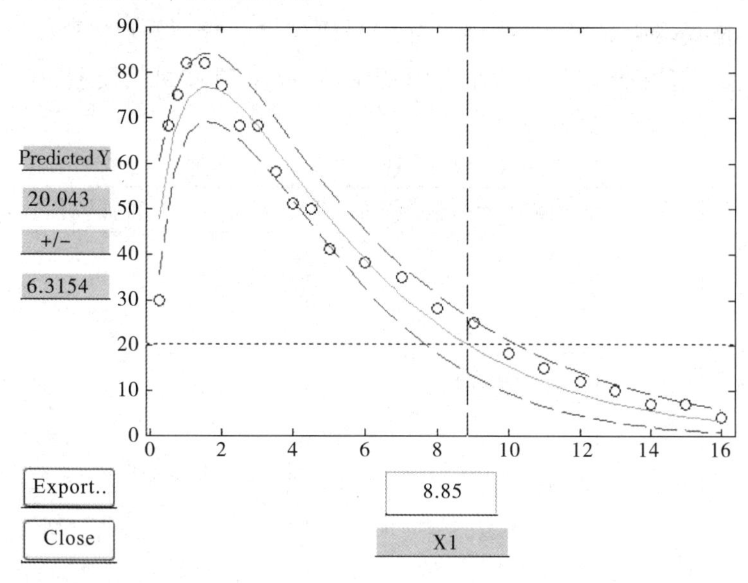

图 6.12　非线性拟合交互图(附彩图)

解　在M文件中输入:

```
t=[0.25 0.5 0.75 1 1.5 2 2.5 3 3.5 4 4.5 5 6 7 8 9 10 11 1213 14 15 16];
y=[30 68 75 82 82 77 6868 58 51 5041 38 35 2825 18 15 1210 7 7 4];
plot(t,y,'*-')  %绘制散点图
[a,b,c]=solve('30=a*((0.25)^b)*exp(0.25*c)','82=a*(1^b)*exp(1*c)','50=a*((4.5)^b)*exp(4.5*c)');  %求初始参数值
b0=[-73,1.05,-0.6];  %初始参数值
fun=inline('b(1)*(t.^b(2)).*exp(b(3)*t)','b','t');  %输入函数 y=a(t^b)(e^(ct))的表达式
[b,r,j]=nlinfit(t,y,fun,b0);b  %求最佳参数
y1=98.7189*(t.^0.4682).*exp(-0.2955*t);  %写出函数的表达式
figure(2)
plot(t,y,'*',t,y1,'-or');
legend('原始数据','y=at^bexp(cx)')  %绘制原始数据和拟合函数的对比图
figure(3)
nlintool(t,y,fun,b0)  %非线性拟合工具箱中交互图形
```

说明　本例运用了非线性拟合的 GUI 界面命令 nlintool[调用格式为 nlintool(x,y,fun,b0),其中输入参数 x,y,fun,b_0 与命令 nlinfit 中的参数含义相同],得到如图 6.12 所示的交互图形。图中的圆圈是实验的原始数据点,两条虚线为 95%上、下置信区间的曲线(屏幕上显示为红色),中间的实线(屏幕上显示为绿色)是回归模型曲线,横向的蓝色虚线显示了因变量(血液中酒精含量)值(20.043),纵向的虚线给出了在对应点的自变量(酒后时间)值(8.85)。

◆ 习题

1.表6.4是我国从1955年到1999年的科研支出经费。分别将科技三项费、科研基建费作为自变量,将科研支出总额作为因变量,建立多项式回归模型,比较两个模型的拟合效果。

表6.4　1953—1999年科研支出经费

年份	科研支出总额/万元	科技三项费/万元	科研基建费/万元
1955	2.13	1.92	0.21
1956	5.23	3.53	1.70
1957	5.23	2.98	2.25
1958	11.24	7.25	3.99
1959	19.15	12.33	6.82
1960	33.81	22.68	11.13
1961	19.49	15.54	3.95
1962	13.73	10.62	3.11
1963	18.61	13.85	4.76
1964	24.27	17.62	6.65
1965	27.17	20.27	6.90
1966	25.06	19.26	5.80
1967	15.35	13.56	1.79
1968	14.80	11.29	3.51
1969	24.15	10.74	4.56
1970	29.96	14.78	4.05
1971	37.68	19.95	4.27
1972	36.10	18.71	4.49
1973	34.59	19.41	3.07
1974	34.65	20.59	3.05
1975	40.31	24.59	2.67
1976	39.25	21.65	4.17
1977	41.48	22.35	3.90
1978	52.89	25.47	6.66
1979	62.29	28.41	9.40
1980	64.59	27.57	11.27
1981	61.58	24.12	10.46
1982	65.29	26.38	11.17

续表

年份	科研支出总额/万元	科技三项费/万元	科研基建费/万元
1983	79.10	35.51	11.90
1984	94.72	42.32	14.74
1985	102.59	44.35	18.83
1986	112.57	49.63	20.30
1987	113.79	50.60	22.87
1988	121.12	54.05	19.70
1989	127.87	59.13	17.91
1990	139.12	63.48	17.47
1991	160.69	73.32	18.40
1992	189.26	89.41	24.55
1993	225.61	106.56	33.95
1994	268.25	114.22	36.06
1995	302.36	136.02	38.00
1996	348.63	155.01	48.55
1997	408.86	189.97	42.74
1998	438.60	189.90	47.28
1999	543.85	272.80	52.89

2. 两个变量 x,y 的取值见表 6.5。

表 6.5　变量 x,y 的取值

x	−1.7	−1.4	−1.1	−0.8	−0.5	−0.2	0.1	0.4	0.7	1.0	1.3	1.6	1.9
y	−0.17	−0.36	−0.60	−0.77	−0.71	−0.35	0.18	0.62	0.79	0.67	0.44	0.23	0.09

试根据表 6.5 建立 x 与 y 的多项式函数关系模型，并画出原始数据和拟合数据的图形。

3. 为测定刀具的磨损速度，每隔 1 h 测量一次刀具的厚度，由此得到以下数据(表 6.6)，试根据这组数据建立 y 与 t 之间的拟合函数。

表 6.6　刀具的厚度与时间

时间 t/h	0	1	2	3	4	5	6	7
厚度 y/mm	27.0	26.8	26.5	26.3	26.1	25.7	25.3	24.8

4. 某种合金中的主要成分为 A，B 两种金属。实验发现，这两种金属质量之和 x(单位:g)与合金的膨胀系数 y 有一定关系，见表 6.7。建立描述这种关系的数学表达式。

表 6.7　金属质量 x 与膨胀系数 y

x	37	37.5	38	38.5	39	39.5	40	40.5	41	41.5	42	42.5	43
y	3.4	3	3	2.27	2.1	1.83	1.53	1.7	1.8	1.9	2.35	2.54	2.9

5. 已知实验数据见表 6.8。

表 6.8 实验数据

x	y	x	y
50	34780	90	8266
55	28610	95	7030
60	23650	100	6005
65	19630	105	5147
70	16370	110	4427
75	13720	115	3820
80	11540	120	3307
85	9744	125	2872

(1)作出散点图，选择曲线 $y=ae^{\frac{b}{x}}$ 进行拟合；

(2)计算误差平方和，并分析该误差是否近似服从正态分布；

(3)在同一坐标系内作出原始数据与拟合曲线的图形，计算可决系数 R^2。

6. 根据表 6.9 中给出的 1971—1990 年人口统计数据，分别用多项式和指数函数进行拟合，并利用你所得到的公式估计 1991—2004 年我国人口数。

表 6.9 1971—1990 年人口统计数据

年份	人口/亿	年份	人口/亿	年份	人口/亿	年份	人口/亿
1971	8.5229	1976	9.3717	1981	10.0072	1986	10.7507
1972	8.7177	1977	9.4974	1982	10.1654	1987	10.9300
1973	8.9221	1978	9.6259	1983	10.3008	1988	11.1026
1974	9.0859	1979	9.7542	1984	10.4357	1989	11.2704
1975	9.2420	1980	9.8705	1985	10.5851	1990	11.4333

7. 海水温度随着深度的变化而变化。海面温度较高，随着深度的增加，海水温度越来越低，这样也就影响了海水的对流，使得深层海水中的氧气越来越少。这是潜水员必须考虑的问题。根据这一规律，也可对海水鱼层进行划分。现在通过实验测得一组海水深度 h 与温度 t 的数据，见表 6.10。

(1)找出温度 t 与海水深度 h 之间的近似函数关系；

(2)找出温度变化最快的深度(潜水时，潜水员需要根据下潜深度更换吸入气体种类。此位置即为更换吸入气体种类的位置，也是不同种类鱼层的分界位置)。

表 6.10 海水温度随深度变化数值

t	23.5	22.9	20.1	19.1	15.4	11.5	9.5	8.2
h	0	1.5	2.5	4.6	8.2	12.5	16.5	26.5

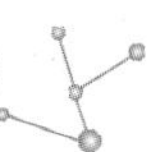

8. 已知变量 y 与时间 t 有一定的函数关系，实验数据见表 6.11。

表 6.11 实验数据 1

t	1	2	3	4	5	6	7	8
y	16.08	33.83	65.8	97.2	191.55	326.2	386.87	520.53
t	9	10	11	12	13	14	15	16
y	590.03	651.92	724.93	699.56	689.96	637.56	717.41	730.15

根据表 6.11 中数据作出散点图，选择曲线 $y=\dfrac{a}{1+e^{b-ct}}$ 进行拟合，并评价拟合效果。

9. 已知变量 y 与时间 t 有一定的函数关系，实验数据见表 6.12。

表 6.12 实验数据 2

t	1	2	3	4	5	6	7	8
y	22.28	33.83	65.8	97.2	191.55	326.2	386.87	520.53
t	9	10	11	12	13	14	15	16
y	590.03	651.92	724.93	699.56	689.96	637.56	717.41	730.15

根据表 6.12 中数据作出散点图，选择曲线 $y=\dfrac{a}{1+e^{b-ct}}$ 进行拟合，并评价拟合效果。

10. 变量 x,y 的实验数据见表 6.13。

表 6.13 实验数据 3

x	0.50	0.60	0.70	0.80	0.90	1.00	1.10	1.20
y	3.65	5.38	6.53	7.29	7.81	8.25	8.49	8.70
x	1.30	1.40	1.50	1.60	1.70	1.80	1.90	2.00
y	8.86	8.99	9.09	9.20	9.22	9.27	9.36	9.45

根据表 6.13 中数据作出散点图，用函数 $y=a+\dfrac{b\ln x}{x}$ 拟合，并评价拟合效果。

11. 变量 x,y 满足一定关系，见表 6.14。

表 6.14 实验数据 4

x	0.10	0.30	0.50	0.70	0.90	1.10	1.30	1.50	1.70	1.90
y	0.93	1.37	1.50	1.51	1.45	1.36	1.26	1.15	1.04	0.93
x	2.10	2.30	2.50	2.70	2.90	3.10	3.30	3.50	3.70	3.90
y	0.83	0.74	0.65	0.57	0.51	0.44	0.39	0.34	0.30	0.26

根据表 6.14 中数据作出散点图，用函数 $y=ax^b e^{-cx}$ 拟合。x 为多少时，y 达到最大值？

6.2 多元线性回归分析

6.2.1 多元线性回归模型

设 y 是一个可观测的随机变量，如果其取值受到 p 个非随机变量 $x_1,x_2,\cdots,x_p$ 和随机误差 ε 的影响，且有

$$y=\beta_0+\beta_1x_1+\beta_2x_2+\cdots+\beta_px_p+\varepsilon,\tag{6.3}$$

其中 $\beta_0,\beta_1,\cdots,\beta_p$ 是未知参数，$\varepsilon\sim N(0,\sigma^2)$，则称该模型为多元线性回归模型，称 x_1，$x_2,\cdots,x_p$ 为自变量（解释变量），y 为因变量（内生变量、被解释变量）。

式(6.3)可以表示为 $y=(1,x_1,x_2,\cdots,x_p)\begin{pmatrix}\beta_0\\\beta_1\\\vdots\\\beta_p\end{pmatrix}+\varepsilon$，即 $y=X\beta+\varepsilon$。其中 $X=(1,x_1,x_2,\cdots,x_p)$ 由 1 和自变量 $x_1,x_2,\cdots,x_p$ 组成。

进行 n 次实验（或观测）后，理论上可以认为每一组实验数据都满足：

$$y_j=\beta_0+\beta_1x_{1j}+\beta_2x_{2j}+\cdots+\beta_px_{pj}+\varepsilon_j\,(j=1,2,\cdots,n)。\tag{6.4}$$

其中 ε_j 相互独立且服从 $N(0,\sigma^2)$。

记 $Y=\begin{pmatrix}y_0\\y_1\\\vdots\\y_n\end{pmatrix},X=\begin{pmatrix}1&x_{11}&x_{21}&\cdots&x_{p1}\\1&x_{12}&x_{22}&\cdots&x_{p2}\\\cdots&\cdots&\cdots&\cdots&\cdots\\1&x_{1n}&x_{2n}&\cdots&x_{pn}\end{pmatrix},\beta=\begin{pmatrix}\beta_0\\\beta_1\\\vdots\\\beta_p\end{pmatrix},\varepsilon=\begin{pmatrix}\varepsilon_0\\\varepsilon_1\\\vdots\\\varepsilon_n\end{pmatrix}$，则式(6.4)可表示为

$$\begin{pmatrix}y_0\\y_1\\\vdots\\y_n\end{pmatrix}=\begin{pmatrix}1&x_{11}&x_{21}&\cdots&x_{p1}\\1&x_{12}&x_{22}&\cdots&x_{p2}\\\cdots&\cdots&\cdots&\cdots&\cdots\\1&x_{1n}&x_{2n}&\cdots&x_{pn}\end{pmatrix}\begin{pmatrix}\beta_0\\\beta_1\\\vdots\\\beta_p\end{pmatrix}+\begin{pmatrix}\varepsilon_0\\\varepsilon_1\\\vdots\\\varepsilon_n\end{pmatrix}$$

或者

$$\begin{cases}Y=X\beta+\varepsilon,\\E(\varepsilon)=0,COV(\varepsilon,\varepsilon)=\sigma^2I_n。\end{cases}\tag{6.5}$$

式(6.5)又称为高斯-马尔科夫线性模型，可简记为$(Y,X\beta,\sigma^2I_n)$。

线性模型$(Y,X\beta,\sigma^2I_n)$主要就是用实验值（样本值）对未知参数 β 和 σ^2 作点估计和假设检验，从而建立 y 与 $x_1,x_2,\cdots,x_p$ 之间的数量关系。注意：X 的第一列是 1 向量，因为线性模型[式(6.3)]有常数项，以后的各列向量（从第二列起）表示自变量，即随机变量 y 的影响因素。

由于 $E\varepsilon_j=0(j=1,2,\cdots,n)$，对式(6.2)两边求条件数学期望得到：

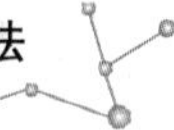

$E(y_j \mid x_{1j}, x_{2j}, \cdots, x_{pj}) = \beta_0 + \beta_1 x_{1j} + \beta_2 x_{2j} + \cdots + \beta_p x_{pj} (j = 1, 2, \cdots, n)$。

参数 β_i 也被称为回归系数，表示在其他解释变量保持不变的情况下，x_{ij} 每变化 1 个单位时，Y 的均值 $E(Y)$ 的变化；或者说 β_i 给出了 X_j 的单位变化对 Y 均值的“直接”或“净”(不含其他变量) 影响。

对未知参数 β_i，可以利用最小二乘法

$$\min \sum_{j=1}^{n} (y_j - \beta_0 - \beta_1 x_{1j} - \beta_2 x_{2j} - \cdots - \beta_p x_{pj})^2$$

估计。由极值原理，我们得到如下的正规方程组：

$$\frac{\partial}{\partial \beta_i} \sum_{j=1}^{n} (y_j - \beta_0 - \beta_1 x_{1j} - \beta_2 x_{2j} - \cdots - \beta_p x_{pj})^2 = 0 (i = 0, 1, \cdots, p)。$$

求得正规方程组的解 $\hat{\beta}_0, \hat{\beta}_1, \cdots, \hat{\beta}_p$，即得多元线性回归模型

$$\hat{y} = \hat{\beta}_0 + \hat{\beta}_1 x_1 + \cdots + \hat{\beta}_k x_k。 \tag{6.6}$$

同一元回归模型类似，我们对误差方差 σ^2 作估计，记残差平方和为

$$\mathrm{SSE} = \sum_{i=1}^{n} (y_i - \hat{y}_i)^2, \tag{6.7}$$

则 σ^2 的无偏估计为

$$\hat{\sigma}^2 = \frac{\mathrm{SSE}}{n-k-1} = \frac{\sum_{i=1}^{n} (y_i - \hat{y}_i)^2}{n-k-1}。 \tag{6.8}$$

对多元线性回归模型[式(6.6)]，还可以进行显著性假设检验，常用的有 F 检验法、r 检验法等，读者可以参考本书 7.3 节。

利用样本数据估计回归模型中的参数时，为了选择适当的参数估计方法，提高估计的精度，通常需要对模型的随机误差项和解释变量的特性先作出假设。回归模型的基本假设有以下 4 种：

假设 1：解释变量是非随机的或固定的，且各 X 之间互不相关(无多重共线性)。

假设 2：随机误差项具有零均值、同方差以及序列不相关性。

$$\begin{cases} E(\mu_i) = 0, \\ \mathrm{Var}(\mu_i) = E(\mu_i^2) = \sigma^2, \qquad (i \neq j, i, j = 1, 2, \cdots, n)。 \\ \mathrm{Cov}(\mu_i, \mu_j) = E(\mu_i \mu_j) = 0 \end{cases}$$

假设 3：解释变量与随机项不相关，即 $\mathrm{Cov}(X_{ji}, \mu_i) = 0$。

假设 4：随机误差项满足正态分布，即 $\mu_i \sim N(0, \sigma^2)$。

满足这些假设的回归模型称为古典回归模型。直观地看，这些假设的作用是便于分离回归模型中每个因素的单独影响。在回归分析的参数估计和统计检验理论中，许多结论都以这些假设作为基础。换句话说，这些假设的成立与否将直接影响回归分析中统计推断的结论。读者可以参考计量经济学相关教材，了解传统回归分析理论的推广应用。

6.2.2 多元线性回归步骤

利用多元回归模型解决实际问题通常有以下几个步骤：

(1)对问题进行分析。选择被解释变量(因变量)和解释变量(自变量)，分别作出各个自变量与因变量的散点图，初步判断是否可以用线性回归。

(2)建立模型。如果可以进行线性回归，则调用 MATLAB 中实现多元线性回归的 regress 命令，建立模型求解回归系数，调用 rcoplot(r，rint)命令分析数据异常点的情况。如果原始数据含有异常点，则应删除异常点，或引入虚拟变量改进模型。

MATLAB 中实现多元线性回归的命令如下：

```
[b,bint,r,rint,S]=regress(y,X,alpha)
```

输入：y 为因变量(列向量)，X 为 1 与自变量组成的矩阵，alpha 为显著性水平 α，缺省时设定为 0.05。

输出：b 为回归方程的系数 $\hat{\beta}_0,\hat{\beta}_1,\cdots,\hat{\beta}_k$；bint 为 b 的置信区间(尽量避免含有零点)；r 为残差(列向量)；rint 为 r 的置信区间；S 是用于检验回归模型的 4 个统计量，包括可决系数 R^2、F 统计量的值、与 $F(1,n-2)$统计量对应的分布大于 F 值的概率 p (当 $p<\alpha$ 时，回归模型有效)、均方差 sum(r.^2)/($n-k-1$)。

数据异常点的分析：在 MATLAB 中，用 rcoplot(r，rint)命令可以作出残差与残差置信区间图形。如果有异常点，则该点变成红色。利用索引向量删除该异常点，再次进行回归，配合统计量 S 的值，分析模型是否有效。

(3)对模型的残差进行检验。

首先，进行残差的正态性检验(jbtest，ttest)，看其是否符合正态分布(详见本书7.3.2)。

然后，进行残差的异方差检验，即戈德菲尔德-匡特(Goldfeld-Quandt)检验，简称为GQ 检验。为了检验异方差性，将样本按解释变量排序后分成两部分，即样本 1 和样本 2。利用样本 1 和样本 2 分别建立回归模型，并求出各自的残差平方和 RSS_1 和 RSS_2。若误差项的离散程度相同(即为同方差)，则 RSS_1 和 RSS_2 的值应该大致相等；若两者之间存在显著差异，则表明存在异方差。检验过程中，为了“夸大”残差的差异性，一般先在样本中部去掉 c 个数据(通常取 $c=n/4$)，计算实验值的 F 统计量：

$$F=\frac{RSS_2/[(n-c)/2-k-1]}{RSS_1/[(n-c)/2-k-1]}=\frac{RSS_2}{RSS_1}。$$

其中，n 为样本容量，c 为去掉的数据个数，k 为自变量个数。查表得 $FF=F\left(\frac{n-c}{2}-k-1,\frac{n-c}{2}-k-1\right)$的值。如果 $F<FF$，则认为不存在异方差。

最后，对残差进行自相关性检验。通常我们利用 DW 检验进行残差序列自相关性检验。该检验的统计量为：

$$DW=\sum_{t=2}^{n}(e_t-e_{t-1})^2/\sum_{t=1}^{n}e_t^2。$$

其中 e_t 为残差序列。对于计算出的结果，通过查表判断是否存在自相关性。

若 $d_u<DW<4-d_u$，则不存在自相关性；

若 $DW<d_l$，则存在一阶正相关；若 $DW>4-d_l$，则存在一阶负相关。

若 $d_l<DW<d_u$，或 $4-d_u<DW<4-d_l$，则无法判断是否存在自相关。

若存在自相关，则通过广义差分变换消除自相关性。

(4)对模型的结果给出合理的解释。

6.2.3　多元线性回归实例

例 6.5　表 6.15 给出了淮南市从 1978 年到 2001 年的生产总值以及第一产业、第二产业、第三产业的产值数据。

表 6.15　淮南市部分经济指标(单位:万元)

年份	生产总值	第一产业产值	第二产业产值	第三产业产值
1978	78258	9230	51827	17201
1979	81785	10007	52274	19504
1980	87645	10751	55502	21392
1981	99072	17263	58182	23627
1982	105386	17282	62020	26084
1983	118832	20961	66988	30883
1984	148277	25755	86215	36307
1985	166410	30103	93586	42721
1986	189776	35906	101085	52785
1987	208477	43335	104604	60538
1988	258354	45125	146327	66902
1989	284792	52227	164217	68348
1990	306605	57351	169721	79533
1991	275928	27740	173600	74588
1992	351233	55847	200975	94411
1993	532686	80047	324491	128148
1994	683059	124984	392063	166012
1995	834994	135121	472819	227054
1996	1063871	154935	603812	305124
1997	1187782	169629	644155	373998
1998	1203396	178378	603230	421788
1999	1238310	187165	595097	456048
2000	1259965	174217	586677	499071
2001	1348558	170622	638398	539538
2002	1521178	187438	—	—

(1)将各指标减去各自的均值再比上标准差(标准化),然后计算各指标之间的相关系数,并分析哪些指标之间具有高度线性关系;

(2)利用原始数据建立第一产业产值与第二产业产值的函数关系,在同一坐标系内作出原始数据与拟合曲线的散点图,计算均方误差、可决系数,并利用2002年第一产业产值预测第二产业产值;

(3)利用原始数据建立生产总值与第一、第二、第三产业产值的函数关系。

分析 本题的第一问是解决大样本数据的处理问题。因为各指标均为效益性指标,所以可以直接计算(读者可以思考怎样计算),亦可以利用 zscore 命令解决。计算指标之间的相关系数矩阵以后,可以获知哪些指标之间有较强的线性相关性。从标准化指标的相关系数矩阵(表6.16,其数值均大于0.9,接近1)可以看出,生产总值与各产业产值都有较强的线性关系,第一产业产值与第二产业产值以及第三产业产值之间也有较强的线性关系。

表6.16 生产总值与各产业的相关系数

	生产总值	第一产业产值	第二产业产值	第三产业产值
生产总值	1.0000	0.9891	0.9926	0.9821
第一产业产值	0.9891	1.0000	0.9884	0.9547
第二产业产值	0.9926	0.9884	1.0000	0.9530
第三产业产值	0.9821	0.9547	0.9530	1.0000

第二问要求建立第一产业产值与第二产业产值的函数关系,预测2002年的第二产业产值,因此可将第二产业产值视为因变量,第一产业产值视为自变量,转化为求解一次线性函数的问题。建立一次线性函数,可以调用多项式回归命令,也可以调用 regress 命令,只不过此时自变量的个数 $p=1$。本题可以利用多元线性回归的命令,得到回归系数,见表6.17。

表6.17 第二产业产值与第一产业产值的系数、系数置信区间与统计量

回归系数	回归系数估计值	回归系数置信区间
β_0	2819.36	[−20734,26372.72]
β_1	3.479	[3.24,3.72]
$R^2=0.97684$	$F=928.1, p<0.0000$	$s^2=1268131177.535$

函数关系为 $x_2=2819.36+3.479x_1$,均方误差 $s^2=1268131177.535$,可决系数 $R^2=0.97684$,原始数据与拟合曲线的散点图如图6.13所示。将2002年第一产业的产值187438代入上式,预测2002年第二产业的产值为658852,实际数值为740059,绝对误差为81207,相对误差为0.1233。

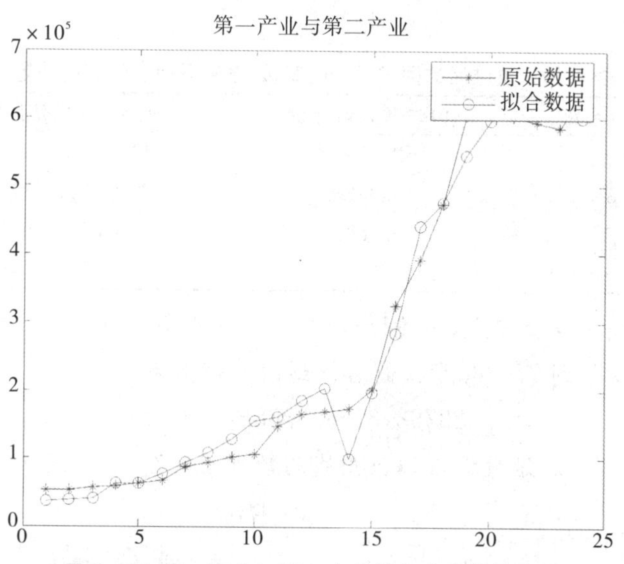

图 6.13 第一产业与第二产业拟合曲线的散点图

第三问就是建立生产总值与第一产业、第二产业之间的多元线性回归。调用命令 regress,可得到回归系数,见表 6.18。

表 6.18 生产总值与第一、二产业之间的系数、系数置信区间与统计量

回归系数	回归系数估计值	回归系数置信区间
β_0	−34934.10	[−69877.45,9.26]
β_1	2.4635	[0.1578,4.7692]
β_2	1.3080	[0.6530,1.9631]
$R^2=0.9881$	$F=872.7879, p<0.0000$	$s^2=2768037010$

从表 6.18 可以发现,β_0 的置信区间包含零点,模型需要改进。为此,作残差与残差置信区间的图形,如图 6.14 所示。

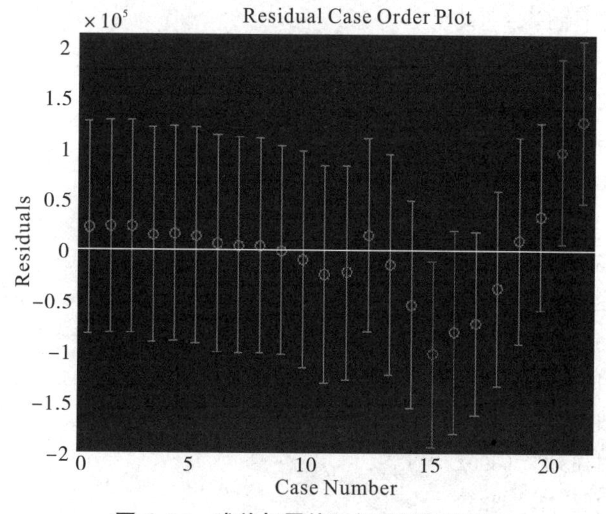

图 6.14 残差与置信区间图(附彩图)

由图 6.14 可见,第 17、第 23、第 24 个点是异常点。删除上述三点,再次进行回归,

结果见表 6.19。

表 6.19 改进后的回归模型的系数、系数置信区间与统计量

回归系数	回归系数估计值	回归系数置信区间
β_0	−23763.30	[−42703.29,−4823.29]
β_1	3.3368	[1.9925,4.6812]
β_2	0.9872	[0.6068,1.3676]
$R^2=0.9959$	$F=2211.55$, $p<0.0001$	$s^2=771266232$

此时,置信区间不包含零点,F 统计量增大,可决系数从 0.9881 增大到 0.9959,均方差由 2768037010 减小到 771266232,最后得到回归模型为

$$\hat{y}=-23763.3+3.3368x_1+0.872x_2。$$

可决系数 $R^2=0.9959$,原始数据与拟合曲线的散点图如图 6.15 所示。

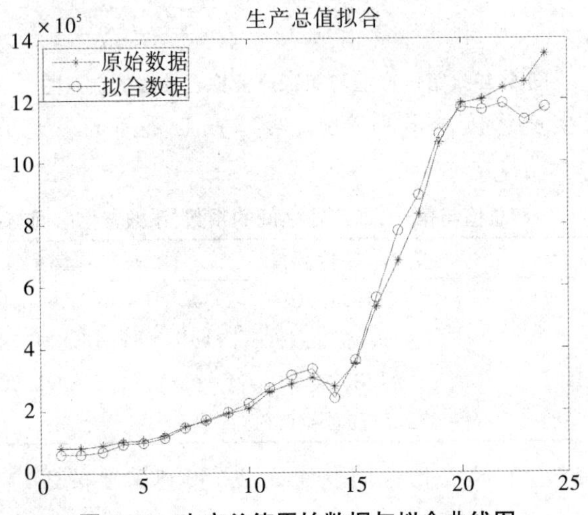

图 6.15 生产总值原始数据与拟合曲线图

解 在 M 文件中输入:

```
a=[78258  9230  51827  17201
81785  10007  52274  19504
87645  10751  55502  21392
99072  17263  58182  23627
105386  17282  62020  26084
118832  20961  66988  30883
148277  25755  86215  36307
166410  30103  93586  42721
189776  35906  101085  52785
208477  43335  104604  60538
258354  45125  146327  66902
284792  52227  164217  68348
306605  57351  169721  79533
275928  27740  173600  74588
```

```
351233  55847  200975  94411
532686  80047  324491  128148
683059  124984  392063  166012
834994  135121  472819  227054
1063871  154935  603812  305124
1187782  169629  644155  373998
1203396  178378  603230  421788
1238310  187165  595097  456048
1259965  174217  586677  499071
1348558  170622  638398  539538];  %首先输入原始数据
z=zscore(a);  %将原始数据标准化
R=corrcoef(a);  %计算各指标的相关系数矩阵
y=a(1:24,1);x1=a(1:24,2);x2=a(1:24,3);x3=a(1:24,4);
[b,bint,r,rint,s]=regress(x2,[ones(24,1),x1]); b,bint,s  %计算第一产业产值(x1)与第二产业产值(x2)之间的函数关系
t=1:24;
y1=3.5*x1+2819.4;  %根据拟合结果写出第一产业产值(x1)与第二产业产值(y1)的函数关系
plot(t,x2,'-*',t,y1,'-or')  %画图
legend('原始数据','拟合数据')
title('第一产业与第二产业')
x10=187438;y10=3.5*x10+2819.4  %预测2002年第二产业产值
X=[ones(24,1),x1,x2];
[b1,bint1,r1,rint1,s1]=regress(y,X); b1,bint1,s1  %计算生产总值(y)与第一产业产值、第二产业产值之间的多元函数关系
figure(2)
rcoplot(r1,rint1)  %绘制残差及置信区间图
%删除异常点以后进行回归的程序
k=[1:16,18:22];  %删除三个异常点
yy=y(k);
XX=X(k,:);
[b2,bint2,r2,rint2,s2]=regress(yy,XX); b2,bint2,s2  %重新拟合
figure(3)
y2=-23763.30+3.3368*x1+0.9872*x2;
plot(t,y,'*-',t,y2,'ro-')
legend('原始数据','拟合数据')
title('生产总值拟合')
```

说明 我们用第一产业产值的一次函数近似计算第二产业产值，得到的绝对误差较大，如图6.13所示。第一产业产值在1991年有一个异常点，这是因为1991年淮河洪灾造成淮南地区严重减产；第二产业产值从1997年开始逐年下降，直到2001年才出现上升。因此，如果我们选取虚拟变量纠正异常点，或者采取分段拟合的方法，就可以进一步缩小误差。

例 6.6 根据表 6.20 的数据建立血压与年龄、体重指数、吸烟习惯之间的回归模型。

表 6.20 血压、年龄、体重指数、吸烟习惯数据

序号	血压	年龄	体重指数	吸烟习惯
1	144	39	24.20	0
2	215	47	31.10	1
3	138	45	22.60	0
4	145	47	24.00	1
5	162	65	25.90	1
6	142	46	25.10	0
7	170	67	29.50	1
8	124	42	19.70	0
9	158	67	27.20	1
10	154	56	19.30	0
11	162	64	28.00	1
12	150	56	25.80	0
13	140	59	27.30	0
14	110	34	20.10	0
15	128	42	21.70	0
16	130	48	22.20	1
17	135	45	27.40	0
18	114	18	18.80	0
19	116	20	22.60	0
20	124	19	21.50	0
21	136	36	25.00	0
22	142	50	26.20	1
23	120	39	23.50	0
24	120	21	20.30	0
25	160	44	27.10	1
26	158	53	28.60	1
27	144	63	28.30	0
28	130	29	22.00	1
29	125	25	25.30	0
30	175	69	27.40	1

注:表 6.20 中血压数据仅仅表示收缩压(高压),单位为 mmHg;吸烟习惯“0”表示不吸烟,“1”表示吸烟;体重指数=体重/身高^2,单位为 kg/m^2。

分析 为了确定血压与上述三个指标之间存在何种关系，我们首先作出血压与年龄、血压与体重指数之间的散点图，如图 6.16 和图 6.17 所示。

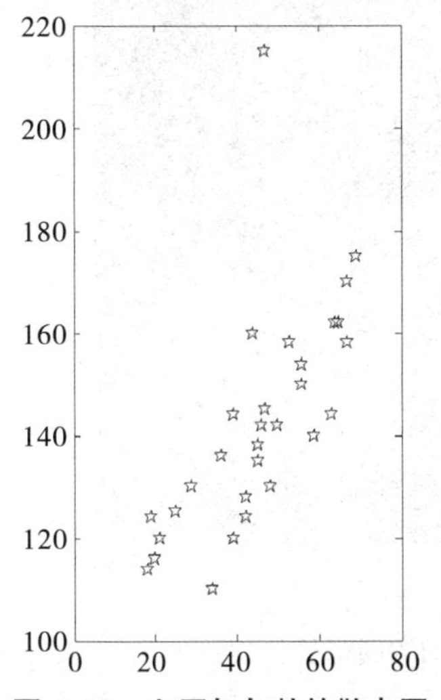

图 6.16 血压与年龄的散点图

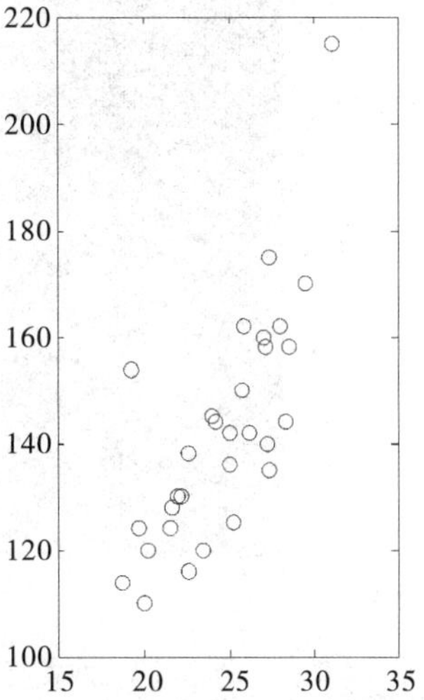

图 6.17 血压与体重指数的散点图

从图中可以看出，年龄、体重指数和血压之间有正相关关系，即随着年龄、体重指数的增加，血压有增高的趋势。总体上看，血压与年龄、血压与体重指数存在着一定的线性相关性，故建立多元线性回归模型：

$$y=\beta_0+\beta_1x_1+\beta_2x_2+\beta_3x_3+\varepsilon。$$

其中 $\beta_0,\beta_1,\beta_2,\beta_3$ 是回归系数，ε 是随机误差。

调用 regress 命令得到回归系数、回归系数的置信区间，见表 6.21。

表 6.21 回归模型的系数、系数置信区间与统计量

回归系数	回归系数估计值	回归系数置信区间
β_0	45.3636	[3.5537,87.1736]
β_1	0.3604	[−0.0758,0.7965]
β_2	3.0906	[1.0530,5.1281]
β_3	11.8246	[−0.1482,23.7973]
$R^2=0.6855$	$F=18.8906$, $p<0.0001$	$s^2=169.7917$

从表 6.21 可以发现，β_1，β_3 的置信区间包含零点，模型需要改进。为此，作残差与残差置信区间的图形，如图 6.18 所示。

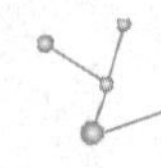

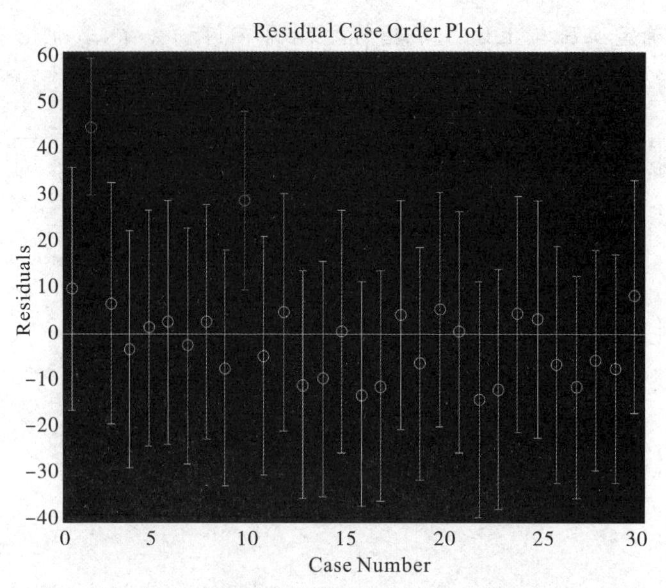

图 6.18　残差与残差置信区间的图形(附彩图)

由图 6.18 可见,第 2 与第 10 个点是异常点。删除上述两点,再次进行回归,结果见表 6.22。

表 6.22　改进后的回归模型的系数、系数置信区间与统计量

回归系数	回归系数估计值	回归系数置信区间
β_0	58.5101	[29.9064,87.1138]
β_1	0.4303	[0.1273,0.7332]
β_2	2.3449	[0.8509,3.8389]
β_3	10.3065	[3.3878,17.2253]
$R^2=0.8462$	$F=44.0087, p<0.0001$	$s^2=53.6604$

此时,置信区间不包含零点,F 统计量增大,可决系数从 0.6855 增大到 0.8462,均方差由 169.7917 减小到 53.6604,最后得到回归模型为

$$\hat{y}=58.5101+0.4303x_1+2.3449x_2+10.3065x_3。$$

下面我们对模型进行检验:

(1)残差的正态性检验。

由 jbtest 检验得 $h=0$,表明残差服从正态分布;由 t 检验可知 $h=0,p=1$,故残差服从均值为零的正态分布。

(2)残差的异方差检验。

我们将 28 个数据按从小到大排列,去掉中间的 6 个数据,得到 F 统计量的观测值:$f=1.9092$。由 $F(7,7)=3.79$,可知 $f=1.9092<3.79$,故不存在异方差。

(3)残差的自相关性检验。

通过计算得到 DW=1.433,查表后得到 $d_l=0.97, d_u=1.41$。

由于 $1.41=d_u<\text{DW}=1.433<4-d_u=2.59$,可知残差不存在自相关性。

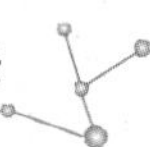

解 计算程序：

```
y=[144 215 138 145 162 142 170 124 158 154 162 150 140 110 128 130 135
114 116 124 136 142 120 120 160 158 144 130 125 175];
x1=[39 47 45 47 65 46 67 42 67 56 64 56 59 34 42 48 45 18 20 19 36
50 39 21 44 53 63 29 25 69];
x2=[24.2 31.1 22.6 24.0 25.9 25.1 29.5 19.7 27.2 19.3 28.0 25.8 27.3 20.1
21.7 22.2 27.4 18.8 22.6 21.5 25.0 26.2 23.5 20.3 27.1 28.6 28.3 22.0 25.3
27.4];
x3=[0 1 0 1 1 0 1 0 1 0 1 0 0 0 0 1 0 0 0 0 0 1 0 0 1 1 0 1
0 1]; %输入原始数据
subplot(121)
plot(x1,y,'p')
subplot(122)
plot(x2,y,'ro') %绘制血压与年龄、血压与体重指数之间的散点图
X=[ones(30,1), x1',x2',x3'];
[b,bint,r,rint,s]=regress(y',X); %多元线性回归
b,bint,s
figure(2)
rcoplot(r,rint) %残差的置信区间图
 %删除异常点以后进行回归的程序
Y=[y(1),y(3:9),y(11:30)]';x=[X(1,:);X(3:9,:);X(11:30,:)];
[b1,bint1,r1,rint1,s1]=regress(Y,x);
b1,bint1,s1
figure(3)
rcoplot(r1,rint1)
%残差检验程序
%(1)正态分布检验
[h,p]=jbtest(r1);
[h,p]=ttest(r1,0);
%(2)异方差检验
c=sort(Y);[c,i]=sort(Y);A1=x;C=[A1(i)];
[b10,bint10,r10,rint10,s10]=regress(c(1:11),[ones(11,1),C(1:11,1)]);
[b1h,bint1h,r1h,rint1h,s1h]=regress(c(18:28),[ones(11,1),C(18:28,1)]);
yf1=sum(r1h.^2)/sum(r10.^2)
%(3)自相关性检验
dw=sum(diff(r1).^2)/sum(r1.^2)
```

说明 根据实际问题建立模型时应该注意：(1)模型中是否应该具有常数项，这取决于该常数的实际含义。(2)对于牵涉到的专业问题，应该请教有关专家以决定自变量的取舍。针对本例，医学院的专家认为无法对模型中的常数给出合理的解释。此外，吸烟

习惯不能简单用不吸烟或者吸烟表示，应该考虑样本的吸烟量，可以建立一个取值范围为0～1的向量表示吸烟量。本例也可以考虑吸烟习惯与血压的高低没有关系，读者可以尝试建立血压与年龄、体重指数之间的二元回归模型。

◆ 习题

1.我国部分年份受灾面积及农业总产值数据见表6.23。根据表6.23解决以下问题：

(1)计算水灾成灾面积占成灾面积的百分比，填入表6.23；

(2)根据表中数据判断能否建立成灾面积与水灾成灾面积、旱灾成灾面积的二元线性回归模型。如果可以，建立多元线性回归模型，并分析有无异常点。若有异常点，如何改进模型？

(3)作出残差图，并对残差进行正态性检验；

(4)判断能否建立农业总产值与成灾面积、水灾成灾面积、旱灾成灾面积的三元线性回归模型。如果可以，建立多元线性回归模型，并分析有无异常点。若有异常点，如何改进模型？

表6.23　受灾面积(单位：10^3 ha)**及农业总产值**(单位：万元)

年份	受灾面积	成灾面积	水灾面积占成灾面积的百分比	水灾成灾面积	旱灾成灾面积	农业总产值
1978	50790	24457		2012	17970	1117.5
1979	39370	15120		2870	9320	1325.3
1980	44526	29777		6070	14174	1454.1
1981	39786	18743		3973	12134	1635.9
1982	33133	15985		4397	9972	1865.3
1983	34713	16209		5747	7586	2074.5
1984	31887	15607		5395	7015	2380.2
1985	44365	22705		8949	10063	2506.4
1986	47135	23656		5601	14765	2771.8
1987	42086	20393		4104	13033	3160.5
1988	50874	23945		6128	15303	3666.9
1989	46991	22449		5917	15262	4100.6
1990	38474	17819		5605	7805	4954.3
1991	55472	27814		14614	10559	5146.4
1992	51333	25859		4464	17049	5588.0
1993	48829	23133		8611	8657	6605.1
1994	55043	31383		10744	17049	9169.2
1995	45821	22267		7630	10401	11884.6
1996	46989	21233		10855	6247	13539.8
1997	53429	30309		5840	20250	13852.5
1998	50145	25181		13785	5060	14241.9
1999	49981	26731		5071	16614	14106.2
2000	54688	34374		4321	26784	13873.6

2. 表 6.24 是 2001 年我国各地区火灾事故统计数据，根据表中数据解决以下问题：

(1)计算各指标的变异系数(即标准差/均值)；

(2)直接经济损失取自然对数后作为因变量，受伤人数、死亡人数作为自变量，判断能否建立多元线性回归模型。如果可以，建立多元回归模型，并分析有无异常点。若有异常点，剔除异常点，重新建立模型，然后对两个模型进行比较；

(3)作出残差图，并对残差作正态性检验。

表 6.24 火灾事故统计数据

地区	死亡人数	受伤人数	直接经济损失/万元
北京	27	103	2630.8
天津	26	25	1411.8
河北	91	141	6458.8
山西	39	82	1940.2
内蒙古	29	59	1405.2
辽宁	145	151	9767.1
吉林	89	99	5268.2
黑龙江	66	126	9101.4
上海	31	65	990.1
江苏	162	284	7102.3
浙江	158	223	16327.7
安徽	77	140	4873.8
福建	66	135	6132.5
江西	83	91	3482.9
山东	110	194	8399.4
河南	121	261	6980.8
湖北	49	98	3274.2
湖南	95	121	5158.8
广东	248	385	10721.4
广西	62	136	3365.8
海南	12	13	419.7
重庆	68	131	2872.2
四川	101	192	4731.1
贵州	93	92	2526.6
云南	114	120	4420.2
西藏	10	23	1173.4
陕西	23	63	2484.3
甘肃	54	87	2533.7
青海	5	25	317.8
宁夏	4	14	621.1
新疆	62	94	2687.0

3.表 6.25 是我国某省 1978—2001 年的农作物产量数据。以粮食产量为因变量，以棉花、油料、糖料、茶叶、水果产量为自变量，判断能否建立多元线性回归模型。如果可以，建立多元回归模型，并分析有无异常点。若有异常点，如何改进模型？

表 6.25　农作物产量(单位:t)

年份	粮食	棉花	油料	糖料	茶叶	水果
1978	318.74	2.27	5.46	24.91	0.28	6.87
1980	326.69	2.76	7.84	29.67	0.31	6.92
1981	327.02	2.99	10.27	36.25	0.35	7.85
1982	351.47	3.57	11.72	43.22	0.39	7.65
1983	378.46	4.53	10.31	39.40	0.39	9.27
1984	392.84	6.04	11.49	46.11	0.40	9.50
1985	360.70	3.95	15.02	57.53	0.41	11.07
1986	367.00	3.32	13.82	54.86	0.43	12.63
1987	371.74	3.92	14.09	51.20	0.47	15.39
1988	357.72	3.77	11.98	56.17	0.49	15.12
1989	364.32	3.39	11.58	51.88	0.48	16.38
1990	393.10	3.97	14.21	63.55	0.48	16.51
1991	378.26	4.93	14.24	73.16	0.47	18.91
1992	379.97	3.87	14.09	75.61	0.48	20.95
1993	387.37	3.17	15.31	64.70	0.51	25.55
1994	373.46	3.64	16.69	61.63	0.49	29.36
1995	387.28	3.96	18.67	64.96	0.49	34.98
1996	414.39	3.45	18.16	68.66	0.49	38.21
1997	401.74	3.74	17.54	76.31	0.50	41.37
1998	412.42	3.62	18.63	78.82	0.54	43.90
1999	405.55	3.05	20.76	66.48	0.54	49.76
2000	366.04	3.50	23.40	60.47	0.54	49.30
2001	355.89	4.19	22.53	68.05	0.55	52.35

4.某零售企业对 2015 年 1 月到 2016 年 5 月的库存占用资金、广告投入、员工薪酬以及销售总额数据进行汇总，见表 6.26。根据表中数据，判断能否建立销售总额与库存占用资金、广告投入、员工薪酬的三元线性回归模型。如果可以，建立多元线性回归模型，并分析有无异常点。若有异常点，如何改进模型？

表 6.26 库存占用资金、广告投入、员工薪酬、销售总额(单位:万元)

序号	库存占用资金(x_1)	广告投入(x_2)	员工薪酬(x_3)	销售总额(y)
1	75.2	30.6	21.1	1090.4
2	77.6	31.3	21.4	1133
3	80.7	33.9	22.9	1242.1
4	76	29.6	21.4	1003.2
5	79.5	32.5	21.5	1283.2
6	81.8	27.9	21.7	1012.2
7	98.3	24.8	21.5	1098.8
8	67.7	23.6	21	826.3
9	74	33.9	22.4	1003.3
10	151	27.7	24.7	1554.6
11	90.8	45.5	23.2	1199
12	102.3	42.6	24.3	1483.1
13	115.6	40	23.1	1407.1
14	125	45.8	29.1	1551.3
15	137.8	51.7	24.6	1601.2
16	175.6	67.2	27.5	2311.7
17	155.2	65	26.5	2126.7

5. 长江流域 1995—2004 水文年各类水质情况统计见表 6.27。

表 6.27 长江流域 1995—2004 水文年各类水质情况统计表

时段	评价范围	Ⅰ类隶属度	Ⅱ类隶属度	Ⅲ类隶属度	Ⅳ类隶属度	Ⅴ类隶属度	劣Ⅴ类隶属度
1995	全流域	0.258	0.426	0.247	0.039	0.03	0
	干流	0.247	0.357	0.30	0.029	0.067	0
	支流	0.267	0.482	0.204	0.047	0	0
1996	全流域	0.153	0.202	0.498	0.097	0.019	0.031
	干流	0.256	0.295	0.441	0	0.008	0
	支流	0.07	0.127	0.544	0.175	0.028	0.056
1997	全流域	0.122	0.249	0.436	0.133	0.026	0.034
	干流	0.146	0.276	0.445	0.133	0	0
	支流	0.122	0.208	0.429	0.133	0.047	0.062
1998	全流域	0.115	0.241	0.528	0.083	0.017	0.016
	干流	0.103	0.201	0.696	0	0	0
	支流	0.123	0.27	0.409	0.141	0.029	0.028

续表

时段	评价范围	Ⅰ类隶属度	Ⅱ类隶属度	Ⅲ类隶属度	Ⅳ类隶属度	Ⅴ类隶属度	劣Ⅴ类隶属度
1999	全流域	0.052	0.398	0.352	0.095	0.062	0.041
	干流	0	0.564	0.308	0.055	0.073	0
	支流	0.065	0.345	0.352	0.104	0.06	0.051
2000	全流域	0.056	0.328	0.356	0.166	0.044	0.053
	干流	0.095	0.359	0.291	0.254	0	0
	支流	0.048	0.322	0.37	0.148	0.053	0.064
2001	全流域	0.059	0.331	0.347	0.14	0.055	0.068
	干流	0.023	0.301	0.353	0.187	0.078	0.058
	支流	0.067	0.337	0.346	0.13	0.05	0.07
2002	全流域	0.044	0.44	0.283	0.10	0.032	0.10
	干流	0.031	0.354	0.303	0.174	0.051	0.087
	支流	0.047	0.457	0.279	0.085	0.028	0.103
2003	全流域	0.047	0.415	0.313	0.064	0.058	0.103
	干流	0.08	0.178	0.68	0.015	0.046	0
	支流	0.041	0.46	0.242	0.073	0.061	0.123
2004	全流域	0.012	0.269	0.399	0.148	0.059	0.113
	干流	0.011	0.258	0.406	0.157	0.078	0.09
	支流	0.012	0.271	0.398	0.146	0.055	0.117

根据表中的数据解决以下问题：

(1)绘制全流域各类水质十年来的变化曲线，选择合适的函数进行拟合；

(2)建立全流域各类水质与干流、支流的二元回归模型，由此你得到什么结论？有无异常点？在同一坐标系内作出原始数据与拟合曲线图。

6. 某地区作物生长所需的营养素主要是氮、钾、磷。某作物研究所在该地区对土豆与生菜做了实验，实验数据见表 6.28 和表 6.29。表中产量单位是 t/ha，施肥量单位是 kg/ha。当一个营养素的施肥量变化时，总将另两个营养素的施肥量保持在第 7 个水平上，如对土豆产量关于氮肥的施肥量做实验时，磷肥与钾肥的施肥量分别取为 196 kg/ha 与 372 kg/ha。

试分析施肥量与产量之间的关系，并对所得结果从应用价值与如何改进等方面作出评估。

表 6.28 土豆产量与施肥量的关系

氮肥施肥量	产量	磷肥施肥量	产量	钾肥施肥量	产量
0	15.18	0	33.46	0	18.98
34	21.36	24	32.47	47	27.35
67	25.72	49	36.06	93	34.86
101	32.29	73	37.96	140	38.52
135	34.03	98	41.04	186	38.44
202	39.45	147	40.09	279	37.73
259	43.15	196	41.26	372	38.43
336	43.46	245	42.17	465	43.87
404	40.83	294	40.36	558	42.77
471	30.75	342	42.73	651	46.22

表 6.29 生菜产量与施肥量的关系

氮肥施肥量	产量	磷肥施肥量	产量	钾肥施肥量	产量
0	11.02	0	6.39	0	15.75
28	12.70	49	9.48	47	16.76
56	14.56	98	12.46	93	16.89
84	16.27	147	14.33	140	16.24
112	17.75	196	17.10	186	17.56
168	22.59	294	21.94	279	19.20
224	21.63	391	22.64	372	17.97
280	19.34	489	21.34	465	15.84
336	16.12	587	22.07	558	20.11
392	14.11	685	24.53	651	19.40

7.表 6.30 是各个地区生产总值和收入以及各种纳税数据。

(1)将各地区生产总值作为因变量,将收入合计、增值税、营业税作为自变量,判断能否建立多元线性回归模型。如果可以,建立多元线性回归模型,并分析有无异常点。若有异常点,如何改进模型?

(2)将各地区的收入合计作为因变量,将增值税、营业税作为自变量,判断能否建立多元线性回归模型。如果可以,建立多元线性回归模型,并分析有无异常点。若有异常点,如何改进模型?

(3)如果未来某地区增值税为 230 亿元,营业税为 287 亿元,试根据所建立的回归模型预测这一年的收入合计。

表 6.30　各地区生产总值与收入、纳税数据

地区	收入合计/万元	增值税/万元	营业税/万元	企业所得税/万元	生产总值/亿元
北京	3449968	459557	1490539	616582	2478.76
天津	1336069	261214	381590	292561	1639.36
河北	2487621	436945	461942	354946	5088.96
山西	1144762	255173	240567	111532	1643.81
内蒙古	950320	133854	186796	105983	1401.01
辽宁	2956274	566997	800239	390181	4669.06
吉林	1038267	204117	255547	142840	1821.19
黑龙江	1853379	461244	338898	133158	3253.00
上海	4853777	935468	1538082	1031183	4551.15
江苏	4483097	1086395	960024	886525	8582.73
浙江	3427745	900353	972052	879077	6036.34
安徽	1787187	262559	319719	233524	3038.24
福建	2341061	353461	582053	321959	3920.07
江西	1115536	150826	263986	95048	2003.07
山东	4636788	896895	876638	818659	8542.44
河南	2464694	422382	481846	396014	5137.66
湖北	2143450	337775	441120	254244	4276.32
湖南	1770403	260989	343357	135892	3691.88
广东	9105560	1321309	2724229	1674188	9662.23
广西	1470539	206622	284979	147960	2050.14
海南	391995	28575	115710	24774	518.48
四川	2338630	338425	566747	347832	1589.34
重庆	872442	147717	242542	89999	4010.25
贵州	852324	121820	203388	67843	993.53
云南	1807450	313725	359978	201689	1955.09
西藏	53848	7892	19390	16123	117.46
陕西	1149711	189980	317014	116123	1660.92
甘肃	612849	119471	158995	60957	983.36
青海	165843	29822	41495	22246	263.59
宁夏	208244	35449	65682	26147	265.57
新疆	790724	152668	221598	59203	1364.36

6.3　可线性化的一元非线性回归模型

从 6.1.2 的一元非线性拟合可以看出，对有些非线性拟合的模型，在求解初始参数时会出现空解等无法求解的情况，这主要是因为 MATLAB 中 solve 求解方程是利用数值迭代。对此，可以考虑对要求解的方程进行恒等变形，亦可以考虑对数据进行某种变换，如将解释变量 x 转化为不同的解释变量 $x_1, x_2, \cdots, x_n$，从而使因变量 y 与解释变量 $x_1, x_2, \cdots, x_n$ 之间存在线性关系。这种方法称为可线性化的一元非线性回归。

以下六类曲线（如图 6.19～图 6.24）是常见的可以通过变量代换化为多元线性回归方程的曲线。

（1）双曲线函数：$y=\frac{x}{ax+b}$，其中 $a\neq 0$。

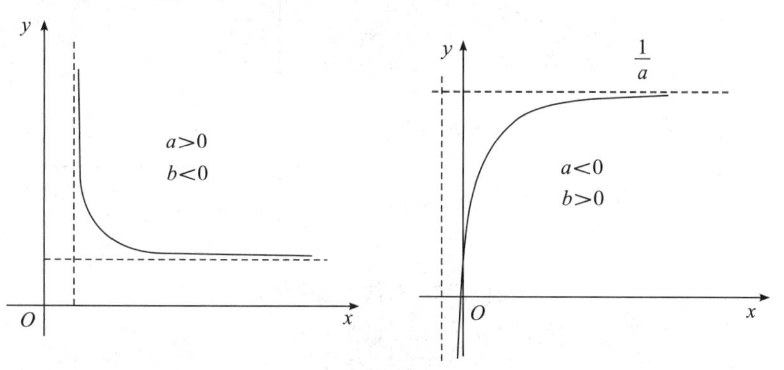

图 6.19　双曲线函数曲线

将 $y=\frac{x}{ax+b}$ 恒等变形为 $\frac{1}{y}=a+\frac{b}{x}$，作变量替换，即 $y_1=\frac{1}{y}$，$x_1=\frac{1}{x}$，则有 $y_1=a+bx_1$。

（2）幂函数：$y=ax^b$，其中参数 $a>0$。

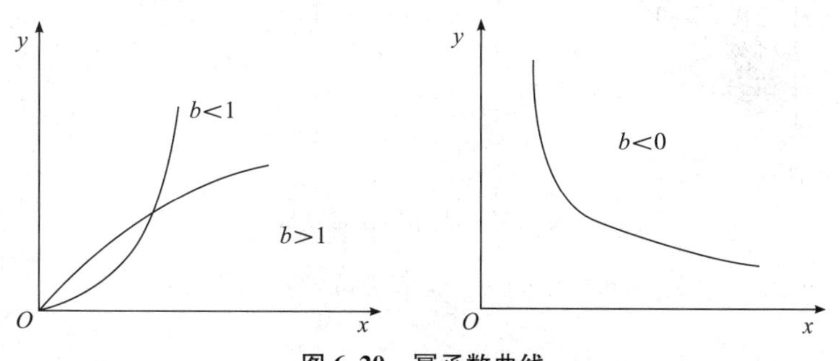

图 6.20　幂函数曲线

将 $y=ax^b$ 恒等变形为 $\ln y=\ln a+b\ln x$，作变量替换，即 $y_1=\ln y$，$x_1=\ln x$，$a_1=\ln a$，则有 $y_1=a_1+bx_1$。

(3)指数函数：$y=ae^{bx}$，其中 $a>0$。

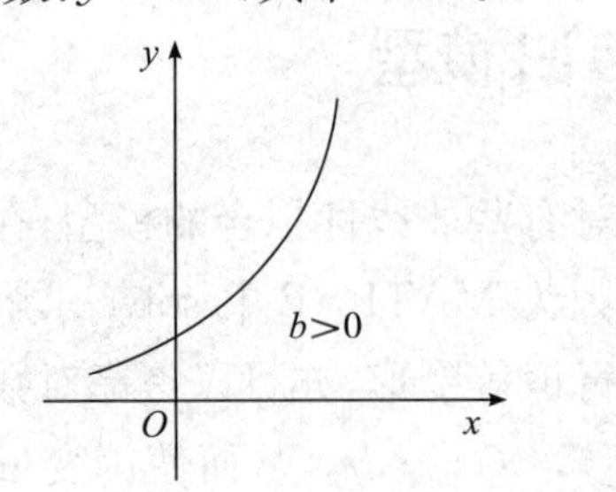

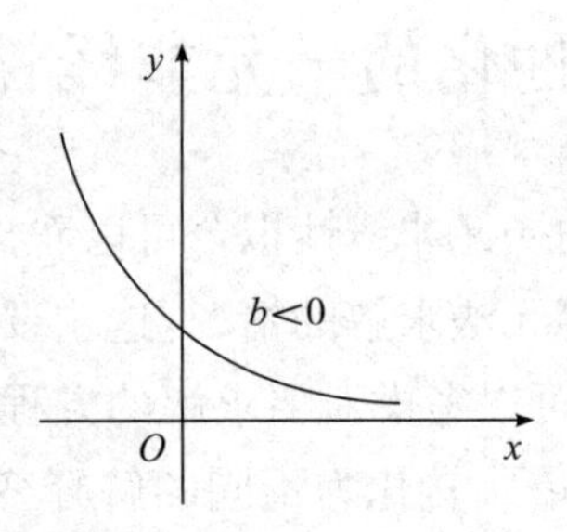

图 6.21　指数函数曲线

将 $y=ae^{bx}$ 恒等变形为 $\ln y=\ln a+bx$，作变量替换，即 $y_1=\ln y, a_1=\ln a$，则有 $y_1=a_1+bx_1$。

(4)对数函数：$y=a+b\ln x$。

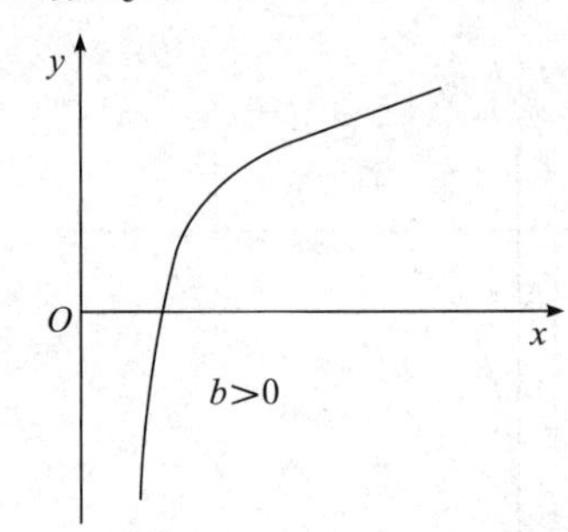

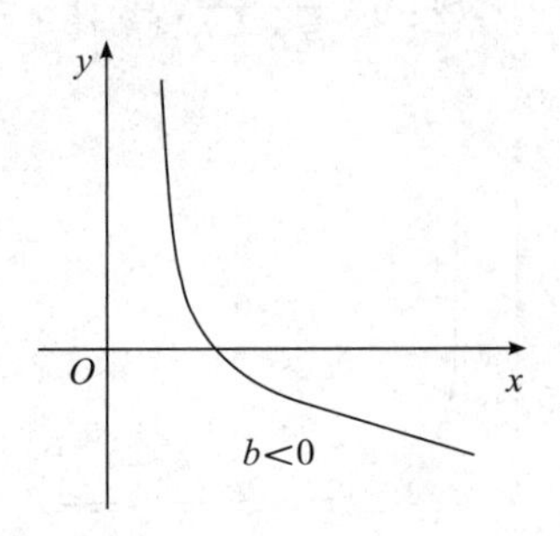

图 6.22　对数函数曲线

对 $y=a+b\ln x$ 作变量替换，即 $x_1=\ln x$，则有 $y=a+bx_1$。

(5)倒指数函数：$y=ae^{\frac{b}{x}}$，其中 $a>0$。

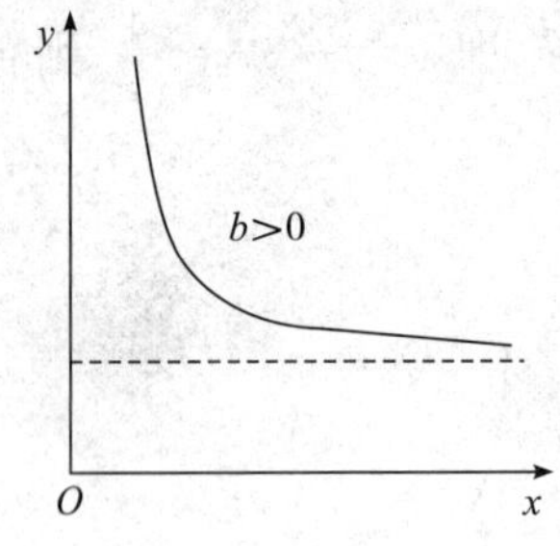

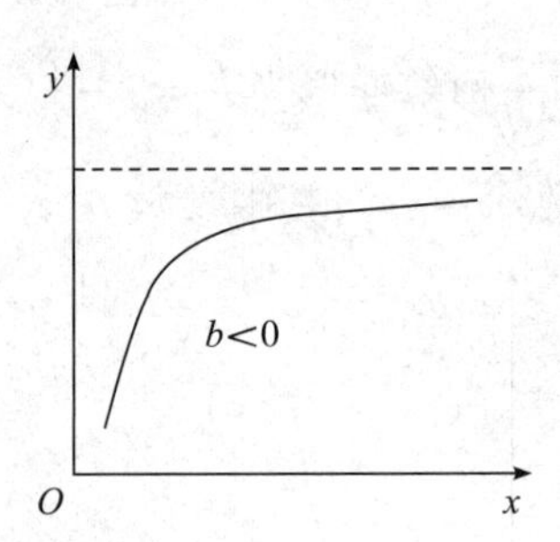

图 6.23　倒指数函数曲线

将 $y=ae^{\frac{b}{x}}$ 恒等变形为 $\ln y=\ln a+b\dfrac{1}{x}$，作变量替换，即 $y_1=\ln y, x_1=\dfrac{1}{x}, a_1=\ln a$，则有 $y_1=a_1+bx_1$。

(6)S形曲线：$y=\frac{1}{a+be^{-x}}$，其中 $ab>0$。

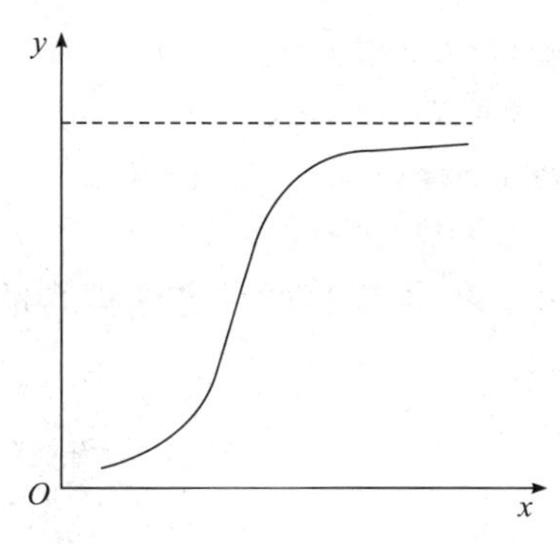

图 6.24　S形曲线

将 $y=\frac{1}{a+be^{-x}}$ 恒等变形为 $\frac{1}{y}=a+be^{-x}$，作变量替换，即 $y_1=\frac{1}{y}$，$x_1=e^{-x}$，则有 $y_1=a+bx_1$。

对上述六类函数作变量替换、化为多元线性方程以后，调用多元线性回归命令，可求解得到原曲线方程中的参数。

例 6.7　体重约 70 kg 的某人在短时间内喝下 2 瓶啤酒，隔一定时间测量他的血液中酒精含量(mg/100 mL)，得到数据，见表 6.31。

表 6.31　血液中酒精含量

时间/h	0.25	0.5	0.75	1	1.5	2	2.5	3	3.5	4	4.5	5
酒精含量/(mg/100 mL)	30	68	75	82	82	77	68	68	58	51	50	41
时间/h	6	7	8	9	10	11	12	13	14	15	16	—
酒精含量/(mg/100 mL)	38	35	28	25	18	15	12	10	7	7	4	—

根据表 6.31 中数据用函数 $y=at^b e^{ct}$ 进行拟合。

解　(1)解法 1：直接进行非线性拟合，具体程序参考本章例 6.4。调用 nlinfit 命令，求出参数分别为 $a=98.7189$，$b=0.4682$，$c=-0.2955$，故得到函数关系

$$y=98.7189\,t^{0.4682}e^{-0.2955t}。$$

(2)解法 2：因为函数关系均为乘积或者次幂形式，因此对函数两端取对数，可得 $\ln y=\ln a+b\ln t+ct$。易知 $\ln a$，b，c 和变量 $\ln y$，$\ln t$，t 为线性关系，进行线性拟合，输入命令：

```
t=[0.25  0.5  0.75  1  1.5  2  2.5  3  3.5  4  4.5  5  6  7  8  9  10  11  12  13  14
15  16];
y=[30  68  75  82  82  77  68  68  58  51  50  41  38  35  28  25  18  15  12  10  7
7  4];
t1=log(t);
y11=log(y);
X=[ones(23,1), t1',t'];
[b,bint,r,rint,s]=regress(y11',X);
```

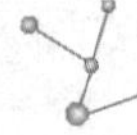

```
b,bint,s
rcoplot(r,rint)
y2=exp(4.4834+0.4709*log(t)-0.2663*t);
plot(t,y,'*',t,y2,'-or');   %可以计算可决系数
plot(t,y,'*',t,y1,'-or',t,y2,'-mp');
legend('原始数据','直接拟合','化为线性再拟合')
```

为了直观比较两种方法的结果,可以将两种方法拟合的结果绘制在同一个图形中,如图 6.25 所示。

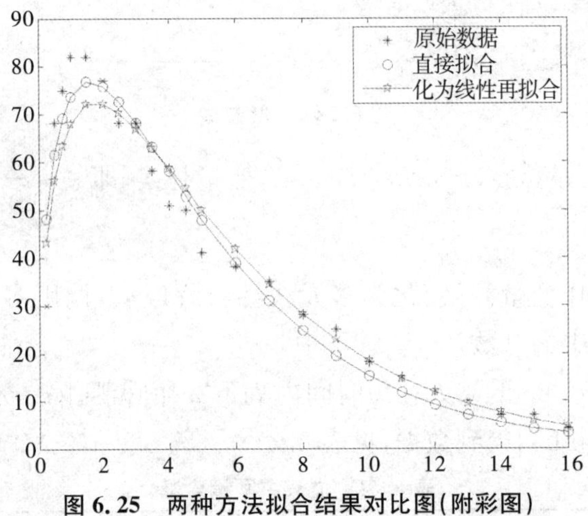

图 6.25　两种方法拟合结果对比图(附彩图)

解法 1 结果:$a=98.7189, b=0.4682, c=-0.2955$,可决系数 $R21=0.9520$。

解法 2 结果:$a=\exp(4.4834)=88.5352, b=0.4709, c=-0.2663$,可决系数 $R22=0.9773$。

例 6.8　表 6.32 是蚌埠市各项产业产值的数据。根据表中数据研究生产总值与各产业产值的关系。

表 6.32　蚌埠市各产业产值数据(单位:万元)

年份	生产总值	第一产业产值	第二产业产值	第三产业产值
1978	87272	26405	42849	18018
1979	95426	29153	46142	20131
1980	107132	32745	51488	22899
1981	137801	51187	58945	27669
1982	158930	58096	67873	32961
1983	178626	63713	77233	37680
1984	212039	73536	94579	43924
1985	243058	84053	109463	49542
1986	288432	98119	125513	64800
1987	334507	105723	142664	86120

续表

年份	生产总值	第一产业产值	第二产业产值	第三产业产值
1988	379958	121544	158591	99823
1989	415342	147714	157740	109888
1990	425739	141390	164884	119465
1991	368681	81940	164548	122193
1992	515776	137595	219072	159109
1993	630676	192143	254827	183706
1994	792357	239521	328715	224121
1995	942858	290400	377016	275442
1996	1150322	333593	464875	351854
1997	1363162	393266	556733	413163
1998	1500333	407313	604710	488310
1999	1554231	428569	587045	538617
2000	1596623	404993	626171	565459
2001	1716516	405084	681851	629581

分析　不妨假设研究蚌埠市的生产总值与第二产业产值的关系。首先绘制生产总值与第二产业产值的散点图,如图6.26所示。从散点图可以看出,生产总值与第二产业产值存在着线性关系。建立两者之间的线性模型 $y=2.562x-24745.9$,然后对残差进行正态性检验,发现jbtest不通过。原因是什么呢?分别对生产总值和第二产业产值绘制散点图,如图6.27所示。

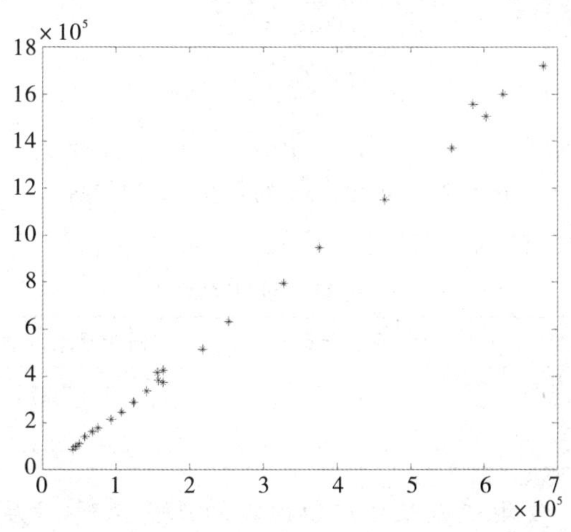

图6.26　生产总值与第二产业产值的散点图

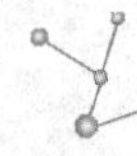

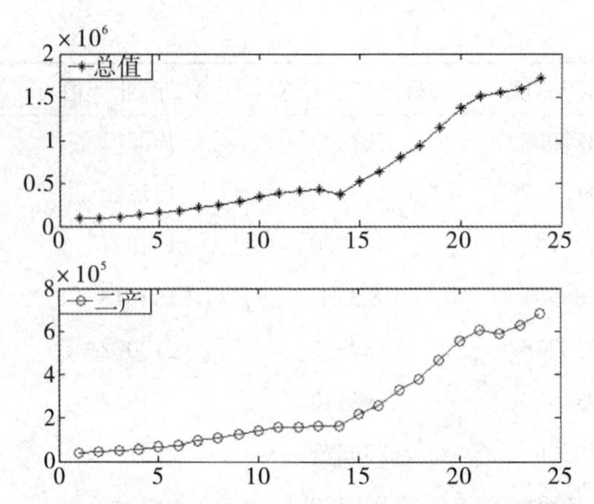

图 6.27　蚌埠市生产总值与第二产业产值的散点图

从图 6.27 可以看出，曲线在 $x>15$ 以后有明显的增长趋势，并不完全符合线性增长，故线性拟合不可行，考虑用指数函数进行拟合。因此，可以先取自然对数，然后再确定模型的类别。对生产总值与第二产业产值分别取自然对数，作散点图，如图 6.28 所示。二者仍然有增长的趋势，但是指数增长的趋势基本消失，大致呈线性关系。

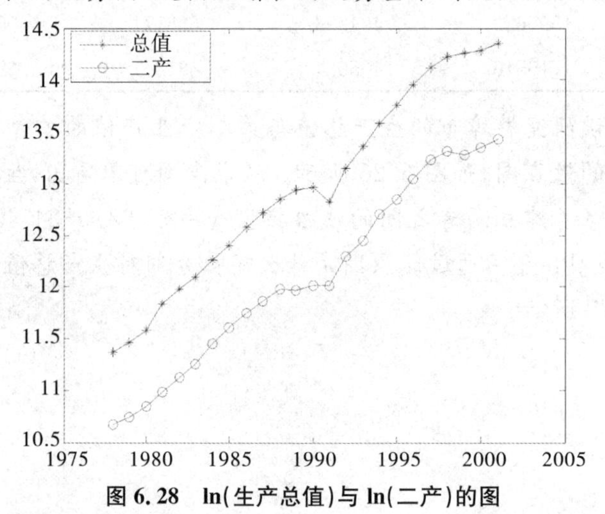

图 6.28　ln(生产总值)与 ln(二产)的图

此时，建立线性模型，得到回归系数，见表 6.33。

表 6.33　回归系数

回归系数	回归系数估计值	回归系数置信区间
b_0	0.1023	[−0.1659,0.3706]
b_1	1.0629	[1.0407,1.0850]

再进行正态性检验，发现残差服从均值为零的正态分布，最后得到拟合方程为

$$\ln y=0.1023+1.0629\ln x=\ln e^{0.1023}+\ln x^{1.0629}=\ln(1.1078x^{1.0629}),$$

即

$$y=1.1078x^{1.0629}。$$

此时，可以对残差的置信区间作图，剔除异常点，然后进一步进行拟合运算（有兴趣的读者不妨试一试）。

解　在M文件中输入：

```
a1=[87272  26405  42849…681851  539984  629581];  %输入数据
x=A(:,3);  %提取第二产业产值数据
y=A(:,1);  %提取生产总值数据
plot(x,y,'*')  %作散点图(图 6.26)
p=polyfit(x,y,1)  %多项式拟合
r0=polyval(p,x)-y;  %计算残差
h0=jbtest(r0)  %对残差进行正态性检验(h0=1,检验没有通过)
figure(2)
subplot(211),plot(1:24,y,'-*'), legend('总值')
subplot(212),plot(1:24,x,'-or');legend('二产')  %作散点图(图 6.27)
y1=log(y); x1=log(x);  %取对数
figure(3)
plot(1978:2001,y1,'*-',1978:2001,x1,'ro-'), legend('生产总值','第二产业')
[b,bint,r,rint,s]=regress(y1,[ones(24,1),x1],0.05)  %求线性拟合系数
h=jbtest(r)  %对残差进行正态性检验(h=0,检验通过)
h=ttest(r,0,0.01)  %对残差进一步检验,h=0,残差服从均值为0的正态分布
```

说明　程序中的两次线性拟合(原始数据和取对数以后的数据)采用了不同的方法,一种是多项式的拟合命令(polyfit),另一种是多元线性回归命令(regress)。对多元线性回归命令 regress,只有一个解释变量时为一元线性回归命令。

◆ 习题

1. 变量 x,y 满足一定关系,见表 6.34。

表 6.34　实验数据

x	0.11	0.30	0.50	0.70	0.90	1.10	1.30	1.50	1.70	1.90
y	0.93	1.37	1.50	1.51	1.45	1.36	1.26	1.15	1.04	0.93
x	2.10	2.30	2.50	2.70	2.90	3.10	3.30	3.50	3.70	3.90
y	0.83	0.74	0.65	0.57	0.51	0.44	0.39	0.34	0.30	0.26

用函数 $y=ax^b e^{cx}$ 拟合,要求:

(1)对数据进行某种变换,将解释变量 x 转化为不同的解释变量,从而将非线性拟合转化为多元线性回归,并进行拟合;

(2)对拟合结果和本书 6.1 中习题 11 的结果进行比较。

2. 中国的年进口(t_{im})、出口(t_{ex})数据(1950—1998 年)见表 6.35。现在对上述两个变量取自然对数,得到 $\ln t_{im}$ 和 $\ln t_{ex}$。

(1)分别在同一坐标系内作出年进口、出口数据的散点图,$\ln t_{im}$ 和 $\ln t_{ex}$ 的散点图,比较二者的区别;

(2)建立 $\ln t_{im}$ 和 $\ln t_{ex}$ 的线性模型,进而得到年进口、出口之间的非线性模型;

(3)在同一坐标系内作出原始数据与拟合曲线图形。

表 6.35　中国的年进口(t_{im})、出口(t_{ex})数据(单位:亿美元)

年份	t_{im}	t_{ex}	年份	t_{im}	t_{ex}
1950	5.8	5.5	1975	74.9	72.6
1951	12	7.6	1976	65.8	68.5
1952	11.2	8.2	1977	72.1	75.9
1953	13.5	10.2	1978	108.9	97.5
1954	12.9	11.5	1979	156.7	136.6
1955	17.3	14.1	1980	200.2	181.2
1956	15.6	16.5	1981	220.2	220.1
1957	15	16	1982	192.9	223.2
1958	18.9	19.8	1983	213.9	222.3
1959	21.2	22.6	1984	274.1	261.4
1960	19.5	18.6	1985	422.5	273.5
1961	14.5	14.9	1986	429.1	309.4
1962	11.7	14.9	1987	432.1	394.4
1963	12.7	16.5	1988	552.7	475.2
1964	15.5	19.2	1989	591.4	525.4
1965	20.2	22.3	1990	533.5	620.9
1966	22.5	23.7	1991	637.9	718.4
1967	20.2	21.4	1992	805.9	849.4
1968	19.5	21	1993	1039.6	917.4
1969	18.3	22	1994	1156.1	1210.1
1970	23.3	22.6	1995	1320.8	1487.8
1971	22	26.4	1996	1388.3	1510.5
1972	28.6	34.4	1997	1423.7	1827.9
1973	51.6	58.2	1998	1401.7	1837.6
1974	76.2	69.5			

3. 炼钢厂出钢时所用盛钢水的钢包的实验数据见表 6.2(参见本书 6.1.2 中例 6.3)。分别选择函数 $y=\dfrac{x}{ax+b}$, $y=a(1+be^{cx})$, $y=ae^{\frac{b}{x}}$ 拟合钢包容积与使用次数的关系,要求:

(1)对数据进行某种变换,将解释变量 x 转化为不同的解释变量,从而将非线性拟合转化为多元线性回归,并进行拟合;

(2)对拟合结果和例 6.3 的结果进行比较;

(3)在同一坐标系内分别作出多元线性回归和非线性拟合的函数图形。

第 7 章 概率统计

扫码获取本章例题与习题中数据

本章将介绍随机变量的分布、数字特征、统计推断等 MATLAB 命令的运用。

7.1 随机变量的概率分布

在概率统计中常常需要了解随机变量 X 的取值落在某一个区间如$(x_1,x_2]$里的概率$P(x_1<X\leqslant x_2)$。因为

$$P(x_1<X\leqslant x_2)=P(X\leqslant x_2)-P(X\leqslant x_1),$$

所以对任何一个实数 x，只需知道 $P(X\leqslant x)$，就可知 X 的取值落在任一区间的概率。为此，我们用 $P(X\leqslant x)$来讨论随机变量 X 的概率分布情况，将 $F(X)=P(X\leqslant x)$称为 X 的分布函数.

有了分布函数，对于任意的实数 $x_1,x_2(x_1<x_2)$，随机变量 X 落在区间$(x_1,x_2]$的概率可用分布函数来计算：

$$P(x_1<X\leqslant x_2)=P(X\leqslant x_2)-P(X\leqslant x_1)=F(x_2)-F(x_1)。$$

从这个意义上来说，分布函数完整地描述了随机变量的统计规律性，或者说，分布函数完整地表示了随机变量的概率分布情况。

若 X 为连续型随机变量，$F(x)$为 X 的分布函数，存在非负函数 $f(X)$，对任意实数 x，有

$$F(x)=\int_{-\infty}^{x} f(t)\mathrm{d}t,$$

则称 f(X)为 X 的概率密度函数或密度函数，也称为概率密度。

7.1.1 概率密度函数与分布律

对于连续型随机变量，用概率密度函数来描述概率分布；对于离散型随机变量，用分布律来描述概率分布。MATLAB 中计算概率密度函数和分布律有两类函数：通用函数和专用函数。

(1)通用函数计算概率密度函数和分布律。调用 pdf 函数实现，其格式为：

```
Y=pdf('name',x,A,B,C)      %计算离散型随机变量的概率值或连续型随机变量概率密度值
```

其中，name 表示概率分布的名称，x 是随机变量 X 的取值，A,B,C 是参数。对于不同的分布，参数个数不同。

例如，X 服从正态分布 $N(0,1)$，X 在点 0.6578 处的密度函数值

$$f(0.6578)=\frac{1}{\sqrt{2\pi}}e^{-\frac{0.6875^2}{2}}=0.3213。$$

对应命令如下：

```
pdf('norm',0.6578,0,1)
>> ans=0.3213
```

常见分布函数名称与具体含义见表 7.1。

表 7.1　常见分布函数表

name 的取值	函数说明	专用函数计算概率密度或分布律调用形式
beta	β 分布	betapdf(x,a,b)
bino	二项分布	binopdf(x,n,p)
chi2	卡方分布	chi2pdf(x,n)
exp	指数分布	exppdf(x,lambda)
f	F 分布	fpdf(x,n1,n2)
gam	γ 分布	gampdf(x,a,b)
geo	几何分布	geopdf(x,p)
hyge	超几何分布	hygepdf(x,M,K,N)
logn	对数正态分布	lognpdf(x,mu,sigma)
norm	正态分布	normpdf(x,mu,sigma)
poiss	泊松分布	poisspdf(x,lambda)
rayl	瑞利分布	raylpdf(x,b)
t	T 分布	tpdf(x,n)
unif	均匀分布	unifpdf(x,a,b)
unid	离散均匀分布	unidpdf(x,n)
weib	Weibull 分布	weibpdf(x,a,b)

(2)专用函数计算概率密度函数和分布律。

对于不同的分布，只需要将通用函数命令中的分布函数名(name)写在 pdf 的前面(不加引号)。例如：

计算二项分布的概率值专用函数命令为：

```
binopdf (x, n, p)   %等同于 pdf('bino',x, n,p)
```

计算泊松分布的概率值专用函数命令为：

```
poisspdf(x, lambda)   %等同于 pdf('poiss',x,lambda)
```

计算正态分布的概率值专用函数命令为：

```
normpdf(x,mu,sigma)   %等同于 pdf('norm',x, mu,sigma)
```

专用函数计算概率密度函数的命令列于表 7.1 中第 3 列。

例 7.1　设随机变量 X 服从二项分布，写出 $X\sim b(10,0.2)$ 与 $X\sim b(10,0.7)$ 的概率分布律，并绘制概率分布图。

解　在命令窗口输入：

```
clear
n=10;p1=0.2; p2=0.7;
x=0:n;
P1i=binopdf(x,n,p1)   %X~b(10,0.2)的概率分布律
P2i=pdf('bino',x,n,p2)   %X~b(10,0.7)的概率分布律
plot(x, P1i,'*-', x, P2i,'o-');   %绘制概率分布图(图7.1)
grid on
```

运行程序后得概率分布律，见表7.2，其概率分布图如图7.1所示。

表7.2　*X*概率分布律

X	0	1	2	3	4	5	6	7	8	9	10
P_{1i}	0.1074	0.2684	0.3020	0.2013	0.088	0.026	0.006	0.001	7.3e−05	4.1e−06	1.0e−07
P_{2i}	5.9e−06	1.4e−04	1.4e−03	0.009	0.037	0.103	0.200	0.267	0.233	0.121	0.028

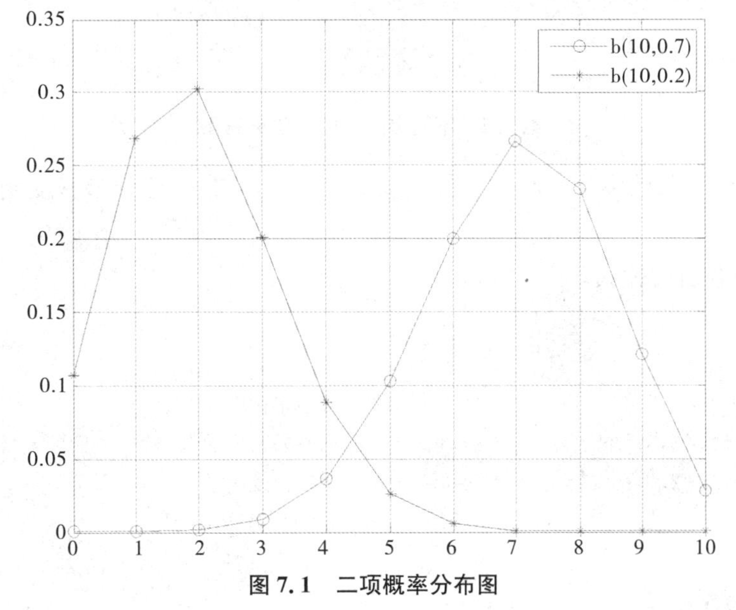

图7.1　二项概率分布图

注意　在例7.1中求二项分布的概率分布律P_{1i}和P_{2i}用了不同的命令，这两个命令是完全等同的。

例7.2　绘制泊松分布的概率分布图，并说明图形特征(参数λ分别为0.5,2,4)。

解　在命令窗口输入：

```
clear
x=0:10;
P1=poisspdf(x, 0.5);          %X~P(0.5)的概率分布律
P2=poisspdf(x, 2);            %X~P(2)的概率分布律
P3=poisspdf(x, 4);            %X~P(4)的概率分布律
plot(x, P1,'*-', x, P2,'o-',x, P3,'d-');      %绘制概率分布图(图7.2)
```

```
legend('λ=0.5','λ=2', 'λ=4')
grid on
```

由图 7.2 可知,泊松分布参数 λ 越大,图形的峰值越向右偏移。

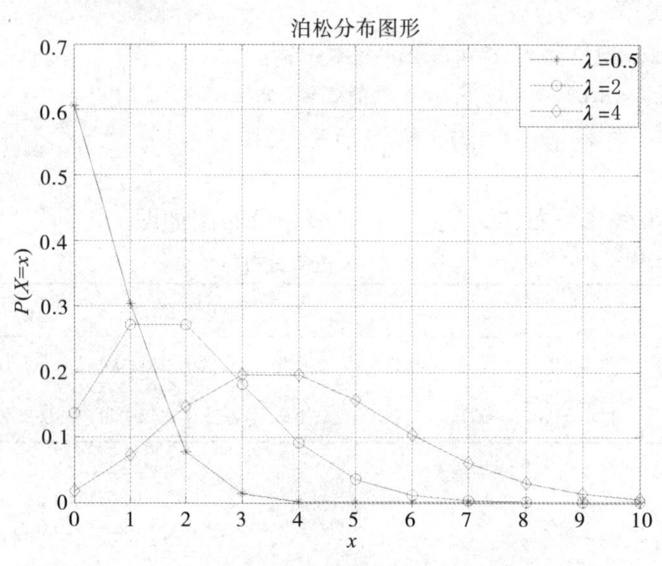

图 7.2　不同参数值的泊松分布图

例 7.3　绘制参数 $\mu=2$,参数 σ 分别为 0.2,0.5,1 的正态分布密度函数图形,并说明图形特征。

解　在命令窗口输入:

```
clear
x=-1:0.01:5;
y1=normpdf(x, 2,0.2);           %X~N(2,0.2^2)的概率密度函数
y2=normpdf(x, 2,0.5);           %X~N(2,0.5^2)的概率密度函数
y3=normpdf(x, 2,1);             %X~N(2,1^2)的概率密度函数
plot(x, y1,'-', x, y2,'-',x, y3,'-');      %绘制概率分布图(图 7.3)
gtext('σ=0.2')
gtext('σ=0.5')
gtext('σ=1')
grid on
```

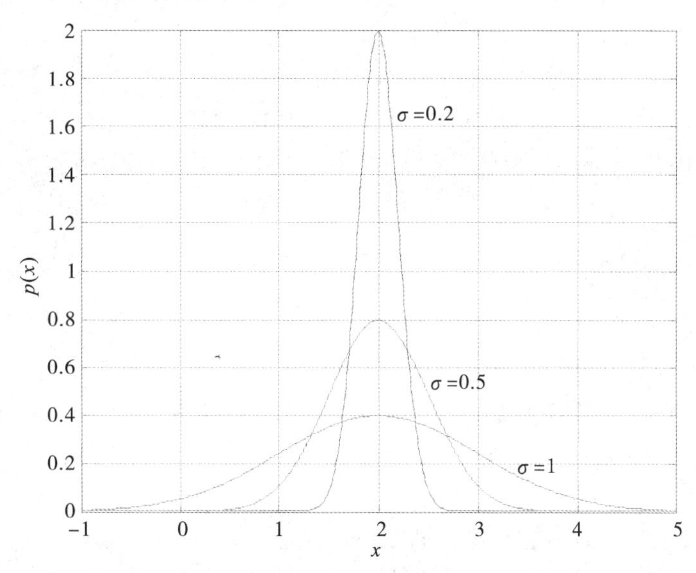

图 7.3　不同参数值的正态分布密度函数

由图 7.3 可知，正态分布参数 μ 相同时，曲线的形状随 σ 的变化而变化：σ 越大，峰值越小，图形也就越平坦；σ 越小，峰值越大，图形也就越陡峭。

7.1.2　分布函数(累积分布函数)

随机变量 X 的分布函数 $F(x)=P\{X\leqslant x\}$，则 $P\{a<X\leqslant b\}=F(b)-F(a)$。在 MATLAB 中，计算随机变量 X 的分布函数 $F(x)=P\{X\leqslant x\}$ 有两类函数：通用函数和专用函数。

(1)通用函数计算分布函数。调用 cdf 函数实现，其格式为：

```
Y=cdf('name',x,A,B,C)   %计算随机变量的概率分布函数(其值也称为累积概率值)
```

其中，name 表示概率分布的名称，x 是随机变量 X 的取值，A,B,C 是参数。对于不同的分布，参数个数不同。分布函数名称与具体含义见表 7.1。

(2)专用函数计算分布函数。

将通用函数命令中的分布函数名(name)写在 cdf 的前面(不加引号)。例如：

计算二项分布的概率值专用函数命令为：

```
binocdf (x, n, p)   %等同于 cdf('bino',x, n,p)
```

计算泊松分布的概率值专用函数命令为：

```
poisscdf(x, lambda)   %等同于 cdf('poiss',x,lambda)
```

计算正态分布的概率值专用函数命令为：

```
normcdf(x,mu,sigma)   %等同于 cdf('norm',x, mu,sigma)
```

计算概率分布函数只需要把概率密度函数命令(表 7.1 第 3 列)中的 pdf 换成 cdf。

例 7.4 设 X 服从参数为 $n=20,p=0.2$ 的二项分布，求 $P\{1<X\leqslant 3\},P\{X\leqslant 5\}$。

解 在命令窗口输入：

```
clear
p1= binocdf(3,20,0.2)- binocdf(1,20,0.2);  %计算 P{1<X≤3}的概率值
p2= binocdf(5,20,0.2);  %计算 P{≤5}的概率值
```

输出结果：

```
p1=
    0.3423
p2=
    0.8042
```

例 7.5 设 X 服从参数为 $\lambda=3.6$ 的泊松分布，求 $P\{X\leqslant 3\},P\{X>5\}$。

解 在命令窗口输入：

```
clear
p1=poisscdf(3,3.6)  %计算 P{x≤3}的概率值
p2=1-poisscdf(4,3.6)  %计算 P{x≥5}=1-P{x≤4}的概率值
```

输出结果：

```
p1=
    0.5152  %参数为 3.6 时,成功 3 次的泊松分布概率值
p2=
    0.2936  %参数为 3.6 时,成功 5 次以上的泊松分布概率值
```

例 7.6 设 X 服从参数为 $\lambda=3$ 的指数分布，求 $P\{1\leqslant X\leqslant 3\},P\{X>10\}$。

解 在命令窗口输入：

```
clear
p1= expcdf(3,1/3)- expcdf(1,1/3)  %计算 P{1≤X≤3}的概率值
p2= 1-expcdf(10,1/3)  %计算 P{x>10}=1-P{x≤10}的概率值
```

输出结果：

```
p1=
    0.0497
p2=
    9.3592e-14
```

说明 ①在 MATLAB 中，指数分布命令 expcdf(x, μ)中的参数是其期望值，因此取 $\mu=\lambda^{-1}$。②特别需要指出的是，对连续型随机变量 X，有

$$P(a<X\leqslant b)=P(a\leqslant X\leqslant b)=P(a<X<b)=P(a\leqslant X<b)=F(b)-F(a),$$

即在计算连续型随机变量 X 落在某区间的概率时，不用考虑区间的开闭情况。

例 7.7 设 $X\sim N(2,\sigma^2)$，当 $\sigma=0.5$ 时，计算概率 $P\{1.8<X<2.9\},P\{X>-3\}$，$P\{|X-2|>1.5\}$。

解 在命令窗口输入：

```
clear
```

```
p1=normcdf(2.9,2,0.5)- normcdf(1.8,2,0.5)      %计算 P{1.8<X<2.9}
p2=1-normcdf(-3,2,0.5)                          %计算 P{X>-3}
p3=normcdf(0.5,2,0.5)+1- normcdf(3.5,2,0.5)  %计算 P{|X-2|>1.5}
```

程序运行结果：

```
p1=
    0.6195
p2=
    1
p3=
    0.0027
```

说明 $P\{|X-2|>1.5\}$就是$P\{X>3.5\}$和$P\{X<0.5\}$的和。

7.1.3 分位数

给定$\alpha(0<\alpha<1)$，称满足$P\{X>x\}=\alpha$的数x为X的上侧α分位数，记为x_α。显然，若X的分布函数为$F(x)$，则$F(x_\alpha)=1-\alpha$，求分位数就是求$F(x)=P\{X\leqslant x\}$在$1-\alpha$点的反函数值。这就将问题转化为已知概率p，求随机变量X的取值x，即已知分布函数$F(x)=p$，求x，这称为求逆累积分布函数。

在MATLAB中，求一指定分布反函数(逆累积分布函数)有两类函数：通用函数和专用函数。

(1)通用函数计算逆累积分布函数。调用icdf函数实现，其格式为：

```
x=icdf('name',y,A,B,C)   %计算概率分布名为name,概率值为y的逆累积分布函数
```

其中：name表示概率分布的名称；y为分布函数值(即概率$P\{X\leqslant x_\alpha\}$值)；A,B,C是参数，参数的个数由name确定。输出x为满足$F(x)=P\{X\leqslant x\}$的x值。分布函数名称与具体含义见表7.1。

(2)专用函数计算逆累积分布函数。

将通用函数命令中的分布函数名(name)写在inv的前面(不加引号)。例如：

专用函数计算二项分布的概率值命令为：

```
binoinv (y, n, p)   %等同于 icdf('bino',y, n,p)
```

计算泊松分布的逆累积分布函数命令为：

```
poissinv(y, lambda)   %等同于 icdf('poiss',y,lambda)
```

计算正态分布的逆累积分布函数命令为：

```
norminv(y,mu,sigma)   %等同于 icdf('norm',y, mu,sigma)
```

因此，计算逆累积分布函数只需要把概率密度函数命令(表7.1第3列)中的pdf换成inv，但是括号里随机变量X的取值x要写为满足$y=P\{X\leqslant x\}$的概率值y。

例 7.8 设 $X \sim N(2, 0.5^2)$，若 $P\{X > a\} = 0.05$，求上分位数 a。

解 因为 $P\{X > a\} = 0.05$，故 $P\{X \leqslant a\} = 0.95$，在命令窗口输入：

```
clear
y=0.95;
x= norminv(y,2,0.5)   %计算分位数 a
```

输出：

```
x=
   2.8224
```

例 7.9 设 $X \sim \chi^2(10)$，若 $P\{X > \lambda\} = 0.05$，求分位数 λ。

解 在命令窗口输入：

```
clear
y=1-0.05;
x=icdf('chi2',y,10)   %计算分位数 λ=x
```

输出：

```
x=
   18.3070
```

例 7.10 为保证设备的正常运转，工厂需要配备若干名维修工。假设每台设备发生故障的概率都是 0.01，且工作相互独立。求：(1)1 名维修工负责维修 20 台设备，设备发生故障不能及时维修的概率是多少？(2)3 名维修工负责维修 80 台设备，设备发生故障不能及时维修的概率是多少？(3)若有 300 台设备，需要配多少名维修工，才能使设备发生故障不能及时维修的概率不超过 0.01？

分析 设有 n 台设备，则 n 台设备中同时发生故障的数量 X 服从二项分布 $B(n, 0.01)$。由于 $p=0.01$ 很小，所以可以把 X 近似看作服从 $\lambda = np$ 的泊松分布。而不能及时维修，则表示同时发生故障的设备超过了维修工的数量。

解 (1)计算 20 台设备中同时有 2 台及 2 台以上设备发生故障的概率，即计算 $P\{X \geqslant 2\}$。

在 MATLAB 中输入：

```
lambda1=20*0.01
p1=1-poisscdf(1, lambda1)   %计算 P{X≥2}=1-P{X≤1}
```

结果为：

```
p1=
   0.0175   %参数为 lambda1 时,同时有 2 台及 2 台以上发生故障的泊松分布概率值
```

(2)同理，第 2 问就是计算 80 台设备中同时有 4 台及 4 台以上设备发生故障的概率。

在 MATLAB 中输入：

```
lambda2=80*0.01
p2=1-poisscdf(3, lambda2)   %计算 P{X≥4}
```

结果为：

```
p2=
    0.0091   %参数为 lambda2 时,同时有 4 台及 4 台以上发生故障的泊松分布概率值
```

(3)第 3 问就是假设 300 台设备中同时有 x 台及 x 台以上设备发生故障的概率不超过 0.01,计算 x 的值。

在 MATLAB 中输入：

```
lambda=300*0.01;
x=poissinv(0.99,lambda)   %计算概率为 1-0.01 时的 x 取值
```

结果为：

```
x=
8   %需要 8 名维修工才能保证 300 台设备发生故障及时维修的概率为 0.99
```

例 7.11　已知某种产品的废品率为 0.02,现要求以 95%的概率在一箱子这种产品中选出 100 个合格品,试问在一个箱子中至少应放多少个产品?

分析　显然,多装对厂家不利,少装对用户不利。由于箱子中产品多于 100 个,可认为箱子中产品的废品数服从二项分布。设箱中应放入 $100+m$ 个产品,记 X 为其中废品数,则 $X\sim B(100+m,0.02)$,此时问题变成求使 $P\{X\leqslant m\}\geqslant 95\%$ 的 m 的最小值。因为参数 $n=100+m\approx 100$ 较大,$p=0.02$ 较小,所以 X 可以看成近似服从参数 $n=100$,$p=0.02$的二项分布。

解　在 MATLAB 中输入：

```
clear
y=0.95
m=binoinv (y,100,0.02)   %求概率为 0.95 时,二项分布 X 的 x 取值
```

输出为

```
m=
    5
```

故在箱中放入 105 个产品,就有 95%的概率在一箱产品中选出 100 个合格品。

◆ 习题

1. 假定某窑工艺瓷器的烧制成品合格率为 0.157,现该窑烧制 100 件瓷器,请画出合格产品数的概率分布曲线,并求合格数少于 10 件的概率。

2. 设在一分钟内通过城市某十字路口的汽车数 X 服从泊松分布,且在一分钟内没有汽车通过的概率为 0.2,请画出在一分钟内通过路口的汽车数的概率分布曲线,并求至少有 3 辆汽车通过的概率。

3. 设 $X\sim N(\mu,\sigma^2)$。(1)分别绘制 $\mu=1,2,3,\sigma=0.5$ 时的概率密度曲线;(2)当 $\mu=2$,$\sigma=0.5$ 时,计算概率 $P\{1.5<X<3\}$,$P\{X>0.5\}$,$P\{|X-2|>1.2\}$;(3)若 $P\{X\leqslant\lambda\}=0.95$,求 λ。

4. 已知自动车床生产的零件长度 $X\sim N(50,0.75^2)$(单位:mm),若规定零件长度为

(50 ± 1.5)mm 者为合格品，求 10 个零件中恰有 1 个不合格的概率。

5. 设总体 $X\sim N(\mu,0.5^2)$，$X_1,X_2,\cdots,X_{10}$ 是取自总体的简单随机样本，计算 $P\{\sum\limits_{i=1}^{10}(X_i-\mu)^2>1.68\}$ 与 $P\{\sum\limits_{i=1}^{10}(X_i-\bar{X})^2<2.58\}$。

6. 从正态总体 $N(\mu,\sigma^2)$ 中抽取容量为 16 的样本，σ^2 未知，样本方差 $S^2=20.8$，求 $P\{|\bar{X}-\mu|<2\}$。提示：$t=\dfrac{\bar{X}-\mu}{S/\sqrt{n}}\sim t(n-1)$。

7.2 样本数据的数字特征

在概率统计课程中，分布函数可以完整地描述随机变量的统计规律，然而对于一些实际问题，并不要求全面考查随机变量的统计规律，只需要知道它的某些特征。例如，考查日光灯管的质量，关心的是日光灯管的平均寿命。因此，随机变量的平均值常常是一个重要的数量特征。但是，考查日光灯管的质量时，不能单就平均寿命来决定其质量，还必须要考查日光灯管的寿命与平均寿命的偏离程度，只有平均寿命较长同时偏离程度较小的日光灯管才是质量较好的。随机变量与其平均值偏离的程度（随机变量的方差）也是一个重要的数量特征。

设从总体（即所研究对象的全体）X 中随机抽取 n 个个体，其观测值分别记为 x_1，x_2，…，x_n，则这 n 个值称为样本数据，n 称为样本容量。对这 n 个样本数据，常常需要对分散在其中的信息加以提炼、集中，这就是统计量的概念，统计量又称为数字特征。常用的统计量有样本均值、样本方差、偏度与峰度等。本节介绍利用 MATLAB 软件进行数学期望、方差、相关系数和矩等常用统计量的基本运算的方法。

7.2.1 样本数据的集中趋势

描述样本数据集中趋势的统计量有样本均值、中位数等。

1. 均值

均值包括算术平均值、几何平均值、调和平均值：

算术平均值 $\bar{x}=\dfrac{1}{n}\sum\limits_{i=1}^{n}x_i$，几何平均值 $m_g=\sqrt[n]{\prod\limits_{i=1}^{n}x_i}$，调和平均值 $m_T=\dfrac{n}{\sum\limits_{i=1}^{n}x_i^{-1}}$。

MATLAB 中求算术平均值、几何平均值、调和平均值的函数调用格式为：

```
M=mean(X)          %或者 M=mean(X,dim),求算术平均值
Mg=geomean(X)      %或者 Mg=geomean(X,dim),求几何平均值
Mh=harmmean(X)     %或者 Mh=harmmean(X,dim),求调和平均值
```

如果 X 是向量，则返回向量元素的平均值；如果 X 是矩阵，则返回由矩阵各列元素的平均值构成的向量。参数 dim 表示对矩阵 X 沿给定的维数方向求平均值，dim=1 表

示沿列的方向(可以缺省),dim=2 表示沿行的方向。

例 7.12　设 20 名学生的身高(单位:cm)分别为 171,176,169,172,184,183,174,178,179,172,172,173,166,175,165,182,173, 174,159,176,计算这 20 名学生身高的算术平均值、几何平均值、调和平均值。

解　在 MATLAB 中输入:

```
clear
X=[171  176  169  172  184  183  174  178  179  172  172  173  166  175  165  182  173
174  159  176];
M=mean(X)            %算术平均值
Mg=geomean(X)        %几何平均值
Mh= harmmean(X)      %调和平均值
```

输出结果:

```
M=
    173.6500
Mg=
    173.5467
Mh=
    173.4422
```

2. 中位数、分位数与三均值

将观测值 $x_1,x_2,\cdots,x_n$ 按从小到大的次序排列,排序为 $k(1\leqslant k\leqslant n)$ 的数记为 $x_{(k)}$,即 $x_{(1)}\leqslant x_{(2)}\leqslant\cdots\leqslant x_{(n)}$,中位数 M 定义为

$$M=\begin{cases}x_{(\frac{n+1}{2})},n\text{ 为奇数},\\ \dfrac{1}{2}(x_{(\frac{n}{2})}+x_{(\frac{n}{2}+1)}),n\text{ 为偶数},\end{cases}$$

p 分位数定义为

$$M_p=\begin{cases}x_{([np]+1)},np\text{ 不是整数},\\ \dfrac{1}{2}(x_{(np)}+x_{(np+1)}),np\text{ 为整数},\end{cases}$$

三均值定义为

$$\hat{M}=\frac{1}{4}M_{0.25}+\frac{1}{2}M+\frac{1}{4}M_{0.75}。$$

其中:$M_{0.25}$ 为数据的 0.25 分位数,也称为下四分之一分位;$M_{0.75}$ 为数据的 0.75 分位数,也称为上四分之一分位。

MATLAB 中求中位数、分位数与三均值的函数调用格式为:

```
M=median(X,dim)          %中位数
Mp=prctile(X,p,dim)      %p分位数
Ms=0.25* prctile(X,25,dim)+ 0.5*median(X,dim)+0.25* prctile(X, 75,dim)   %三均值
```

其中:p 表示 $100p\%$ 的分位数;如果 X 是向量,则 dim 缺省;如果 X 是矩阵,则 dim=1

表示按列求取，dim＝2 表示按行求取。

例 7.13 根据例 7.12 中数据求学生身高的中位数、0.05 分位数与三均值。

解 在命令窗口输入：

```
clear
X=[171  176  169  172  184  183  174  178  179  172  172  173  166  175  165  182  173
174  159  176];
p=0.05*100;
M=median(X)          %中位数
Mp=prctile(X,p)      %p分位数
Ms=0.25* prctile(X,25)+ 0.5*median(X)+0.25* prctile(X,75)   %三均值
```

输出结果：

```
M=
    173.5000
Mp=
    162
Ms=
    173.8750
```

7.2.2 样本数据的离散程度

反映样本数据的离散程度或变异水平的统计量主要有方差、变异系数、极差与四分位极差等。样本数据 $x_1, x_2, \cdots, x_n$ 的方差定义为 $s^2 = \frac{1}{n-1}\sum_{i=1}^{n}(x_i - \bar{x})^2$，变异系数定义为 $v = s/|\bar{x}|$，极差定义为 $R = x_{(n)} - x_{(1)}$，四分位极差定义为 $R_1 = M_{0.75} - M_{0.25}$。

MATLAB 中提供了计算方差、极差、四分位极差等的函数，调用格式分别为：

```
Y=var(X)                                   %方差
Y=range(X,dim)                             %极差
Y=iqr(X,dim)                               %四分位极差
Y=std(X,flag,dim)                          %标准差
v=std(X,flag,dim)./abs(mean(X, dim))       %变异系数
```

其中：X 为样本矩阵时，dim＝1 表示按 X 列求取，dim＝2 表示按 X 行求取；X 为向量时，dim 缺省；flag＝0 表示样本方差，flag＝1 表示未修正样本方差，系统默认 flag＝0。

例 7.14 设 15 种风险资产的收益率(%)为 9.6，18.5，49.4，23.9，8.1，14，40.7，31.2，33.6，36.8，11.8，9，35，9.4，15，求该组数据的方差、变异系数、极差与四分位极差。

解 在命令窗口输入：

```
clear
X=[9.6,18.5, 49.4,23.9, 8.1, 14,40.7, 31.2,33.6, 36.8,11.8, 9, 35,9.4, 15];
VAR=var(X)                   %方差
```

```
R=range(X)                %极差
R1=iqr(X)                 %四分位极差
S=std(X,0)                %标准差
v= std(X,0)./abs(mean(X)) %变异系数
```

输出结果：

```
VAR=
    185.5895
R=
    41.3000
R1=
    24.5000
S=
    13.6231
v=
    0.5906
```

7.2.3 样本数据的形态特征

1. 频数直方图

将样本数据 $x_1,x_2,\cdots,x_n$ 依大小次序排列，得 $x_1^* \leqslant x_2^* \leqslant \cdots \leqslant x_n^*$。在包含$[x_1^*,x_n^*]$的区间$[a,b]$内插入一些等分点，$a<x'_1<x'_2<\cdots<x'_n<b$，使每一个区间$(x'_i,x'_{i+1}]$$(i=1,2,\cdots,n-1)$内都有样本观测值 $x_i(i=1,2,\cdots,n-1)$落入其中，统计出样本观测值在每个区间$(x'_i,x'_{i+1}]$中出现的次数 n_i。在直角坐标系的横轴上，标出 $x'_1,x'_2,\cdots,x'_n$，以$(x'_i,x'_{i+1}]$为底边，作高为 $n_i(i=1,2,\cdots,n-1)$的矩形，即得到频数直方图。

MATLAB 中有关频数直方图的命令调用格式为：

```
[n,x]=hist(X, k)
```

其中 X 是样本数据。调用该命令可将区间$[\min(X),\max(X)]$分为 k 个小区间(缺省为10)，返回数组 X 落在每一个小区间的频数 n 和每一个小区间的中点 x。

```
hist(X, k)  %频数直方图
```

如果需要在频数直方图上加正态分布曲线，其命令调用格式为：

```
histfit(X,k)  %频数直方图+正态分布曲线
```

其中 X 与 k 的含义同 hist。

绘制 X 落在$[\min(X),\max(X)]$区间的 k 个小区间内的频率(频数/总数)直方图的命令为：

```
bar(x,k*n/size(X,dim)./(max(X)-min(X)))  %频率直方图
```

其中 X 与 k 的含义同 hist，n，x 由 hist 命令求出。调用该命令可绘制出指定的 X 与频率对应的条形图。

例 7.15 模拟生成 200 个服从正态分布 $N(2,1.5^2)$ 的随机数，将 200 个数分成 15 组，作出频数直方图与频率直方图。

解 在命令窗口输入：

```
clear
n=200;k=15;  %n用m表示
X=normrnd(2,1.5,n,1);  %随机生成200个服从正态分布N(2,1.5^2)的数据
[n1,x]=hist(X, k);  %频数与区间中点坐标
subplot(1,2,1)
hist(X,k)  %频数直方图
title('频数直方图')
subplot(1,2, 2)
histfit(X,15)  %附加正态分布曲线的频数直方图
title('附加正态曲线的频数直方图')
figure(2)
bar(x,k*n1/size(X,1)./(max(X)-min(X)))  %频率直方图
title('频率直方图')
```

结果如图 7.4 及图 7.5 所示。

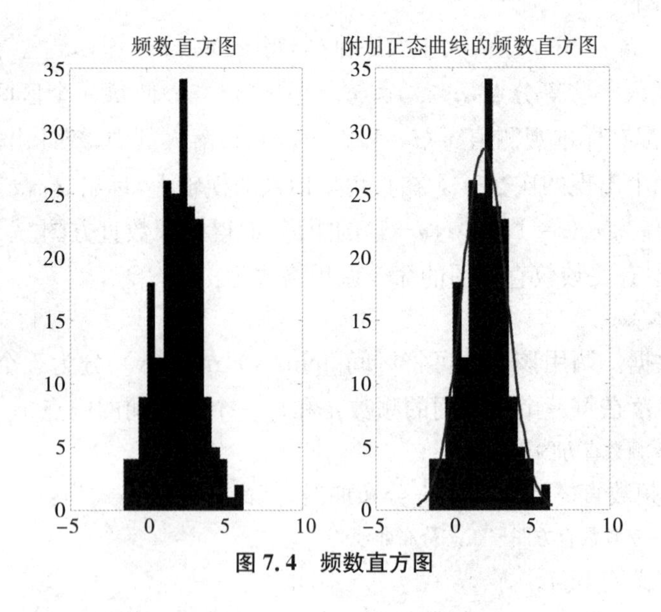

图 7.4 频数直方图

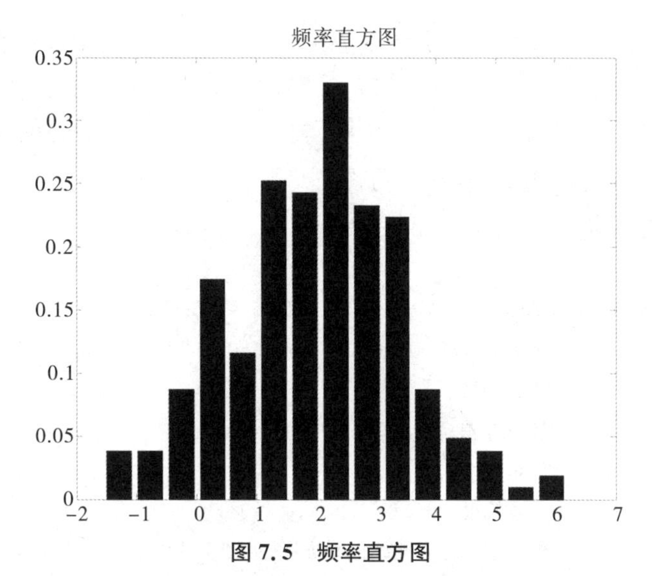

图 7.5 频率直方图

2. 中心矩、原点矩、偏度与峰度

样本数据 $x_1,x_2,\cdots,x_n$ 的 k 阶中心矩定义为 $\mu_k=\dfrac{1}{n}\sum\limits_{i=1}^{n}(x_i-\bar{x})^k$。

k 阶原点矩定义为 $A_k=\dfrac{1}{n}\sum\limits_{i=1}^{n}x_i^k$。

偏度定义为 $p_d=\dfrac{n^2\mu_3}{(n-1)(n-2)s^3}$。

峰度定义为 $f_d=\dfrac{n^2\mu_4}{(n-1)(n-2)s^4}-\dfrac{3(n-1)^2}{(n-2)(n-3)}$，其中 s 表示标准差。

偏度用于衡量分布的不对称程度或偏斜程度，峰度用于衡量数据尾部分散性。与正态分布相比，当峰度大于 3 时，数据中含有较多远离均值的极端数值，称数据分布具有平峰厚尾性；当峰度小于 3 时，均值两侧的极端数值较少，称数据分布具有尖峰细尾性。

MATLAB 中计算中心矩统计量的函数调用格式为：

```
Y=moment(X,k)
```

其中，k 是中心矩的阶数，X 为样本矩阵。

计算偏度的函数调用格式为：

```
Pd= skewness(X,flag)
```

其中，X 为样本数据，flag 默认为 1。当 flag=1 时，按公式 $\dfrac{1}{nS_0^3}\sum\limits_{i=1}^{n}(X_i-\bar{X})^3$ 计算偏度，其中 S_0 是未修正的标准差。

计算峰度的函数调用格式为：

```
fd=kurtosis(X,flag,dim)
```

其中，X 为样本数据，flag 默认为 1。当 flag=1 时，按公式 $\dfrac{1}{nS_0^4}\sum\limits_{i=1}^{n}(X_i-\bar{X})^4$ 计算峰度，其中 S_0 是未修正的标准差。X 为矩阵时，dim=1 表示按 X 列求取，dim=2 表示按 X 行求取。

例 7.16 某校 60 名学生的一次考试成绩如下:93,75,83,93,91,85,84,82,77,76,77,95,94,89,91,88,86,83,96,81,79,97,78,75,67,69,68,84,83,81,75,66,85,70,94,84,83,82,80,78,74,73,76,70,86,76,90,89,71,66,86,73,80,94,79,78,77,63,53,55。计算均值、方差、偏度与峰度,并作出直方图。

解 在命令窗口输入:

```
clear
X=[93 75 83 93 91 85 84 82 77 76 77 95 94 89 91 88 86 83 96 81 79 97 78 75 67 69 68 84 83 81 75 66
85 70 94 84 83 82 80 78 74 73 76 70 86 76 90 89 71 66 86 73 80 94 79 78 77 63 53 55];
M=mean(X)              %计算均值
VAR=var(X)             %计算方差
Pd= skewness(X)        %计算偏度
fd= kurtosis(X,0,2)    %计算峰度
histfit(X)             %附加正态分布曲线的直方图,如图 7.6 所示
```

输出结果:

```
M=
    80.1000
VAR=
    94.2949
Pd=
    -0.4682
fd=
    3.2736
```

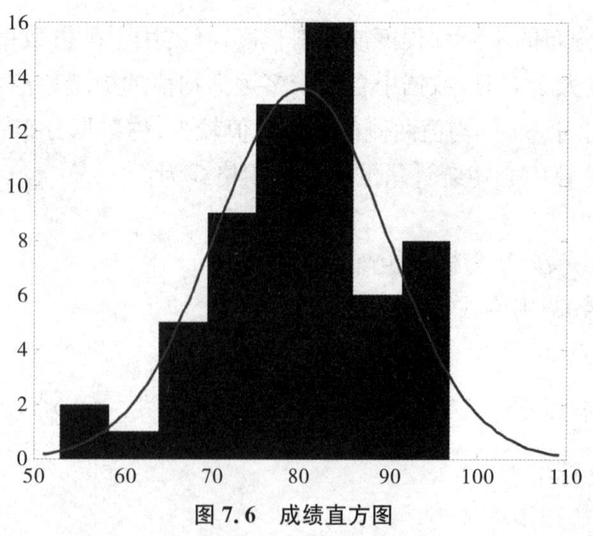

图 7.6 成绩直方图

计算结果表明,这 60 名学生的平均成绩为 80,成绩的方差为 94;偏度小于 0,成绩分布左偏,即比平均成绩低的人数多于比平均成绩高的人数;峰度大于 3,与正态分布相比,分布具有平峰厚尾性。

◆ 习题

1. 用自动化车床连续加工某种零件。由于刀具损坏等会出现故障，且故障是完全随机的。假定生产任一零件时出现故障的概率相等。工作人员通过检查零件来确定车床是否出现故障。现积累有 100 次故障纪录，故障出现时该车床完成的零件数如下：

459	362	624	542	509	584	433	748	815	505
612	452	434	982	640	742	565	706	593	680
926	653	164	487	734	608	428	1153	593	844
527	552	513	781	474	388	824	538	862	659
775	859	755	49	697	515	628	954	771	609
402	960	885	610	292	837	473	677	358	638
699	634	555	570	84	416	606	1062	484	120
447	654	564	339	280	246	687	539	790	581
621	724	531	512	577	496	468	499	544	645
764	558	378	765	666	763	217	715	310	851

计算算术平均值、几何平均值、调和平均值、中位数、分位数、三均值、方差、极差与四分位极差，绘制频数直方图。

2. 选一只股票，对其交易数据进行统计分析，给投资者提点投资建议。

7.3 参数估计与假设检验

对给定的统计问题，建立统计模型以后，还要依据样本对未知总体进行各种推断。参数估计是统计推断的重要内容之一。

参数估计是根据总体中抽取的样本构造一个统计量，估计总体分布中某未知参数的方法。

若总体 X 的分布函数形式已知，但它的一个或多个参数未知，则由总体 X 的一个样本去估计总体未知参数值的问题就是参数的点估计。设总体 X 的分布函数为 $F(x,\theta)$，其中 θ 为未知参数。θ 也可以是向量 $\theta=(\theta_1,\theta_2,\cdots,\theta_k)$，此时 F 相当于有 k 个未知参数。点估计就是由样本 $X_1,X_2,\cdots,X_n$ 构造的一个统计量 $\hat{\theta}(X_1,X_2,\cdots,X_n)$，作为未知参数 θ 的一个估计量。构造估计量的方法有矩估计法、极大似然法、最小二乘法等。MATLAB 中主要用极大似然估计法。

一般给定样本的观测值就能算出参数 θ 的估计值，它是未知参数的近似值。但是，在理论与实际应用中，不仅需要知道参数 θ 的近似值，还需要知道这种估计的精度。为此，需要由样本构造一个以较大概率包含真实参数的范围或区间。这种带有概率的区间称为置信区间，通过构造一个置信区间对未知参数进行估计的方法称为区间估计。

若对于给定的$\alpha(0<\alpha<1)$，存在统计量$\hat{\theta}_L$和$\hat{\theta}_U$，对所有的θ满足

$$P\{\hat{\theta}_L \leqslant \theta \leqslant \hat{\theta}_U\}=1-\alpha,$$

则称随机区间$[\hat{\theta}_L,\hat{\theta}_U]$为参数$\theta$的置信度为$1-\alpha$的置信区间，$\hat{\theta}_L$和$\hat{\theta}_U$分别称为置信下限和置信上限。置信度$1-\alpha$也称置信水平。

置信区间是以统计量为端点的随机区间。对于给定的样本观察值$(x_1,\cdots,x_n)$，由统计量$\hat{\theta}_L(x_1,x_2,\cdots,x_n)$，$\hat{\theta}_U(x_1,x_2,\cdots,x_n)$构成的置信区间$[\hat{\theta}_L,\hat{\theta}_U]$可能包含真值$\theta$，也可能不包含真值$\theta$。但在多次观察或实验中，每一个样本皆得到一个置信区间$[\hat{\theta}_L,\hat{\theta}_U]$。在这些区间中，包含真值$\theta$的区间占$100(1-\alpha)\%$，不包含$\theta$的仅占$100\alpha\%$。例如，取$\alpha=0.05$，在100次区间估计中，大约有95个区间包含真值$\theta$，而不包含$\theta$的约占5个。

统计推断的另一个重要内容是假设检验。在总体分布函数完全未知或只知其形式而不知其参数时，为了推断总体的某些性质，首先要根据问题提出假设，然后对这个假设进行检验，以确认接受或拒绝该假设。假设检验所采用的方法是:在原假设设定后，以它为起点进行推断。推断中以一次抽样为依据，运用小概率原理，将一次抽样所得的样本值作为一次试验的结果。如果这次试验导致小概率事件发生，应作出拒绝假设的结论；如果小概率事件没有发生，则不能拒绝假设，即接受假设。

7.3.1 常见分布的参数估计

MATLAB中对常见分布的参数估计有两类函数:①专用函数，形式为“概率分布名称＋fit ”；②通用函数，利用mle函数进行参数估计。

(1)利用专用函数进行参数估计。下面介绍β分布和正态分布参数的最大似然估计，读者可触类旁通。

①β分布的参数估计采用betafit，调用格式为：

```
[phat,pci]=betafit(X,alpha)
```

其中:phat为样本X的β分布的参数a和b的估计值；pci为a和b的置信区间，是一个2×2矩阵，其第1列为参数a的置信下界和上界，第2列为b的置信下界和上界；alpha(α)为显著性水平，$(1-\alpha)\times 100\%$为置信度。

例7.17 随机产生100个β分布数据，相应的分布参数真值为4和3。求解参数4和3的最大似然估计值和置信度为99%的置信区间。

解 在MATLAB中输入：

```
X=betarnd(4,3,100,1);   %随机产生数据为100*1的β分布
[phat,pci]=betafit(X,0.01)   %求置信度为99%的置信区间和参数a,b的估计值
```

结果显示：

```
phat=3.9010     2.6193
pci=2.5244    1.7488
5.2776    3.4898
```

说明 估计值3.9010的置信区间是[2.5244,5.2776],估计值2.6193的置信区间是[1.7488,3.4898]。因为数据是随机产生的,所以每次运行的结果可能是不同的。

②正态分布的参数估计采用normfit,调用格式为:

```
[mu,sigma,muci,sigmaci]=normfit(X,alpha)
```

其中:返回值mu,sigma分别为正态分布$N(\mu,\sigma^2)$的参数μ和σ的估计值;muci为均值μ的置信区间;sigmaci为标准差σ的置信区间,置信度为$(1-\alpha)\times 100\%$;alpha给出显著性水平α,缺省时默认为0.05,即置信度为95%。

注意 X也可以是矩阵。当X是矩阵时,对X的每一列数据作参数估计。

例7.18 随机产生1组含100个元素的正态数据(均值为10,均方差为2),分别求置信度为95%和90%的置信区间和参数估计值。

解 在MATLAB中输入:

```
r=normrnd(10,2,100,1);   %随机产生100*1的均值为10,均方差为2的正态数据
[mu1,sigma1,muci1,sigmaci1]=normfit(r)   %置信度为95%的估计值
[mu2,sigma2,muci2,sigmaci2]=normfit(r,0.1)   %置信度为90%的估计值
```

则结果为:

```
mu1=9.9108
sigma1=2.1076
muci1=9.4926
      10.3290
sigmaci1=1.8505
         2.4484
mu2=9.9108
sigma2=2.1076
muci2=9.5608
      10.2607
sigmaci2=1.8891
         2.3891
```

说明 参数最大似然估计值$\hat{\mu}=9.9108$,$\hat{\sigma}=2.1076$,置信水平为95%的参数μ的置信区间是[9.4926,10.3290],σ的置信区间是[1.8505,2.4484];置信水平为90%的参数μ的置信区间是[9.5608,10.2607],σ的置信区间是[1.8891,2.3891]。估计结果与总体$N(\mu,\sigma^2)$中的真实参数值($\mu=10$,$\sigma=2$)非常接近。

常用分布的参数估计函数见表7.3。

表 7.3 参数估计函数表

函数名	调用形式	函数说明
binofit	[phat,pci]=binofit(data,n,alpha)	二项分布的参数估计和置信区间
poissfit	[lambda,lambdaci]=poissfit(data,alpha)	泊松分布的参数估计和置信区间
normfit	[mu,sigma,muci,sigmaci]=normfit(data,alpha)	正态分布的期望、方差值和置信区间
betafit	[phat,pci]=betafit(data,alpha)	β分布参数a和b的估计值和置信区间
unifit	[a,b,aci,bci]=unifit(data,alpha)	均匀分布的参数估计和置信区间
expfit	[mu,muci]=expfit(data,alpha)	指数分布的参数估计和置信区间
gamfit	[phat,pci]=gamfit(data,alpha)	γ分布的参数估计和置信区间
weibfit	[phat,pci]=weibfit(data,alpha)	韦伯分布的参数估计和置信区间
mle	[phat,pci]=mle('dist',data,alpha) [phat,pci]=mle('bino',data,alpha,p1)	分布函数名为 dist 的参数估计和置信区间 仅用于二项分布,pl 为试验总次数

说明 各函数返回已给数据向量 data 的参数最大似然估计值和置信度为$(1-\alpha)\times 100\%$的置信区间。α缺省时默认为 0.05,即置信度为 95%。

如果不需要置信区间,调用形式命令的返回值,也可以仅输出参数估计。例如,命令 phat=binofit (data, n, alpha)表示二项分布概率的最大似然估计值。

(2)利用通用函数进行参数估计。调用 mle 函数实现,其调用格式有 3 种:

```
phat=mle('dist',X)  %返回用 dist 指定分布的最大似然估计值
[phat, pci]=mle('dist',X,alpha)  %返回用 dist 指定分布的参数估计和置信度由 alpha 确定的置信区间
[phat, pci]=mle('dist',X,alpha,pl)  %仅用于二项分布,pl 为试验次数
```

其中:dist 为分布函数名,如 beta(β分布)和 bino(二项分布)等;X为数据样本;alpha 为显著性水平α,$(1-\alpha)\times 100\%$为置信度。

7.3.2 正态分布的假设检验

假设检验有参数检验与非参数检验两种。在总体的分布函数类型已知的情况下,如果检验时构造的统计量取决于总体的分布函数,则这种检验称为参数检验;如果构造的检验统计量不取决于观测值的总体分布函数类型,则这种检验称为非参数检验。总体分布类型的检验往往是非参数检验。

假设检验的一般步骤如下:

①根据实际问题提出原假设 H_0 与备择假设 H_1,即说明需要检验的假设的具体内容。

②选取适当的统计量,并在原假设 H_0 成立的条件下确定该统计量的分布。

③选取适当的显著性水平α,并根据统计量的分布查表,确定对应于α的临界值。α一般取 0.05,0.01 或 0.10。

④根据样本观测值计算统计量的观测值,并与临界值进行比较,从而在检验水平条件下对是否接受原假设 H_0 作出判断。

1. 关于正态分布的检验

(1)正态分布的拟合优度测试。

Jarque-Bera 检验简称 JB 检验，用于评价样本 X 服从未知均值和方差的正态分布的假设是否成立。

原假设 H_0：总体 $X \sim N(\mu_1, \sigma^2)$。

备择假设 H_1：总体不具有正态分布。

该检验利用正态分布的偏度 sk 和峰度 ku，构造一个包含 sk，ku 且自由度为 2 的卡方分布统计量 JB，即

$$\mathrm{JB} = n\left(\frac{1}{6}J^2 + \frac{1}{24}B^2\right) \sim \chi^2(2)。$$

其中 $J = \frac{1}{n}\sum_{i=1}^{n}\left(\frac{x_i - \bar{x}}{S}\right)^3, B = \frac{1}{n}\sum_{i=1}^{n}\left(\frac{x_i - \bar{x}}{S}\right)^4 - 3$。

通过 χ 统计量来判定样本的偏度和峰度与它们的期望值有无显著性差异。

对于显著性水平 α，当统计量 JB 小于 χ^2 分布的 $1-\alpha$ 分位数 $\chi^2_{1-\alpha}(2)$时接受 H_0，即认为总体服从正态分布；否则拒绝 H_0，即认为总体不服从正态分布。

在 MATLAB 中，JB 检验命令为 jbtest，调用格式为：

```
h= jbtest(X,alpha)      %或[h,p,jbstat,cv]=jbtest(X,alpha)
```

对输入向量 X 进行 JB 检验，显著性水平为 alpha，alpha 在 0 和 1 之间，缺省为0.05。输出 h 为测试结果，若 $h=0$，则可以认为 X 服从正态分布；若 $h=1$，则可以否定 X 服从正态分布。输出 p 为接受假设的概率值，若 p 小于 alpha，则可以拒绝原假设。jbstat 为测试统计量的值，cv 为是否拒绝原假设的临界值，若 jbstat 大于 cv，则可以拒绝原假设，即否定 X 服从正态分布。

注意　如果该数据确实来自正态分布，则 $h=0$，且概率 p 比较大。因此，即使检验通过，也只能从假设检验的意义上来理解。X 为大样本时，对于小样本的拟合优度测试用 lillietest 函数，调用格式为 h=lillietest(X, alpha)或[h, p, lstat, cv]=lillietest(X, alpha)。

(2)Kolmogorov-Smirnov 检验。

Kolmogorov-Smirnov 检验简称 KS 检验，通过对样本的经验分布函数与给定分布函数进行比较，推断该样本是否来自给定分布函数的总体。设给定分布函数为 $G(x)$，构造统计量

$$D_n = \max_n(|F_n(x) - G(x)|),$$

即两个分布函数之差的最大值，对于假设 H_0[总体服从给定的分布 $G(x)$]及给定的 α，根据 D_n的极限分布，确定统计量关于是否接受 H_0的数量界限。

因为 KS 检验需要给定 $G(x)$，所以当用于正态性检验时只能进行标准正态检验，即 H_0总体服从标准正态分布 $N(0,1)$。

在 MATLAB 中，KS 检验命令为 kstest，调用格式为：

```
h=kstest(x)
h=kstest(x,cdf)
[h,p,ksstat,cv]=kstest(x,cdf,alpha)
```

执行该命令时,对向量 x 中的值与标准正态分布进行比较并返回假设检验结果 h。若 $h=0$,则表示不能拒绝原假设,即不能拒绝服从正态分布。若 $h=1$,则可以否定 x 服从正态分布。假设的显著性水平默认值是 0.05。cdf 是一个两列矩阵,矩阵的第一列包含可能的 x 值,第二列为假设累积分布函数 $G(x)$的值。在可能的情况下,cdf 的第一列应包含 x 中的值;如果第一列没有,则用插值的方法近似。指定显著性水平 alpha,返回 p 值、KS 检验统计量 ksstat 和截断值 cv。

例 7.19 调用 MATLAB 中关于汽车质量的数据,测试该数据是否服从正态分布。

解 在 MATLAB 中输入:

```
load carsmall  %调用 MATLAB 中关于汽车质量的数据
[h,p,j,cv]=jbtest(Weight)
```

结果显示:

```
h=1    p=0.0321    j=6.9594    cv=5.4314
```

说明 $p(0.0321)$小于$\alpha(0.05)$表示应该拒绝服从正态分布的假设,$h=1$ 也否定服从正态分布,统计量的值 $j(6.9594)$大于接受假设的临界值 cv(5.4314),因而拒绝假设(测试水平为 5%)。

例 7.20 从一批滚珠中随机抽取 50 个,测得直径(单位:mm)如下:

15.0, 15.8, 15.2, 15.1, 15.9, 14.7, 14.8, 15.5, 15.6, 15.3,
15.1, 15.3, 15.0, 15.6, 15.7, 14.8, 14.5, 14.2, 14.9, 14.9,
15.2, 15.0, 15.3, 15.6, 15.1, 14.9, 14.2, 14.6, 15.8, 15.2,
15.9, 15.2, 15.0, 14.9, 14.8, 14.5, 15.1, 15.5, 15.5, 15.1,
15.1, 15.0, 15.3, 14.7, 14.5, 15.5, 15.0, 14.7, 14.6, 14.2。

能否认为这批钢珠的直径服从正态分布($\alpha=0.05$)?求出总体的均值和方差的点估计。

分析 该问题可归结为正态分布拟合的检验问题,且样本较大,可调用命令 jbtest。

解 程序如下:

```
clear
x=[15.0,15.8,15.2,15.1,15.9,14.7,14.8,15.5,15.6,15.3,15.1,15.3,15.0,15.6,15.7,14.8,
14.5,14.2,14.9,14.9,15.2,15.0,15.3,15.6,15.1,14.9,14.2,14.6,15.8,15.2,15.9,15.2,15.0,14.9,
14.8,14.5,15.1,15.5,15.5,15.1,15.1,15.0,15.3,14.7,14.5,15.5,15.0,14.7,14.6,14.2];
mu=mean(x)  %均值点估计
sig2=var(x) %方差点估计,也可直接调用命令[mu,sig]=normfit(x)进行参数估计
h=jbtest(x) %总体正态分布 JB 检验
```

输出结果:

```
mu=
```

```
    15.0780
sig2=
    0.1871
h=
    0
```

说明　$h=0$ 表示在置信水平 $\alpha=0.05$ 的条件下接受原假设，即认为这批钢珠的直径服从正态分布。

(3)正态分布的概率纸检验。

概率纸检验是正态分布检验的又一种方法。数据中的每一个值对应图中的一个“+”号，表示概率(介于 0 和 1 之间)。如果所有的数据点都落在直线附近，则认为数据服从正态分布；若“+”连成一条曲线，则认为数据不服从正态分布。概率纸检验采用 normplot，调用格式为：

```
normplot(data)   % 如果数据 data 服从正态分布，则数据点基本上都落在一条直线上
```

另外，结合直方图可以直观地了解随机变量的分布特征，如对称性、峰值等。

(4)Box-Cox 变换。

数据在左边或右边有长尾巴或很不对称时(此时如果用正态分布假设检验，往往都拒绝假设检验)，就需要对数据进行变换以符合非参数(或参数)统计推断方法的某些条件。其中最常用的一种方法就是 Box-Cox 变换：

$$y=\begin{cases}(x^{\lambda}-1)/\lambda,\lambda\neq 0,\\ \log(x),\lambda=0\end{cases}\quad(x>0)。$$

Box-Cox 变换的调用格式为：

```
[y,r]=boxcox(x)
```

其中，x 是原始数据，y 是变换以后的数据，r 是变换公式中参数 λ 的数值。

例 7.21　表 7.4 给出 1949—1991 年淮河流域成灾面积，试检验全流域的成灾面积是否服从正态分布。如不服从，请利用 Box-Cox 变换处理数据并再次检验。

表 7.4　淮河流域成灾面积(单位：万亩①)

年份	流域	河南	安徽	江苏	山东	年份	流域	河南	安徽	江苏	山东
1949	3383.4	322.4	604.4	1986.7	469.9	1971	1451.8	209.4	472.1	413.3	357
1950	4687.4	942.4	2293.0	1172.0	280.0	1972	1532.9	282.3	1001	91.1	158.5
1951	1631.1	332.7	362.4	368.0	568.0	1973	765.9	202.4	328.6	18.5	216.4
1952	2244.5	637.1	1028.0	470.7	108.7	1974	1987.5	121.2	479.6	830	557.1
1953	2011.7	748.4	115.6	356.1	791.6	1975	2765.5	1526.9	921.3	84.3	233.2
1954	6123.1	1538.7	2620.5	1543.3	420.6	1976	739.9	432.2	39.3	36.0	231.8

① 亩：市制土地面积单位。1 亩≈666.7 m^2。

续表

年份	流域	河南	安徽	江苏	山东	年份	流域	河南	安徽	江苏	山东
1955	1918.0	637.0	346.3	614.8	319.9	1977	515.6	272.1	141.3	nan	102.2
1956	6232.4	2058.2	2356.2	1391.0	427.0	1978	428.4	114.9	42.9	40.0	230.6
1957	5453.9	1960.4	473.2	908.3	2112	1979	3794.5	1142	1469.3	911.2	272
1958	1412.4	269.5	356.6	229.0	557.3	1980	2489.1	624.4	1164.8	556.5	143.4
1959	312.5	53.6	42.0	nan	216.9	1981	242.3	25.1	121	29.0	67.2
1960	2185.0	398.0	447.0	293.1	10469	1982	4812	2695.4	1365.1	543.3	208.2
1961	1285.4	168.5	374.0	276.3	466.6	1983	2204.7	460.4	596	1076.1	72.2
1962	4079.6	489.3	1242.5	1487.4	860.4	1984	4407.1	2200.4	1182.3	521.6	502.8
1963	10124.2	3422.4	3799.8	892.4	2009.6	1985	2885	1019.5	612	519.8	733.7
1964	5532.7	2540.4	1331.2	235.6	1425.5	1986	1124.7	79.5	219	781.4	44.8
1965	3809.3	1279.2	1172.2	1009.9	348.0	1987	1190	304.3	443.6	382.1	60
1966	389.4	303.7	83.4	nan	2.3	1988	191.4	69.8	20.8	27.8	73
1967	412.1	79.2	196.3	nan	136.6	1989	2227.9	472.4	302	1429.7	23.8
1968	809.7	386.2	384.6	nan	38.9	1990	2079	76.1	271.4	1084.4	647.1
1969	870.6	245.6	501.3	nan	123.7	1991	6934.1	2037.3	2422.8	2114.4	359.6
1970	1055.7	6.4	272.7	276.8	439.8						

分析 依题意首先要对原始数据中的第一列(对应表 7.4 中第 2、8 列)进行正态分布检验,可以用直方图或概率纸检验,也可以用正态分布的拟合优度测试,然后进行 Box-Cox 变换并再次进行检验。

解 计算程序:

```
a=[3383.4  322.4  604.4  …  2114.4  359.6];  %输入原始数据
b=a(:,1);      %取出原始数据的第一列
normplot(b);   %用概率纸检验数据是否服从正态分布
h=jbtest(b)    %用 JB 检验原始数据是否服从正态分布
t=boxcox(b);  %Box-Cox 变换
normplot(t);   %用概率纸检验变换后数据是否服从正态分布
hh=jbtest(t)  %用 JB 检验变换后数据是否服从正态分布
```

图 7.7 是原始数据的概率纸检验图。从图 7.7 可以看出,散点并不聚集在直线上,因此流域成灾面积(原始数据)不服从正态分布。这一点也可以通过 jbtest 检验($h=1$)来证实。

对原始数据进行 Box-Cox 变换,对变换后数据进行概率纸检验,得到图 7.8。显然,变换后数据服从正态分布。jbtest 检验($h=0$)也证实数据服从正态分布。

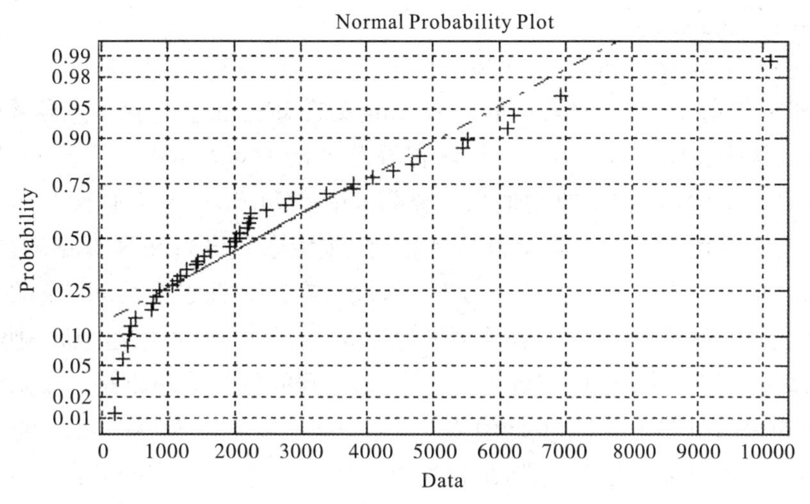

图 7.7　流域成灾面积(原始数据)图

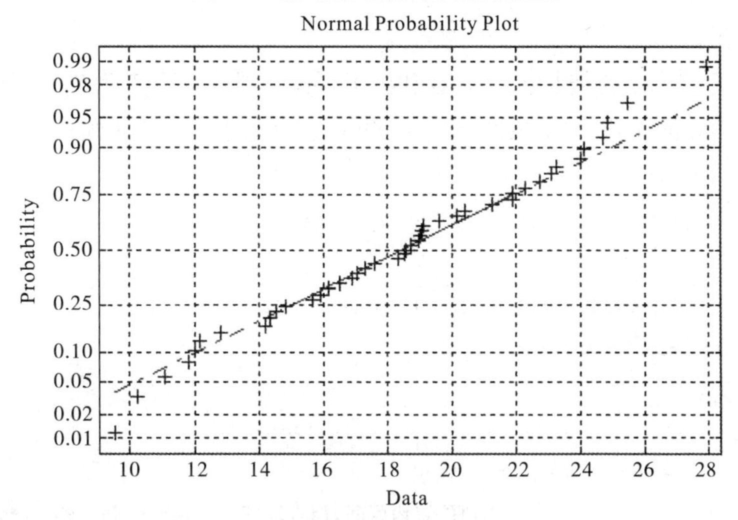

图 7.8　流域成灾面积(变换后数据)图

2. 参数的假设检验

正态分布总体 $N(\mu,\sigma^2)$中有两个参数 μ,σ^2,参数的假设检验分为 σ^2 已知和未知两种情况。

(1)单个总体方差已知时,总体均值 μ 的假设检验(U 检验)。

在 MATLAB 中,U 检验由函数 ztest 实现(也称为 z 检验)。ztest 假设检验常常将(正态)样本均值与一已知常数 m 比较。原假设样本均值 μ_0 和已知常数 m 相等。根据参数 tail 的值,备择假设有 3 种情况。

原假设 $H_0:\mu=\mu_0=m$。

若 tail=0,则备择假设 H_1 为 $\mu\neq\mu_0=m$(默认,双边检验)。

若 tail=1,则备择假设 H_1 为 $\mu>\mu_0=m$(单边检验)。

若 tail=−1,则备择假设 H_1 为 $\mu<\mu_0=m$(单边检验)。

ztest 有两种调用格式:

```
h=ztest(x,m,sigma,alpha)
[h,p,ci, zval]=ztest(x,m,sigma,alpha,tail)
```

其中：x 为样本数据；m 为原假设均值 μ_0；sigma 为已知标准差；alpha 为显著性水平，缺损时为 0.05(默认值)；tail 表示原假设，缺省值为 0，tail=0 表示检验假设"x 的均值等于 m"，tail=1 表示检验假设"x 的均值大于 m"，tail=−1 表示检验假设"x 的均值小于 m"；返回 p 为观察值的概率(当 p 为小概率时，质疑原假设)；ci 为真正均值 μ 的 1−alpha 置信区间；zval 为统计量的值。若 $h=0$，表示在显著性水平为 alpha 的条件下，不能拒绝原假设；若 $h=1$，表示在显著性水平为 alpha 的条件下，可以拒绝原假设。

例 7.22 某车间用一台包装机包装葡萄糖，得到的袋装糖净重是一个随机变量，且服从正态分布。当机器正常时，其均值为 0.5 kg，标准差为 0.015 kg。假设标准差不变，某日开工后为检验包装机是否正常，随机抽取 9 袋糖，称得净重为(kg)：

0.497， 0.506， 0.518， 0.524， 0.498， 0.511， 0.520， 0.515， 0.512。

机器是否正常？

解 服从正态分布的袋装糖总体 μ 和 σ^2 已知，该问题可理解为当 σ^2 为已知时，在显著性水平 $\alpha=0.05$ 的条件下，根据样本值判断 μ 是否等于 0.5。为此提出假设：

原假设 $H_0:\mu=\mu_0=0.5$。

备择假设 $H_1:\mu\neq0.5$。

计算程序：

```
X=[0.497,0.506,0.518,0.524,0.498,0.511,0.52,0.515,0.512];
[h,p,ci,zval]=ztest(X,0.5,0.015,0.05,0)
```

结果显示为：

```
h=1
p=0.0248        %样本观察值的概率，比较小
ci=0.5014    0.5210          %均值的置信区间，但是均值 0.5 在此区间之外
zval=2.2444         %统计量的值
```

由计算结果可知 $h=1$，说明在显著性水平 $\alpha=0.05$ 的条件下，可拒绝原假设；而且 $p=0.0248$ 为小概率，质疑原假设；ci 为均值 μ 的置信区间，原假设均值 0.5 在此区间之外。因此，可以认为包装机工作不正常。

例 7.23 有一台包装机用于包装净水剂，额定标准质量为 500 g。根据以往经验，包装机实际装袋质量服从正态分布 $N(\mu,\sigma^2)$，其中 $\sigma=15$ g。为检验包装机工作是否正常，随机抽取 9 袋，称得净水剂净重数据如下(g)：

497， 506， 518， 524， 488， 517， 510， 515， 516。

若取显著性水平 $\alpha=0.01$，这台包装机工作是否正常？取显著性水平 $\alpha=0.05$ 呢？

解 在命令窗口输入：

```
clear
mu=500; sig=15;                    %均值与标准差
alpha1=0.01 ; alpha2=0.05 ;        %显著性水平
```

```
tail=0;                          % 原假设 H0:μ=mu
X=[497,506,518,524,488,517,510,515,516];     % 样本数据
[h1,ph1,ci1,sta1]=ztest(X,mu,sig, alpha1, tail)
[h2,ph2,ci2,sta2]=ztest(X,mu,sig, alpha2, tail)
```

输出结果：

```
h1=
    0
ph1=
    0.0432
ci1=
    497.2320   522.9903
sta1=
    2.0222
h2=
    1
ph2=
    0.0432
ci2=
    500.3113   519.9109
sta2=
    2.0222
```

结果表明：当显著性水平 $\alpha=0.01$ 时，$h_1=0$ 表示不拒绝原假设，即认为包装机工作是正常。当显著性水平 $\alpha=0.05$ 时，$h_2=1$ 表示可以拒绝原假设，即认为包装机工作不正常。

(2)单个总体方差未知时，总体均值 μ 的假设检验(t 检验)。

在 MATLAB 中，t 检验由函数 ttest 实现，调用格式为：

```
[h,p,ci]=ttest(x,m,alpha,tail)
```

其中命令说明同前文中 ztest。

例 7.24 某种电子元件的寿命 X(单位：h)服从正态分布，μ,σ^2 均未知。现测得 16 只元件的寿命如下：

$$159,280,101,212,224,379,179,264,$$
$$222,362,168,250,149,260,485,170。$$

是否有理由认为元件的平均寿命大于 225 h?

解 总体 μ 和 σ^2 未知，在水平 $\alpha=0.05$ 的条件下，根据样本值判断 μ 是否大于 225。为此提出假设：

原假设 $H_0:\mu<\mu_0=225$。备择假设 $H_1:\mu>225$。此时选择 tail=1。

计算程序：

```
X=[159 280 101 212 224 379 179 264 222 362 168 250 149 260 485 170];
[h,p,ci]=ttest(X,225,0.05,1)
```

结果显示为：

```
h=0
p=0.2570     %样本观察值的概率,比较大
ci=198.2321       Inf        %均值225在该置信区间内
```

说明 $h=0$ 表示在 $\alpha=0.05$ 的条件下应该接受原假设 H_0，即认为元件的平均寿命不大于 225 h。

在第 6 章学习怎样建立多元线性回归模型时，我们知道要检验残差 r 是否服从均值为零的正态分布，但怎样检验并没有过多描述。一般回归模型的残差 $r=y-\hat{y}$，是随机变量 ε 的一个观测值。要检验残差 r 是否服从均值为零的正态分布，可以利用 t 检验(未知方差)。下面通过实例了解怎样对回归模型进行残差的正态性检验。

例 7.25 已知数据 $x=[2,3,4,5,7,8,11,14,15,16,18,19]$，$y=[106.42,108.2,109.58,110,109.93,110.49,110.59,110.6,110.9,110.76,111,111.2]$，建立 y 与 x 的函数关系，并检验残差 r 是否服从均值为零的正态分布。

分析 通过作散点图，猜测曲线的参数表达式，求出最佳参数，得到 y 与 x 的函数关系，然后计算出残差，最后利用 t 检验来检验残差 r 是否服从均值为零的正态分布。

解 在 M 文件中输入：

```
y=[106.42,108.2,109.58,110,109.93,110.49,110.59,110.6,110.9,110.76,111,111.2];
x=[2,3,4,5,7,8,11,14,15,16,18,19];   %输入原始数据
plot(x,y,'*')   %作出散点图,用y=x/(ax+b)拟合
[a,b]=solve('a*2*106.42+b*106.42=2','a*18*111+b*111=18');
%求初始参数值
b0=[0.009,0.00087];   %初始参数值
fun=inline('x./(b(1)*x+b(2))','b','x');   %定义函数
[b,r,j]=nlinfit(x,y,fun,b0);
b,r,   %求出最佳参数和残差
yl=x./(0.009*x+0.0008);   %求出拟合数据
plot(x,y,'*',x,yl,'-or');   %将原始数据与拟合数据的散点图画在同一个坐标系内
h=ttest(r,0,0.01)   %残差检验
```

利用原始数据所作的散点图如图 7.9 所示。

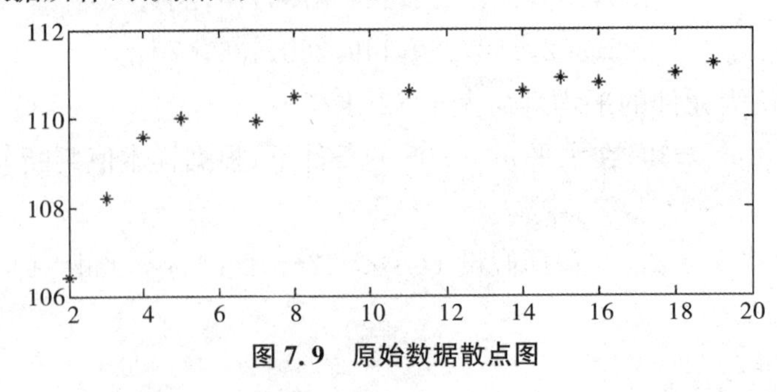

图 7.9 原始数据散点图

根据图形，猜测曲线为 $y=\frac{x}{ax+b}$，利用 MATLAB 软件我们得到 $a=0.009$，$b=0.0008$，于是得到 $\hat{y}=x/(0.0008+0.009x)$。

将原始数据与拟合数据的散点图画在同一个坐标系内，如图 7.10 所示。

计算得残差为：

```
r=-0.2709  -0.0795  0.4883  0.4152  -0.2240  0.1570  -0.0865
-0.2737  -0.0221  -0.2044  -0.0350  0.1353
```

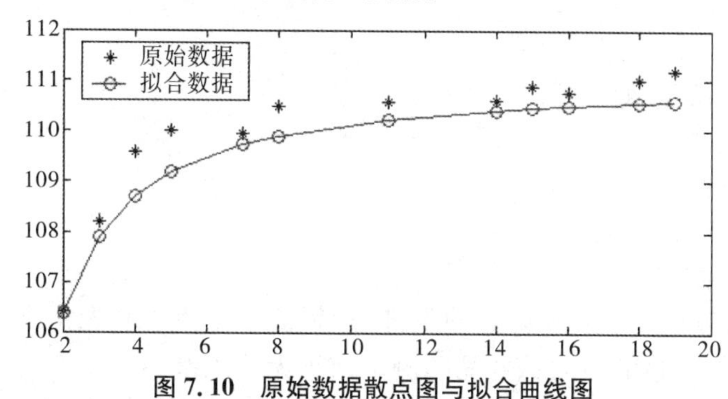

图 7.10 原始数据散点图与拟合曲线图

原假设 H_0：均值=0。备择假设 H_1：均值≠0。

执行命令 h=ttest(r,0,0.01)，得到 $h=0$，接受原假设，说明残差 r 服从均值为零的正态分布。

(3)两个样本总体方差未知，总体均值 μ 的假设检验(t 检验)。

两个样本总体方差未知但方差相等时，比较两个正态总体样本均值 μ 的假设检验，常使用 t 检验。X,Y 为两个正态总体的样本，σ^2 未知，X,Y 的均值分别为 μ_1,μ_2。

原假设 H_0:$\mu_1=\mu_2$。

若 tail=0，则备择假设 H_1 为 $\mu_1\neq\mu_2$(默认，双边检验)。

若 tail=1，则备择假设 H_1 为 $\mu_1>\mu_2$(单边检验)。

若 tail=-1，则备择假设 H_1 为 $\mu_1<\mu_2$(单边检验)。

在 MATLAB 中，两个样本的 t 检验由函数 ttest2 实现，调用格式为：

```
[h,p,ci,stats]=ttest2(X,Y,alpha,tail)
```

其中:X,Y 是两个样本数据；tail 是原假设，tail=0 表示检验假设“x 的均值等于 y 的均值”，tail=1 表示检验假设“x 的均值小于 y 的均值”，tail=-1 表示检验假设“x 的均值大于 y 的均值”；返回值说明同前文中 ztest。

例 7.26 有两个实验室 A,B 使用同一种方法测定大气飘尘中 Zn 的含量，分别做了 4 次与 3 次实验。实验室 A 的结果:14.7,14.8,15.2,15.6。实验室 B 的结果:14.6,15.0,15.2。两个实验室对该样品的测定结果是否一致？($\alpha=0.05$)

解 在 M 文件中输入：

```
clear
alpha=0.05 ;                    %显著性水平
```

```
tail=0;                    %原假设 H0:mu1=mu2
x=[14.7 14.8 15.2 15.6];y=[14.6 15.0 15.2];       %样本数据
[h,ph,ci,stats]=ttest2(x,y,alpha,tail)
```

输出结果：

```
h=
    0
ph=
    0.6397
ci=
    -0.5899    0.8732
stats=
    tstat: 0.4978
       df: 5
       sd: 0.3726
```

结果表明，在置信水平 $\alpha=0.05$ 的条件下，检验结果 $h=0$，表示不可以拒绝原假设 H_0，即实验室 A 与实验室 B 对该样品的测定结果无系统差别。

例 7.27 在平炉上进行一项试验以确定改变操作方法的建议是否会增加钢的产率。试验是在同一只平炉上进行的。除操作方法外，每炼一炉钢时其他条件都尽可能做到相同。先用标准方法炼一炉，然后用新方法炼一炉，以后交替进行，各炼 10 炉，其产率分别为：

标准方法：78.1，72.4，76.2，74.3，77.4，78.4，76.0，75.5，76.7，77.3。

新方法：79.1，81.0，77.3，79.1，80.0，79.1，79.1，77.3，80.2，82.1。

设这两个样本相互独立，且分别来自正态总体 $N(\mu_1,\sigma^2)$ 和 $N(\mu_2,\sigma^2)$，μ_1,μ_2,σ^2 均未知。新操作方法能否提高产率？（$\alpha=0.05$）

解 两个总体 μ 和 σ 未知，但方差不变时，在水平 $\alpha=0.05$ 的条件下，根据样本值判断 μ_1,μ_2 是否相等。为此提出假设：

原假设 $H_0:\mu_1\geqslant\mu_2$。备择假设 $H_1:\mu_1<\mu_2$。此时选择 tail=−1。

计算程序：

```
X=[78.1  72.4  76.2  74.3  77.4  78.4  76.0  75.5  76.7  77.3];
Y=[79.1  81.0  77.3  79.1  80.0  79.1  79.1  77.3  80.2  82.1];
[h,sig,ci]=ttest2(X,Y,0.05,-1)
```

结果显示为：

```
h=1
sig=2.1759e-004      %说明两个总体均值相等的概率很小
ci=-Inf  -1.9083
```

由计算结果可知 $h=1$，说明在水平 $\alpha=0.05$ 的条件下，应该拒绝原假设，即认为新操作方法提高了产率，比原方法好。

以上所介绍的假设检验方法都是针对正态总体的。对于一般的连续型总体，可以用秩和检验的方法，这里就不做介绍了。

◆ 习题

1. 从牙膏生产线上随机取出 16 支牙膏，称得质量(g)分别为 50.6，50.8，49.9，50.3，50.4，51.0，49.7，51.2，51.4，50.5，49.3，49.6，50.6，50.2，50.9，49.6。若质量服从正态分布 $N(\mu,\sigma^2)$，求 μ,σ^2 的点估计与置信水平 95%的置信区间估计。若牙膏的质量标准为(50±0.5)g，检验牙膏是否符合质量标准要求($\alpha=0.05$)。

2. 某地区环境保护条例规定，倾入河流的废物中某种有毒化学物质含量不得超过 3 mg/kg。该地区生态环境部门对沿河各工厂进行检查，测定每日倾入河流的废物中该物质的含量。某工厂连日的记录为：3.1，3.2，3.3，2.9，3.5，3.4，2.5，3.2，4.3，2.9，3.6，3.0，2.7，3.5，2.9。根据此样本判断该工厂是否符合相关环保条例的规定($\alpha=0.05$)。假定废物中有害物质含量 $X\sim N(\mu,\sigma^2)$。

3. 设有甲、乙两种零件且彼此可以代替，但乙零件比甲零件制造简单、造价低。它们的抗压强度数据(单位：kg/cm^2)如下：

甲：88，87，92，90，91。

乙：89，89，90，84，88，87。

已知甲、乙两种零件的抗压强度分别服从正态总体 $N(\mu_1,\sigma^2)$ 和 $N(\mu_2,\sigma^2)$，能否在保证抗压强度的条件下，用乙零件代替甲零件？

第 8 章 大样本数据应用实例

MATLAB 的应用非常广泛，例如机械机构优化分析、机器控制等。本章主要应用 MATLAB 解决光的反射定律的论证、质点系转动惯量等的求解，以及生态学中的基本模型(物种-面积模型)的建立等问题，旨在帮助读者加深对 MATLAB 如何在实际问题中进行建模、分析、模拟以及结论展示等一整套方法的了解。这类问题的优化求解对解决复杂的实际问题有一定参考价值，能提高应用 MATLAB 求解实际问题的能力。

8.1 光的反射定律的论证

光的反射定律最早由法国物理学家菲涅耳提出。光的反射定律包括以下三方面内容：①反射光线、入射光线与法线在同一平面上；②反射光线和入射光线分居在法线的两侧；③反射角等于入射角。可归纳为：三线共面，两线分居，两角相等。

光的入射、反射过程可由图 8.1 直观地表示出来，图中光从 1 点入射，反射到 2 点。下面我们可以试证光的反射定律之入射角等于反射角。

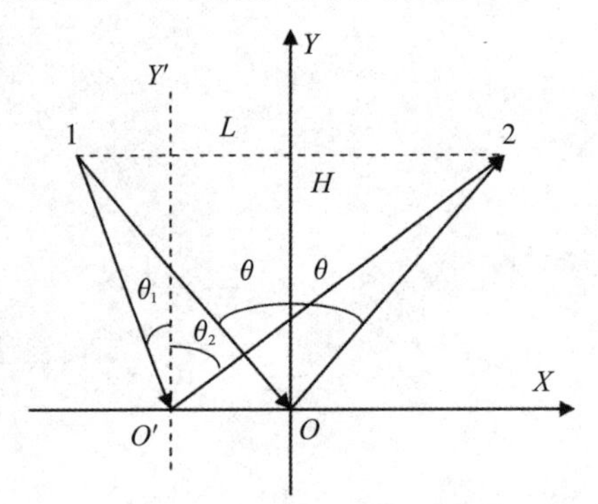

图 8.1 光线反射示意图

如图 8.1 所示，假设 X 轴为实物体表面，且为理想状态，光的传播过程中无阻碍，一束自然光线沿路径 $L_{1O'}$ 照射到 X 轴，与法线 Y 轴的夹角为 θ_1；经实物体表面 X 轴反射后，沿路径 $L_{O'2}$ 发射，与法线 Y 轴的夹角为 θ_2。

8.1.1 问题求解

由于光沿直线传播，路径 $L_{1O'}$、路径 $L_{O'2}$ 为直线；光从 1 点到 2 点，两点在 Y 轴上的投影相等，均为 H；光在空气中传播的速度接近光在真空中传播的速度 C；光从 1 点到 2

点,1 点与 2 点之间的距离为定值 L;光经过 $L_{1O'}$ 和 $L_{O'2}$,所需时间为 T。

$$T = \frac{L_{1O'}}{C} + \frac{L_{O'2}}{C} = \frac{H/\cos\theta_1}{C} + \frac{H/\cos\theta_2}{C} = \frac{H}{C}\left(\frac{1}{\cos\theta_1} + \frac{1}{\cos\theta_2}\right), \tag{8.1}$$

其中 θ_1 和 $\theta_2 \in (0°, 90°)$。又 1 点和 2 点之间的距离为定值 L,则可得到

$$L = H(\tan\theta_1 + \tan\theta_2)。$$

设 $K=\frac{L}{H}$,则

$$\tan\theta_1 + \tan\theta_2 = K, \tag{8.2}$$

由三角代换变形得到

$$\cos\theta_2 = [1 + (K - \tan\theta_1)^2]^{-\frac{1}{2}},$$

带入式(8.1)得到

$$T = \frac{H}{C}\left(\frac{1}{\cos\theta_1} + \frac{1}{\cos\theta_2}\right) = \frac{H}{C}\left(\frac{1}{\cos\theta_1} + [1 + (K - \tan\theta_1)^2]^{-\frac{1}{2}}\right)。 \tag{8.3}$$

对式(8.3)求一阶导数得到

$$T' = \frac{H}{C}\left[-\frac{\sin\theta_1}{\cos^2\theta_1} - \frac{K - \tan\theta_1}{\cos^2\theta_1 \cdot \sqrt{1 + (K - \tan\theta_1)^2}}\right]。 \tag{8.4}$$

因函数时间 T 有极小值,令 $T'=0$,整理式(8.4)可得

$$\tan\theta_1 = \frac{K}{2}。$$

此时,将上式带入式(8.2)得到

$$\tan\theta_1 = \tan\theta_2 = \frac{K}{2},$$

从而有

$$\theta_1 = \theta_2。 \tag{8.5}$$

由式(8.5)可得入射角等于反射角,即结果成立。故由光的反射定律可知,光从 1 点到 2 点经过路径 L_{1O}、L_{2O},与图示法线 Y 轴所成的夹角均为 θ。

8.1.2 代码实现

编写 MATLAB 程序如下:

```
syms H C K x
T=(H/C)*((1/cos(x))+[1+(K-tan(x))^2]^(1/2));
dfdx=diff(T,x)
a=solve(dfdx,'x');
tan(a)
```

结果为:

```
dfdx=
```

```
(H*(sin(x)/cos(x)^2-((tan(x)^2+1)*(K-tan(x)))/((K-tan(x))^2+1)^(1/2)))/C
ans=
1/2*K
1/2*K
```

8.2　质点系转动惯量的求解

已知平面上有 n 个质点 $P_1(x_1,y_1),P_2(x_2,y_2),\cdots,P_n(x_n,y_n)$，其质量分别为 $m_1,m_2,\cdots,m_n$，确定一个点 $P(x,y)$，使得质点系转动惯量为最小。

8.2.1　问题求解

设质点系关于此点的转动惯量为 J，由转动惯量为 J 定义可知：

$$J=\sum_{i=1}^{n}[(x-x_i)^2+(y-y_i)^2]\times m_i。\tag{8.6}$$

要满足质点系的转动惯量为最小，即 $\sum\limits_{i=1}^{n}[(x-x_i)^2+(y-y_i)^2]\times m_i$ 最小，可视为求二元一次极值问题。

由式(8.6)可知：

$$\begin{aligned}J&=\sum_{i=1}^{n}[x^2-2x_i+x_i^2+y^2-2y_i+y_i^2]\times m_i\\&=x^2\sum_{i=1}^{n}m_i+y^2\sum_{i=1}^{n}m_i-2x\sum_{i=1}^{n}x_im_i-2y\sum_{i=1}^{n}y_im_i+\sum_{i=1}^{n}(x_i^2+y_i^2)m_i。\end{aligned}\tag{8.7}$$

由式(8.7)满足最小值条件时，$\dfrac{\partial J}{\partial x}=0,\dfrac{\partial J}{\partial y}=0$，可得：

$$\begin{aligned}\frac{\partial J}{\partial x}&=2x\sum_{i=1}^{n}m_i-2\sum_{i=1}^{n}x_im_i=0,\\\frac{\partial J}{\partial y}&=2y\sum_{i=1}^{n}m_i-2\sum_{i=1}^{n}y_im_i=0。\end{aligned}\tag{8.8}$$

由式(8.8)可得：

$$x=\frac{\sum\limits_{i=1}^{n}x_im_i}{\sum\limits_{i=1}^{n}m_i},y=\frac{\sum\limits_{i=1}^{n}y_im_i}{\sum\limits_{i=1}^{n}m_i}。$$

此时，质点系关于此点的转动惯量为最小。

8.2.2　代码实现

编写 MATLAB 程序如下：

```
function Location=moinertia(P,M)
```

```
%输入:
%P:n*2 维矩阵
%M:各点质量组成的向量
%输出:使转动惯量最小的坐标
Location(1)=sum(P(:,1).*M)/sum(M);
Location(2)=sum(P(:,2).*M)/sum(M);
```

调用格式如下:

```
>> P=[1 2 3 4 5 6;9 7 5 4 3 2];
>> M=[1 2 3 4 5 6];
>> Location=moinertia(P,M')
Location=
    4.3333    3.8571
```

8.3 冰雹下落速度的求解

当冰雹由高空下落时,它受到地球引力和空气阻力的作用,阻力的大小与冰雹的形状和速度有关。一般可以对阻力作两种假设:①阻力大小与下落速度成正比;②阻力大小与下落速度的平方成正比。

8.3.1 公式推算

已知初速度为 $v(0)=0$,冰雹质量为 m,重力加速度为 g,正比例系数 $k>0$。

(1)阻力大小与下落速度成正比。

由物理学知识可知,冰雹受到地球引力和空气阻力的影响:

$$mg - ma = kv。$$

移项可得:

$$mg - kv = ma。$$

加速度满足微分方程

$$a = \frac{\mathrm{d}v(t)}{\mathrm{d}t}。$$

结合上述两式可得到:

$$m\frac{\mathrm{d}v(t)}{\mathrm{d}t} + kv(t) = mg。 \tag{8.9}$$

在式(8.9)两边作 Laplace 变换并带入 $v(0)=0$,得到:

$$msV(s) + kV(s) = mg \cdot \frac{1}{s}。$$

解代数方程得:

$$V(s) = g\left(\frac{m}{k} \cdot \frac{1}{s} - \frac{m}{k} \cdot \frac{1}{s+k/m}\right)。$$

最后，对 $V(s)$ 作 Laplace 反变换，有

$$v(t)=\frac{gm}{k}(1-\mathrm{e}^{-\frac{k}{m}\cdot t})。$$

从上式可知，当 $t\to\infty$ 时，$v(t)$ 的值为 $\frac{gm}{k}$。

(2)阻力大小与下落速度的平方成正比。

$$mg-ma=kv^2,$$
$$ma+kv^2=mg,$$

则式(8.9)所要求解的模型变成

$$m\frac{\mathrm{d}v(t)}{\mathrm{d}t}+kv^2(t)=mg,$$

由此可得微分方程

$$\frac{\mathrm{d}v(t)}{\mathrm{d}t}=\frac{mg-kv^2(t)}{m} \tag{8.10}$$

冰雹刚下落时，阻力小于重力，速度比较小，但冰雹的速度总是增加的。当阻力等于重力时($\mathrm{d}v=0$)，速度不再增加。显然，此时的速度就是冰雹速度的最大值。所以，若要冰雹的速度达到最大，有

$$kv^2=mg,$$

即

$$v=\sqrt{\frac{mg}{k}}。$$

采用数值计算的办法来求解该非线性微分方程。此时，取 $m=1.1,k=0.1,g=9.8$。

MATLAB 代码见本书 8.3.2 中程序(一)。

(3)综合考虑阻力与下落速度一次方和二次方的关系。因为冰雹的下落速度受各种因素影响，所以如果综合考虑阻力与下落速度的一次方和二次方的关系，则公式的推导可以从级数展开来考虑。不妨先将阻力设成速度的函数，即令

$$f=f(v),$$

利用泰勒级数将其理论上展开成为如下形式：

$$f(v)=k_1v+k_2v^2+\cdots+k_nv^n+\cdots。 \tag{8.11}$$

v 的指数取决于速度的大小。对于冰雹下落模型，讨论速度的平方项，故不妨将阻力设为

$$f(v)=k_1v+k_2v^2, \tag{8.12}$$

则微分方程变为

$$m\frac{\mathrm{d}v(t)}{\mathrm{d}t}+k_1v^2(t)+k_2v(t)=mg。$$

即

$$\frac{\mathrm{d}v(t)}{\mathrm{d}t}=\frac{mg-k_1v^2(t)-k_2v(t)}{m} \tag{8.13}$$

用数值计算的方法求出数值解，取 $m=1.1, k_1=0.1, k_2=0.2, g=9.8$。

MATLAB 代码见本书 8.3.2 中程序（二）。

8.3.2　代码实现

（1）编写 MATLAB 程序（一）。

```
function y3_1
t0=0;                                      %时间初始值
tf=6;                                      %时间终止值
a=9.8;                                     %初始加速度
function dv=diffv(t,v)                     %定义微分方程(8.10)
m=1.1;
k=0.1;
g=9.8;                                     %g 值
dv=zeros(1,1);
dv=(m*g-k*v^2)/m;                          %输入微分方程(8.10)
end
options=odeset('RelTol',1e-4,'AbsTol',1e-4);
[T,V]=ode45(@diffv,[t0 tf],a,options);     %用低阶法求微分方程(8.10)的数值解
plot(T,V)                                  %画图
axis tight                                 %轴紧凑显示
grid on                                    %网格化
xlabel('t')                                %x 轴标记
ylabel('v')                                %y 轴标记
end
```

运行程序得到的数值解如图 8.2 所示。

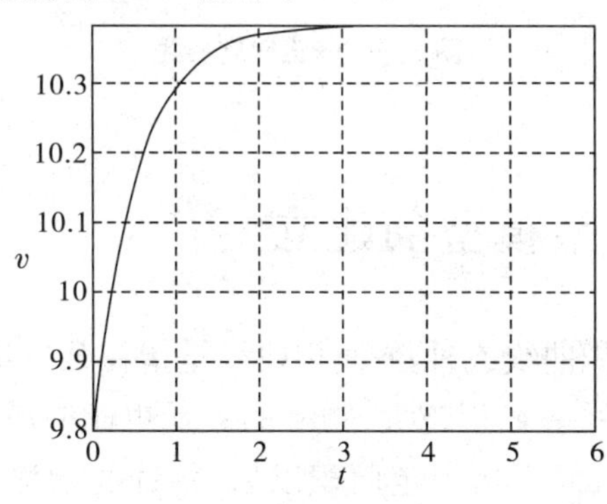

图 8.2　速度曲线

（2）编写修正速度的 MATLAB 程序（二）。

```
function y3_2
t0=0;                                      %时间初始值
tf=6;                                      %时间终止值
```

```
a=9.8;                                      %初始加速度
function dv=diffv(t,v)                      %定义微分方程(8.13)
m=1.1;
k1=0.1;k2=0.2;
g=9.8;                                      %加速度g
dv=zeros(1,1);                              %初始值0
dv=(m*g-k1*v^2-k2*v)/m;                     %输入微分方程(8.13)
end
options=odeset('RelTol',1e-4,'AbsTol',1e-4);
[T,V]=ode45(@diffv,[t0 tf],a,options);      %用低阶法求微分方程(8.13)的数值解
plot(T,V)                                   %画图
axis tight                                  %轴紧凑显示
grid on                                     %网格化
xlabel('t')                                 %x轴标记
ylabel('v')                                 %y轴标记
end
```

运行程序得到的数值解如图 8.3 所示。

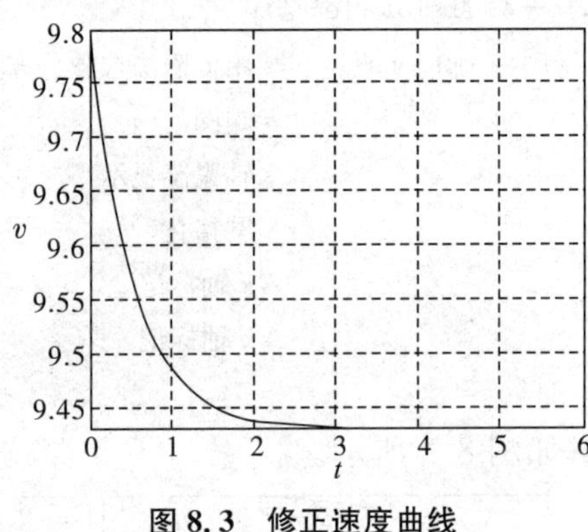

图 8.3　修正速度曲线

8.4　物种-面积关系模型的建立

在生态学中,物种-面积曲线或种数-面积曲线是指在某一地区内物种数量与栖息地(或部分栖息地)面积的关系。面积越大,物种的数量也倾向越多,即不同物种的数量随着区域面积的增加而增加,但到达一定面积以后,物种的增加速率会出现降低的趋势。这种随着面积的增加物种数量增加的速率递减的规律已被大量观测所验证。

8.4.1　模型建立

物种-面积关系模型的通用形式为:

$$S = cA^{z}。 \tag{8.14}$$

其中：S 表示物种数量；A 表示物种所占据的面积；参数 z 不依赖于测量尺度，与使用的面积单位无关，被认为是空间异质性的一种度量；参数 c 是随着测量的尺度变化的，对应于单位面积中出现的物种数，即物种的分布密度。这个经验模型是建立在统计关系上的模型，它揭示了物种存活数目与所占据面积(空间)之间的一般规律。

假设采用幂函数模型 $S=cA^z$，需要利用数据估计常数 c 与 z。

对这个等式的两边取对数可得

$$\log S = \log(cA^z) = \log c + \log A^Z = z\log A + \log c。\tag{8.15}$$

因此，物种-面积关系模型在双对数曲线图中是线性关系，即这个新的方程是直线的形式。其中，常数 z 是直线的斜率，常数 $\log c$ 是直线的截距，$\log A$ 是自变量，$\log S$ 是因变量。

8.4.2　代码实现

几内亚湾的 4 个岛屿上全部的陆地蜗牛物种和本地的陆地蜗牛物种的调查数据见表 8.1。结合表中数据，根据物种-面积关系的基本模式，求出陆地蜗牛全部物种数的幂函数曲线。几内亚湾的每个岛屿上都有较少的本地蜗牛物种，计算这些数据的幂函数曲线。

表 8.1　几内亚湾群岛陆地蜗牛物种数量和面积

岛屿	面积/km^2	全部物种数量	本地物种数量
Annobón	17.5	16	9
Príncipe	128	32	19
São Tomé	835	39	25
Bioko	2016	99	49

扫码获取
8.4.2 中数据

编写 MATLAB 程序如下：

```
D=[17.5  16  9
128  32  19
835  39  25
2016  99  49];
Sq=D(:,2);Sb=D(:,3);A=D(:,1);
Pq=polyfit(log(A),log(Sq),1)
Pb=polyfit(log(A),log(Sb),1)
```

结果为：

```
Pq=0.3334    1.7862
Pb=0.3225    1.2851
```

第一个数据是 z 的值，第二个数据是 $\log c$，继续输入：

```
Cq=exp(Pq(2))
Cb=exp(Pb(2))
```

可得 c 的数据：

Cq=5.9668;Cb=3.6149

因此,陆地蜗牛全部物种数的幂函数曲线为 $S_q=5.9668A^{0.3334}$,本地蜗牛物种数的幂函数曲线为 $S_b=3.6149A^{0.3225}$。

显然,两条幂函数曲线的 z 值分别为 $Z_q=0.3334$ 和 $Z_b=0.3225$,数值接近;但是两种物种数的幂函数曲线的 c 值分别为 $C_q=5.9668$ 和 $C_b=3.6149$,数值差距较大。c 值之间差异的生物学含义是什么?对此的解释是:在单位面积上,每个本地物种大约对应1.65(5.97/3.61)个总体物种。$P=0.05$ 时,斜率没有显著差异,$t=0.030$, df=4;截距有显著差异,$t=3.232$, df=5。

8.4.3 物种-面积关系模型的意义

栖息地发生重要改变致使物种数量减少可以用物种-面积曲线进行预报。一般来说,物种的灭绝是一个缓慢的过程。当一个物种的个体逐渐减少时,该物种被称为“受威胁”的物种;如果减少的趋势继续,这个物种就被看作“濒危的”物种。除非这个趋势发生变化;否则,该物种将最终灭绝。

“初始的”本地鸟类物种数 S_0 和“初始的”森林植被覆盖面积 A_0 是已知的,即

$$S_0=cA_0^z。$$

如果已知剩余的森林植被覆盖面积为 A_r,则相应的物种数应该是

$$S_r = cA_r^z, \tag{8.16}$$

其中 S_r 表示最终生存在森林里的本地物种的数量。

利用剩余的物种数量与初始物种数量的比值消去 c,即

$$S_r = S_0\left(\frac{A_r}{A_0}\right)^2。 \tag{8.17}$$

最终,灭绝的本地物种数量 S_e 是初始物种数量减去仍然生存在面积减少了的栖息地的物种数量

$$S_e = S_0 - S_r = S_0 - S_0\left(\frac{A_r}{A_0}\right)^2。 \tag{8.18}$$

使用物种-面积曲线和森林砍伐的数据预报受到威胁的、依赖森林的本地鸟类物种数是一个合理的方法。

第 9 章 熵值法在 Excel(VBA)中的实现

Visual Basic for Applications(VBA)是 Visual Basic 的一种宏语言，运行在 Microsoft Office 软件之上，包括 Excel、Word、Powerpoint、Outlook 等，可以用来编写非软件自带的功能。Office 软件提供丰富的功能接口，VBA 可以调用它们，实现自定义的需求。

宏是使用 VBA 编写的可以运行的一段代码片段。Excel VBA 可以编写自定义函数，插入任意图表，批量处理大量数据单元格，编写插件，甚至可以编写基于 Excel 的复杂管理系统(其功能可以媲美桌面软件)。本章先介绍 VBA 语言的函数、变量、程序结构等语法规则，然后介绍一个 Excel VBA 编程应用案例。如没有特殊说明，本章提到的 VBA 均为 Excel VBA。

熵值法是多指标综合评价中根据指标数据提供的信息量对指标进行客观赋权的一种重要方法，可减少主观因素的影响，在综合评价中应用广泛。目前，使用熵值法进行数据处理需要在 Excel 软件中运用函数、公式等进行人工、半人工操作。在数据量庞大的情况下，这种按步骤手动处理的过程容易出现输入错误，而且这种情况下执行的任务多为重复性工作，处理过程较为复杂，会降低熵值法的可行性、准确性。因此，在使用熵值法处理数据时，为了简化程序化计算量，我们试图在 Excel 环境下运用应用程序开发语言 VBA 进行自动化处理，使用户处理数据时彻底从手动操作中解放出来，最终实现“傻瓜”操作的目标。这对于普及和推广熵值法具有极其重要的意义。

9.1 熵值法原理

设有 m 个待评方案，n 项评价指标，形成原始指标数据矩阵 $X=(x_{ij})_{m\times n}$。对于某项指标x_j，指标值x_{ij} 的差距越大，该指标在综合评价中所起的作用越大；如果某项指标的指标值全部相等，则该指标在综合评价中不起作用。

在信息论中，信息熵 $H(x)=-\sum_{i=1}^{n}p(x_i)\ln p(x_i)$ 是系统无序程度的度量，可以解释为解除随机事件的不肯定性所需要的信息量。我们可以通过计算熵值来判断一个事件的随机性及无序程度，也可以用熵值来判断某个指标的离散程度。某项指标的指标值离散程度越大，信息熵越小，该指标提供的信息量越大，该指标的权重也越大；反之，某项指标的指标值离散程度越小，信息熵越大，该指标提供的信息量越小，该指标的权重也越小。所以，可以根据各项指标的指标值离散程度，利用信息熵这个工具，计算出各指标的权重，增强多指标综合评价的客观性、实用性和真实性。

用熵值法进行综合评价可分为六步：

(1)数据预处理。

用熵值法进行企业经济效益评价时，时常会遇到一些极端值，甚至负值。由于指标值为负时不能直接计算比重，也不能取对数，而为保证数据的完整性，我们又不能随意删去指标值，因此需要对指标数据进行变换。

①用功效系数法进行变换。

取第 j 项指标值中最好值为$x_j^{(h)}$，最差值为$x_j^{(s)}$，用下式进行变换：

$$Z_{ij}=\frac{x_{ij}-x_j^{(s)}}{x_j^{(h)}-x_j^{(s)}}\times T+(1-T)。$$

为避免变换后的数据出现零，T 的范围应取(0,1)。

②用标准化法进行变换。用下式进行变换：

$$x'_{ij}=\frac{(x_{ij}-\mu)}{\sigma}。$$

其中，μ 为第 j 项指标值的均值，σ 为第 j 项指标值的标准差。一般地，x'_{ij} 的取值在 -5 到 5 之间。为消除负值，可将坐标平移，令$Z_{ij}=5+x'_{ij}$。

(2)将各指标同度量化，计算第 j 项指标下第 i 个方案指标值的比重p_{ij}。

$$p_{ij}=\frac{Z_{ij}}{\sum_{i=1}^{m}x_{ij}}。$$

(3)计算第 j 项指标的熵值e_j。

$$e_j=-k\sum_{i=1}^{m}p_{ij}\ln p_{ij}。$$

其中 $k>0$，ln 为自然对数，$e_j\geqslant 0$。如果x_{ij}对于给定的 j 全部相等，那么

$$p_{ij}=\frac{x_{ij}}{\sum_{i=1}^{m}x_{ij}}=\frac{1}{m}。$$

此时，e_j取极大值，即

$$e_j=-k\sum_{i=1}^{m}\frac{1}{m}\ln\frac{1}{m}=k\ln m。$$

若设 $k=\frac{1}{\ln m}$，则有 $0\leqslant e_j\leqslant 1$。

(4)计算第 j 项指标的离散性系数g_j。

对于给定的 j，x_{ij}，离散性越小，熵值e_j越大；当x_{ij}全部相等时，$e_j=e_{\max}$。定义离散性系数

$$g_j=1-e_j，$$

则g_j越大，指标越重要。

(5)定义权数α_j。

$$\alpha_j = \frac{g_j}{\sum_{j=1}^{n} g_j}。$$

(6)计算第 i 个方案的综合评价值v_i。

$$v_i = \sum_{j=1}^{n} \alpha_j p_{ij}。$$

9.2 VBA 代码的实现

运用熵值法进行综合评价需要进行大量数据运算，为简化手动处理过程，我们使用应用程序开发语言 VBA 在 Excel 环境下编写宏程序，自定义 Excel 工具栏、菜单和界面，简化模板，使用户直接点击"熵值法"按钮得到各方案的综合评价结果。

基于 Excel 的熵值法 VBA 实现程序的代码如下：

```
'变量与数组的声明
Option Base 1
Dim data(), data1(), min(), max(), avg(), std(), zbh(), columns(), p(), lnp(), e(), g(), h(), w(), a, sum_g As Single
Dim fw, df As Variant
Dim szfCommandBar As CommandBar
Dim gxxscmdbar, bzhcmdbar As CommandBarButton
Public n, m
'退出时删除自定义工具栏
Private Sub Workbook_BeforeClose(Cancel As Boolean)
Application.CommandBars("熵值法综合评价").Delete
End Sub
'限于程序的易读性与篇幅，本程序中未处理异常，但考虑到实用性，本程序具有一定的通用性
'添加自定义工具栏
Private Sub Workbook_Open()
On Error Resume Next
    Application.CommandBars("熵值法综合评价").Delete
    Set szfCommandBar=Application.CommandBars.Add("熵值法综合评价")
    With szfCommandBar.Controls
        Set gxxscmdbar=.Add(msoControlButton)
        Set bzhcmdbar=.Add(msoControlButton)

        With gxxscmdbar
            .Style=msoButtonIconAndCaption
            .Caption="功效系数预处理熵值法"
```

扫码获取
9.2 中代码

```
            .OnAction="thisworkbook.gxxs"
        End With

        With bzhcmdbar
            .Style=msoButtonIconAndCaption
            .Caption="标准化预处理数据熵值法"
            .OnAction="thisworkbook.bzh"
        End With

        End With
    szfCommandBar.Visible=True
End Sub
Private Sub gxxs()
On Error Resume Next
fw=InputBox("请输入数据在 Excel 中的起始结束位置" & vbCrLf & vbCrLf & "  ※一定要正确输入，否则按确定后将会出错!","输入范围",ActiveWindow.RangeSelection.AddressLocal(0,0))
If Len(Trim(fw))=0 Then
   MsgBox "没有输入正确范围,请重新执行程序输入正确的数据范围!","没有输入"
Else
   a=InputBox("请输入功效系数中 a 值" & vbCrLf & vbCrLf & "  ※若不清楚,可以默认为 0.6 值","输入 a 值",0.6)
   n=Range(fw).Rows.Count
   m=Range(fw).columns.Count
   ReDim data(n,m),datal(n,m),min(m),max(m),avg(m),std(m),columns(n),zbh(m),p(n,m),lnp(n,m),e(m),g(m),h(m),w(m)
   For i=1 To n
   For j=1 To m
   data(i,j)= ActiveSheet.Range(fw).Cells(i,j)
   Next
   Next

   '求每个指标的最小值、最大值
   For j=1 To m
   For i=1 To n
   columns(i)=data(i,j)
   Next i
   max(j)=WorksheetFunction.max(columns())
   min(j)=WorksheetFunction.min(columns())
   Next j
```

```
'用功效系数法对原数据预处理
For j=1 To m
zbh(j)=0
For i=1 To n
data1(i, j)=a * (data(i, j)-min(j)) / (max(j)-min(j))+(1-a)
zbh(j)=zbh(j)+data1(i, j)
Next
Next

sum_g=0
For j=1 To m
h(j)=0
For i=1 To n
p(i, j)=data1(i, j) / zbh(j)
lnp(i, j)=Application.WorksheetFunction.Ln(p(i, j))
h(j)=h(j)+p(i, j) * lnp(i, j)
If i=n Then
e(j)=-1 * h(j) / Application.WorksheetFunction.Ln(n)
g(j)=1-e(j)
sum_g=sum_g+g(j)
End If
Next
Next

'计算各指标权重
For j=1 To m
w(j)=g(j) / sum_g
Next

'计算得分并输出
df=Application.WorksheetFunction.MMult(p, Application.WorksheetFunction.Transpose(w))

Application.Worksheets("功效系数预处理熵值法输出").Delete
Worksheets.Add after:=Sheets(Application.Worksheets.Count)
Application.ActiveSheet.Name="功效系数预处理熵值法输出"

Application.Range("A1").Value="(指标)权重值"
For i=2 To m+1
Cells(i, 1).Value=w(i-1)
Next
```

```
Application.Range("B1").Value="熵值法得分"
For i=2 To n+1
Cells(i, 2).Value=df(i-1, 1)
Next

Application.Range("C1").Value="熵值法排名"
Range("C2:C" & (n+1)).FormulaArray="=RANK(RC[-1]:R[" & (n-1) & "]C[-1],R2C2:R" & n+
1 & "C2)"

  End If
End Sub
Private Sub bzh()
On Error Resume Next
fw=InputBox("请输入数据在Excel中的起始结束位置" & vbCrLf & vbCrLf & "  ※一定要正确输入,
否则按确定后将会出错!","输入范围",ActiveWindow.RangeSelection.AddressLocal(0, 0))
If Len(Trim(fw))=0 Then
    MsgBox "没有输入正确范围,请重新执行程序输入正确的数据范围!","没有输入"
Else
    n=Range(fw).Rows.Count
    m=Range(fw).columns.Count
    ReDim data(n, m), data1(n, m), min(m), max(m), avg(m), std(m), columns(n), zbh(m), p(n, m),
lnp(n, m), e(m), g(m), h(m), w(m)
    For i=1 To n
    For j=1 To m
    data(i, j)=ActiveSheet.Range(fw).Cells(i, j)
    Next
    Next
    '求每个指标的均值与标准差
    For j=1 To m
    For i=1 To n
    columns(i)=data(i, j)
    Next i
    avg(j)=WorksheetFunction.Average(columns())
    std(j)=WorksheetFunction.StDevP(columns())
    Next j

    '用标准化方法对原数据预处理
    For j=1 To m
    For i=1 To n
    data1(i, j)=(data(i, j)-avg(j)) / std(j)
```

```
Next
Next

'为消除负值将坐标平移
x=-WorksheetFunction.RoundUp(WorksheetFunction.min(data1()), 0)
For j=1 To m
zbh(j)=0
For i=1 To n
data1(i, j)=x+data1(i, j)
zbh(j)=zbh(j)+data1(i, j)
Next
Next

sum_g=0
For j=1 To m
h(j)=0
For i=1 To n
p(i, j)=data1(i, j) / zbh(j)
lnp(i, j)=Application.WorksheetFunction.Ln(p(i, j))
h(j)=h(j)+p(i, j) * lnp(i, j)
If i=n Then
e(j)=-1 * h(j) / Application.WorksheetFunction.Ln(n)
g(j)=1-e(j)
sum_g=sum_g+g(j)
End If
Next
Next

'计算各指标权重
For j=1 To m
w(j)=g(j) / sum_g
Next

'计算得分并输出
df=Application.WorksheetFunction.MMult(p, Application.WorksheetFunction.Transpose(w))

Application.Worksheets("标准化预处理熵值法输出").Delete
Worksheets.Add after:=Sheets(Application.Worksheets.Count)
Application.ActiveSheet.Name="标准化预处理熵值法输出"
```

```
        Application.Range("A1").Value="(指标)权重值"
        For i=2 To m+1
        Cells(i, 1).Value=w(i-1)
        Next

        Application.Range("B1").Value="熵值法得分"
        For i=2 To n+1
        Cells(i, 2).Value=df(i-1, 1)
        Next

        Application.Range("C1").Value="熵值法排名"
        Range("C2:C" & (n+1)).FormulaArray="=RANK(RC[-1]:R[" & (n-1) & "]C[-1],R2C2:R" & n+
1 & "C2)"

    End If
End Sub
```

在用熵值法进行综合评价时，可以直接运行上述程序，得到综合评价值。例如，打开带有前文中 VBA 代码的 Excel 文件时，即可看到 Excel 菜单加载项下已经出现了“功效系数预处理熵值法”与“标准化预处理数据熵值法”两项子菜单，如图 9.1 所示。

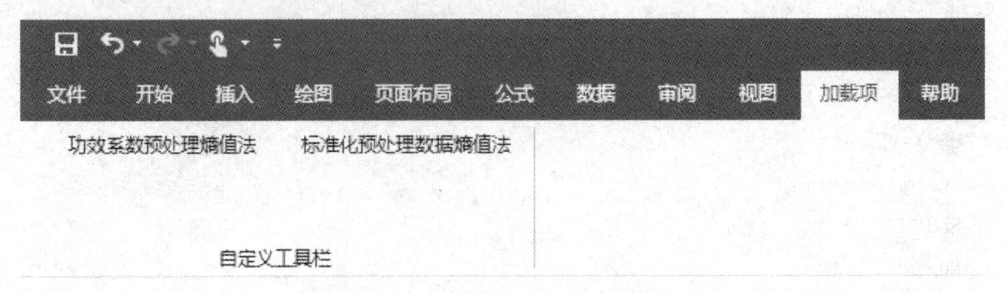

图 9.1　加载项中的 VBA 熵值法按钮

在 Excel 中输入待评价数据后，直接点击对应菜单即可运行程序得到综合评价结果，包括各指标权重、各评价对象的评价值和排名。由此可见，在 Excel 环境下运用 VBA 编写宏程序，可以大大简化熵值法的数据运算过程，使熵值法的运用更快捷、更方便。熵值法的这种 VBA 实现过程不仅避免了人工操作的引入的错误，简化了操作，而且大大提高了熵值法的准确性和使用效率。

参考文献

[1] 万福永,戴浩晖,潘建瑜. 数学实验教程:Matlab 版[M]. 北京:科学出版社,2006.

[2] 电子科技大学应用数学系. 数学实验简明教程[M]. 成都:电子科技大学出版社,2001.

[3] 亚历山大,库斯莱卡. 中文版 Excel 2019 高级 VBA 编程宝典[M]. 9 版. 石磊,译. 北京:清华大学出版社,2020.

[4] 闫云侠. 大数据时代的数学软件基础:MATLAB 篇[M]. 重庆:重庆大学出版社,2017.

[5] 李超. 灰色预测:EXCEL/VBA 编程轻松实现[J]. 统计与信息论坛,2004,19(3):72—75.

[6] 李超. Excel/VBA 在物元分析法评估教学中的应用[J]. 电脑知识与技术,2010,6(1):154—156,162.

[7] 吴礼斌,闫云侠. 经济数学实验与建模[M]. 天津:天津大学出版社,2009.

[8] 余华银,李超,黄萍. 熵值法在 Excel 中的 VBA 实现[J]. 统计教育,2004(3):12—14.

[9] 罗刚君. Excel VBA 程序开发自学宝典[M]. 3 版. 北京:电子工业出版社,2014.

[10] 胡守信,李柏年. 基于 MATLAB 的数学实验[M]. 北京:科学出版社,2004.

[11] 柯健,李超. EXCEL 单键实现 Borda 法组合评价[J]. 统计与信息论坛,2005,20:103—105.

[12] 姜启源. UMAP 数学建模案例精选[M]. 北京:高等教育出版社,2015.

[13] 郭显光. 改进的熵值法及其在经济效益评价中的应用[J]. 系统工程理论与实践,1998(12):98—102.